网络安全运维 1+X 证书配套用书

Linux 操作系统安全配置

丛书主编　何　琳　徐雪鹏

本书主编　胡志明　钱亮于　孙雨春

電子工業出版社

Publishing House of Electronics Industry

北京·BEIJING

内容简介

本书基于教育部第三批 1+X 证书《网络安全运维职业技能等级标准》编写而成。全书共分为三个学习单元，分别是 Linux 主机基本安全管理、Linux 主机常用服务安全管理、Linux 主机安全综合实训。

本书顺应职业教育特点，采用项目式教学方法编写，各学习单元的内容循序渐进，以工作项目式推进，难度由浅入深。本书采用校企双元合作开发的模式，编写组成员包括行业企业专家、职业院校一线教师等。

本书可作为《网络安全运维职业技能等级标准》中等职业学校网络信息安全等相关专业的专业教材，也可作为网络信息安全项目实施过程中相关人员的参考用书。

图书在版编目（CIP）数据

Linux 操作系统安全配置 / 胡志明，钱亮于，孙雨春主编．—北京：电子工业出版社，2020.9

ISBN 978-7-121-39812-4

Ⅰ．①L… Ⅱ．①胡… ②钱… ③孙… Ⅲ．①Linux 操作系统—中等专业学校—教材 Ⅳ．①TP316.85

中国版本图书馆 CIP 数据核字（2020）第 200072 号

责任编辑：关雅莉　　文字编辑：郑小燕
印　　刷：三河市兴达印务有限公司
装　　订：三河市兴达印务有限公司
出版发行：电子工业出版社
　　　　　北京市海淀区万寿路 173 信箱　邮编　100036
开　　本：787×1 092　1/16　印张：12　字数：307.2 千字
版　　次：2020 年 9 月第 1 版
印　　次：2024 年12月第 14 次印刷
定　　价：35.00 元

凡所购买电子工业出版社图书有缺损问题，请向购买书店调换。若书店售缺，请与本社发行部联系，联系及邮购电话：（010）88254888，88258888。

质量投诉请发邮件至zlts@phei.com.cn，盗版侵权举报请发邮件至dbqq@phei. com.cn。

本书咨询联系方式：（010）88254617，luomn@phei.com.cn。

前言

随着信息化建设和网络技术的高速发展，各种信息技术的应用更加广泛且深入。党的二十大报告提出：“加快发展数字经济，促进数字经济和实体经济深度融合，打造具有国际竞争力的数字产业集群。”

Linux 系统具有开源、稳定、安全、网络负载力强、占用资源少等特点，问世以来便得到了大家的广泛关注和应用，现已发展成主流操作系统之一，特别是在服务器及嵌入式设备（如机顶盒、车载导航等）应用领域。目前，市面上 Linux 相关教材不少，但大多数是侧重于安装和系统的基本管理，对于 Linux 服务器的配置及其安全策略应用的介绍相对较少，本教材正是重点介绍 Linux 常见服务的安全配置，其目的是要说明 Linux 服务器通过加固配置后是更安全的。

本书基于教育部第三批 1+X 证书“网络安全运维”职业技能等级标准编写而成。本套丛书的编写符合党和国家对于网络空间战略的要求和部署，目的是培养一批合格的网络信息安全专业人才，较好地服务经济的发展。丛书主编是何琳、徐雪鹏。

1. 本书定位

本书适合职业学校的教师和学生，以及培训机构的教师和学生使用。

2. 编写特点

本书在编写过程中打破学科体系，强调理论知识以“必需”“够用”为度，结合首岗和多岗迁移需求，以职业能力为本位，注重基本技能训练，为学生终身就业和具备较强的转岗能力打基础。全书体现了新知识、新技术、新方法。

本书采用任务引领的方式，创设情景，引出任务，以任务为主线，引导学生自主探索、研究，激发学生的求知欲望和兴趣，从而提升学习效率。

本书从实际应用出发，先将所学内容以学习单元的形式表现出来，然后以项目-任务的形式对知识点进行分析和讲解，在任务实施中以丰富的操作图片指导任务操作步骤，使教材内容更加直观、形象。每个任务的最后都配有任务总结和任务练习，加深学生对所学知识和技术的理解与掌握。

3. 本书内容

本书顺应职业教育特点，采用项目式教学方法编写，从用户账户安全管理、Linux 主机网络配置及远程登录、Samba 服务的安全管理、Vsftp 服务的安全管理等项目，循序渐进地进行项目式推进，难度由浅入深。本书采用校企双元合作开发的模式，编写组成员包括行业企业专家、职业院校一线教师等。在编写过程中，校企双方进行了多次广泛的交流和沟通，确定了全书的编写体例和内容，确保书中的教学项目按照企业对操作系统安全配置人员的工作要求进行编排，且内容按照企业对职业院校毕业生的入职要求进行设置。本书依照教育部相关文件要求，符合学校与行业企业共同制定的网络信息安全专业人才培养方案，适合职业学校网络信息安全专业进行本课程的教学。

本书由胡志明、钱亮于、孙雨春担任主编并负责统稿，姜冬洁、朱小燕、张捷飞担任副主编。参与本书编写的还有邹君雨、王忠润、陈晨。本书编写分工如下：学习单元 1 由钱亮于、胡志明、朱小燕编写；学习单元 2 由孙雨春、姜冬洁、邹君雨编写；学习单元 3 由张捷飞、王忠润、陈晨编写。

在本书的编写过程中，编者得到了北京中科磐云科技有限公司的大力支持和帮助，再次表示衷心的感谢。

由于编者水平有限，经验不足，书中难免存在疏漏之处，恳请专家、同行及使用本书的老师和同学批评指正。

目　录

学习单元 1

Linux 主机基本安全管理

☆ 单元概要

本单元基于 CentOS Linux 6.8 主机操作系统的安全要求，由用户账户安全管理和 Linux 主机的网络配置及远程登录两个项目组成。

项目 1 从创建用户账户开始，通过实施健壮密码策略、配置 PAM（Pluggable Authentication Modules）认证模块、配置用户权限等内容进行任务实施。

项目 2 通过配置 Linux 主机的网络和远程登录进行任务实施。

通过本单元的学习，能够使学生掌握 Linux 主机的基本安全管理。

☆ 单元情境

小王是企业新聘任的 IT 管理员，负责公司服务器的管理工作。近期，小王接到任务，需要创建员工账户并对账户进行安全设置，同时需要配置 Linux 主机的网络参数，实现安全的远程访问。

项目 1　用户账户安全管理

➢　项目描述

磐云公司新购置了一台服务器设备，已安装 CentOS Linux 6.8 操作系统。公司要求在这台服务器上创建用户账户和用户组，并对用户做必要的安全设置。

➢　项目分析

工程师小王与团队成员共同讨论，认为对于这台服务器应该先创建用户账号，然后从用户密码策略、用户权限控制等方面进行配置，从而完成本项目。

任务 1　创建用户账户

微课 1

★　任务情境

磐云公司现有市场部、技术部等部门，每个部门都有若干名员工，小王是企业新聘任的 IT 管理员，负责公司服务器管理工作。现由小王在 Linux 服务器上创建用户资源，具体用户资源见表 1-1。

表 1-1

部门	用户	组	备注
市场部	sc01	market	默认
	sc02		
技术部	js01	tech	
	js02		
其他	ftpuser01	ftpusers	此账号仅作为 ftp 资源访问使用，不可登录系统，主目录为/var/ftp
	ftpuser02		
	ftpuser03		

★　任务分析

系统管理员的主要任务之一是管理系统中的用户和用户组，包括建立、修改、删除用户账号，分配主目录，指定 Shell，以及创建组账号以便为同类型的用户授予相同的权限等。

★　预备知识

一、用户与用户组

1．用户

要使用 Linux 系统的资源，则需要有一个用户，然后通过这个用户进入系统。通过建立不同属性的用户，一方面可以合理地利用和控制系统资源，另一方面也可以帮助用户组织文件，提供对用户文件的安全保护。

2．**用户组**

用户组是具有相同特征用户的逻辑集合。

简单地理解就是，有时候需要让多个用户具有相同的权限，例如查看、修改某一个文件的权限。一种方法是分别对多个用户进行文件访问授权，也就是说，如果有 10 个用户，就需要授权 10 次。那么如果有 100 个、1000 个，甚至更多的用户呢？显然，这种方法不太合理。最好的方法是建立一个组，让这个组具有查看、修改此文件的权限，然后将所有需要访问此文件的用户加入这个组中。那么，所有用户都具有了和组一样的权限，这就是用户组。

将用户分组是 Linux 系统中对用户进行管理及控制访问权限的一种方法，通过定义用户组，简化了很多的用户管理工作。

思考：用户和用户组的对应关系有几种情况？

二、组类型

1．**初始组**

创建用户时如果没有指定用户组，系统会默认创建一个和这个用户同名的组，这个组就是初始组。在该用户创建文件时，文件的所属组就是用户的初始组。

2．**附加组**

除初始组之外，用户所在的其他组都是附加组。用户是可以从附加组中被删除的。用户不论在初始组中还是在附加组中，都会继承该组的权限。一个用户可以属于多个附加组，但是一个用户只能属于一个初始组。

在使用 useradd 命令创建用户的时候可以用-g（初始组）和-G（附加组）参数指定用户的初始组和附加组。如果用户已经存在，可以通过“gpasswd－a”命令将用户加入某附加组。

练一练：

创建一个测试用户 user01，初始组默认。user01 也是 linux_study 和 php_study 小组的成员，如图 1-1 所示。

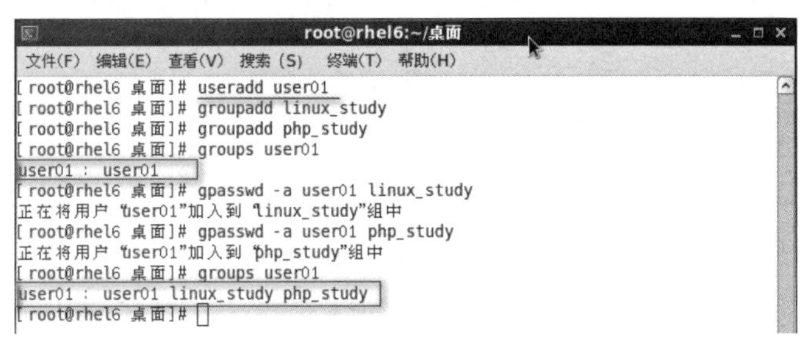

图 1-1

三、用户配置文件

用户信息存放在/etc/passwd 文件中，用户密码信息保存在/etc/shadow 文件中，这两个文件是 Linux 系统中与用户管理相关的重要文件。如果这两个文件损坏或者丢失，将导致用户无法登录 Linux 系统。

Linux 系统中的 /etc/passwd 文件是系统用户配置文件，存储系统中所有用户的基本信息，并且所有用户都可以对此文件执行读操作。

从图 1-2 中可以看到，/etc/passwd 文件中的内容非常有规律，每条记录都对应一个用户。

图 1-2

Linux 系统中有很多的默认用户，其中绝大多数是系统或服务正常运行所必需的，这种用户通常称为系统用户或伪用户。系统用户无法用来登录系统，但也不能被删除，因为一旦被删除，依赖这些用户运行的服务或程序就不能被正常执行，从而导致系统出现问题。每条用户信息都以“:”作为分隔符，划分为 7 个字段（用户名:密码:UID:GID:描述性信息:主目录:默认 Shell），每个字段所表示的含义见表 1-2。

表 1-2

序号	字段名称	注释说明
1	用户名	该字段表示用户名称，用户名称只是为了方便管理员记忆。Linux 系统是通过用户 ID（UID）来区分不同用户、分配用户权限的
2	密码	“x”表示此用户设有密码，实际密码保存在 /etc/shadow 文件中。在早期的 UNIX 系统中，这里保存的就是真正的加密密码串，但由于所有程序都能读取此文件，因此，非常容易造成用户数据被窃取。虽然密码是加密的，但是采用暴力破解的方式也是能够进行破解的。因此，现在 Linux 系统把真正的加密密码串放置在 /etc/shadow 文件中，此文件只有 root 用户可以浏览和操作，这样最大限度地保证了密码的安全性
3	UID	UID，也就是用户 ID。每个用户都有唯一的 UID，Linux 系统通过 UID 来识别不同的用户。实际上，UID 就是一个 0~65535 的数，不同数字表示不同的用户身份
4	GID	全称“Group ID”，简称“组 ID”，表示用户初始组的组 ID 号。这里需要解释一下初始组和附加组的概念。初始组，指用户登录时就拥有这个用户组的相关权限。每个用户的初始组只能有一个，通常就是将和此用户的用户名相同的组名作为该用户的初始组。例如，如果手工添加用户 user01，在建立用户 user01 的同时，就会建立 user01 组作为 user01 用户的初始组。附加组，指用户可以加入多个其他的用户组，并拥有这些组的权限。每个用户只能有一个初始组，除初始组外，用户再加入的其他用户组就是这个用户的附加组。附加组可以有多个，而且用户可以拥有这些附加组的权限

续表

序号	字段名称	注释说明
4	GID	举例来说，刚刚的 user01 用户除属于初始组 user01 外，又加入了 linux_study 组，那么 user01 用户同时属于 user01 组和 linux_study 组，其中 user01 是初始组，linux_study 是附加组。当然，初始组和附加组的身份是可以修改的，但是在实际工作中通常不修改初始组，只修改附加组，因为修改初始组后容易让管理员产生逻辑混乱 需要注意的是，在 /etc/passwd 文件的第 4 个字段中看到的 ID 是这个用户的初始组
5	描述性信息	用户的详细信息
6	主目录	用户登录后有操作权限的访问目录通常被称为用户的主目录 例如，root 超级管理员账户的主目录为/root，普通用户的主目录为 /home/yourIDname，即在/home/目录下建立和用户名相同的目录作为主目录，如 user01 用户的主目录就是 /home/user01/
7	默认 Shell	Shell 是 Linux 的命令解释器，是用户和 Linux 内核之间沟通的桥梁。用户登录 Linux 系统后，通过使用 Linux 命令完成操作任务，但系统只认识类似 0101……的机器语言，这时就需要使用命令解释器。也就是说，Shell 命令解释器的功能是将用户输入的命令转换成系统可以识别的机器语言 通常情况下，Linux 系统默认使用的命令解释器是 bash（/bin/bash），当然还有其他命令解释器，如 sh、csh 等

说明：/etc/shadow 文件内容将在下一节中介绍。

★ 任务实施

步骤 1：启动 CentOS 6.8 虚拟机，输入账号密码后进入系统桌面环境，如图 1-3 所示。

图 1-3

步骤 2：在桌面空白位置单击鼠标右键，在弹出的快捷菜单中单击“在终端中打开”选项，打开终端，如图 1-4 所示。

步骤 3：创建市场部 sc01、sc02 用户，设置用户初始密码，并要求用户下次登录时修改密码。

（1）使用 useradd 命令创建 sc01、sc02 用户，并用 passwd 设定密码，如图 1-5 所示。用户信息保存在/etc/passwd 文本文件中。

计算机
root 的主文件夹
回收站
CentOS_6.8_Final
创建文件夹(F)
创建启动器(A)...
创建文档(D)
在终端中打开(E)
按名称清理(U)
保持对齐(K)
粘贴(P)
更改桌面背景(B)

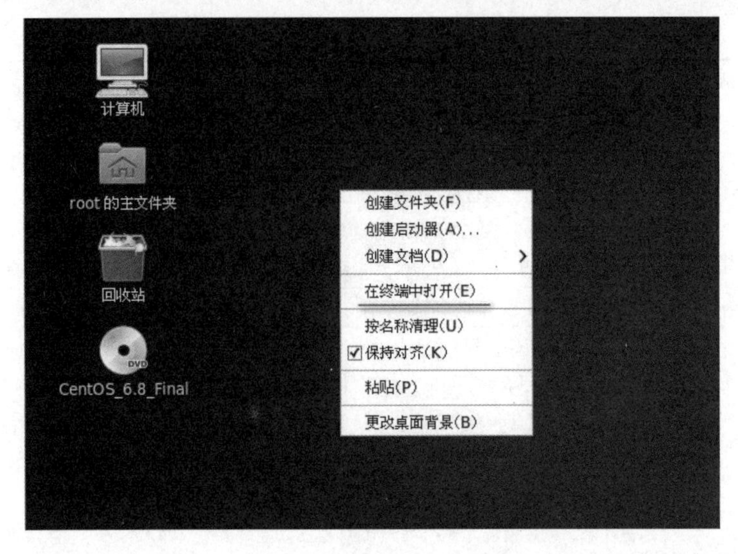

图 1-4

root@rhel6:~/桌面
文件(F) 编辑(E) 查看(V) 搜索(S) 终端(T) 帮助(H)
[root@rhel6 桌面]# useradd sc01
You have mail in /var/spool/mail/root
添加市场部用户sc01,sc02
[root@rhel6 桌面]# useradd sc02
[root@rhel6 桌面]# passwd sc01
更改用户 sc01 的密码 。
新的 密码：
设置用户初始密码，输入2遍，默认终端不显示密码
重新输入新的 密码：
passwd： 所有的身份验证令牌已经成功更新。
[root@rhel6 桌面]# passwd sc02
更改用户 sc02 的密码 。
新的 密码：
重新输入新的 密码：
passwd： 所有的身份验证令牌已经成功更新。
[root@rhel6 桌面]#

图 1-5

（2）通常管理员为用户设置的初始密码是不安全的，需要用户在下一次登录时更改密码。chage 命令可以在用户第一次登录时强制更改密码。chage 命令的使用方法如图 1-6 所示。

root@rhel6:~/桌面
文件(F) 编辑(E) 查看(V) 搜索(S) 终端(T) 帮助(H)
[root@rhel6 桌面]# chage
用法：chage [选项] 登录
选项：
-d, --lastday 最近日期 将最近一次密码设置时间设为“最近日期”
-E, --expiredate 过期日期 将账户过期时间设为“过期日期”
-h, --help 显示此帮助信息并推出
-I, --inactive INACITVE 过期 INACTIVE 天数后，设定密码为失效状态
-l, --list 显示账户年龄信息
-m, --mindays 最小天数 将两次改变密码之间相距的最小天数设为“最小天数”
-M, --maxdays 最大天数 将两次改变密码之间相距的最大天数设为“最大天数”
-R, --root CHROOT_DIR chroot 到的目录
-W, --warndays 警告天数 将过期警告天数设为“警告天数”
[root@rhel6 桌面]# chage -d 0 sc01
chage -d 设置最近一次更改密码的时间
[root@rhel6 桌面]#
0代表下次登录系统强制修改密码

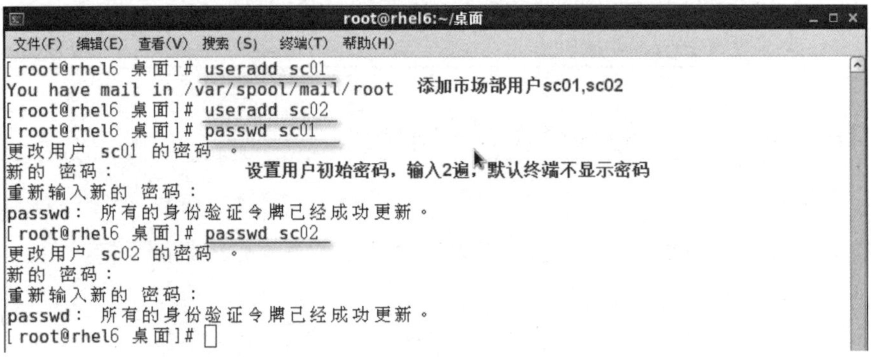

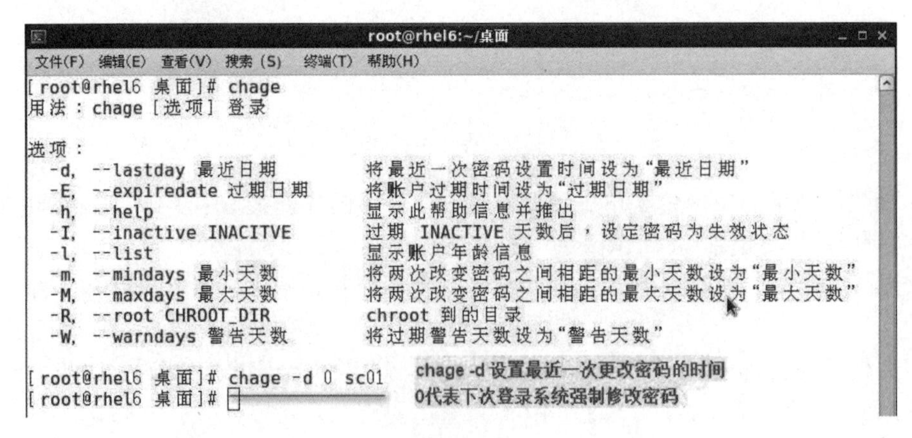

图 1-6

（3）注销当前用户，使用 sc01 用户重新登录，验证 chage 命令的功能，如图 1-7 所示。

rhel6.8-1.scas.com
sc01
（当前）UNIX 密码：
您需要立即更改密码（root 强制）
取消(C)
登录

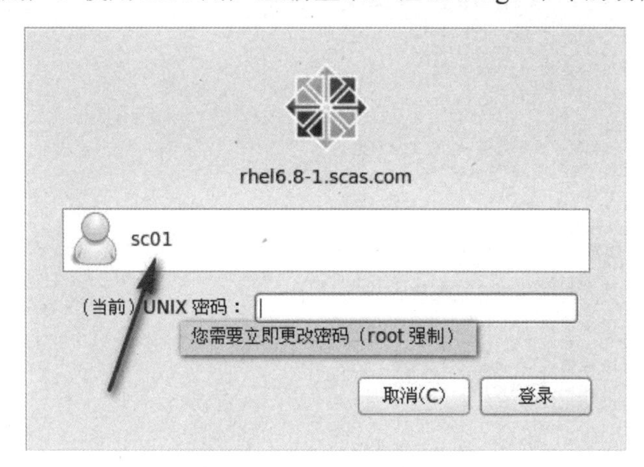

图 1-7

步骤 4：使用 groupadd 命令为市场部创建用户组 market，将 sc01、sc02 用户加入该附加组，如图 1-8 所示。

root@rhel6:~/桌面
文件(F) 编辑(E) 查看(V) 搜索(S) 终端(T) 帮助(H)
[root@rhel6 桌面]# groupadd market
命令groupadd 添加组market
[root@rhel6 桌面]#
[root@rhel6 桌面]# gpasswd -a sc01 market
命令gpasswd -a 将已存在的用户sc01,sc02
加入market附加组
正在将用户"sc01"加入到"market"组中
[root@rhel6 桌面]# gpasswd -a sc02 market
正在将用户"sc02"加入到"market"组中
[root@rhel6 桌面]# groups sc01
sc01 : sc01 market
查看用户所属组的信息，前面的组为初始组，
后面的组为附加组
[root@rhel6 桌面]# groups sc02
sc02 : sc02 market
[root@rhel6 桌面]#

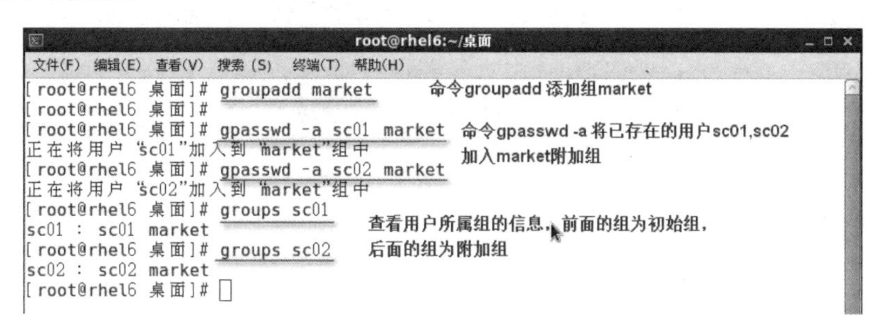

图 1-8

提示：gpasswd 命令加上-a 选项可以将已有的用户加入指定组中，如图 1-9 所示。

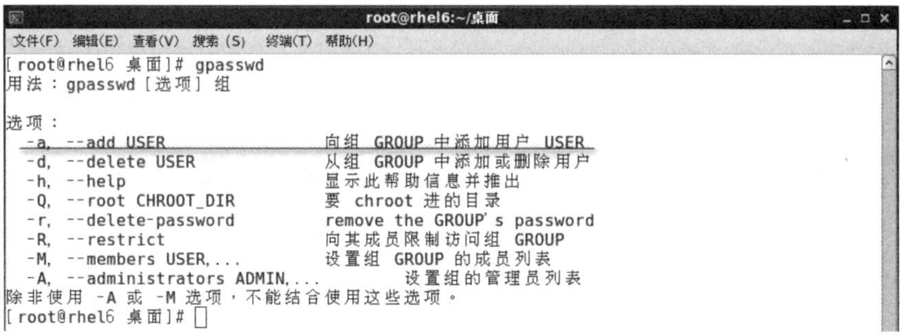

root@rhel6:~/桌面
文件(F) 编辑(E) 查看(V) 搜索(S) 终端(T) 帮助(H)
[root@rhel6 桌面]# gpasswd
用法：gpasswd [选项] 组
选项：
-a, --add USER 向组 GROUP 中添加用户 USER
-d, --delete USER 从组 GROUP 中添加或删除用户
-h, --help 显示此帮助信息并推出
-Q, --root CHROOT_DIR 要 chroot 进的目录
-r, --delete-password remove the GROUP's password
-R, --restrict 向其成员限制访问组 GROUP
-M, --members USER,... 设置组 GROUP 的成员列表
-A, --administrators ADMIN,... 设置组的管理员列表
除非使用 -A 或 -M 选项，不能结合使用这些选项。
[root@rhel6 桌面]#

图 1-9

步骤 5：为技术部创建 js01、js02 用户，设置用户初始密码，并要求用户下次登录时修改密码，操作过程如图 1-10 所示。

图 1-10

步骤 6：创建 ftp 资源访问组 ftpusers 及用户 ftpuser 01、ftpuser 02、ftpuser 03，此账号仅作为 ftp 资源访问使用，不可登录系统，主目录为/var/ftp，如图 1-11 所示。

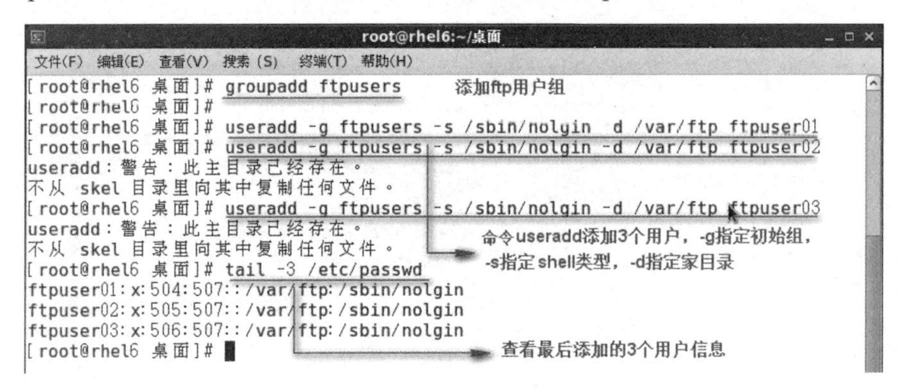

图 1-11

以上操作完成了用户和用户组的创建工作。在日常系统运维中需要经常修改用户和用户组信息。

（1）查看当前用户信息，如图 1-12 所示。

图 1-12

（2）修改用户信息，如图 1-13 所示。

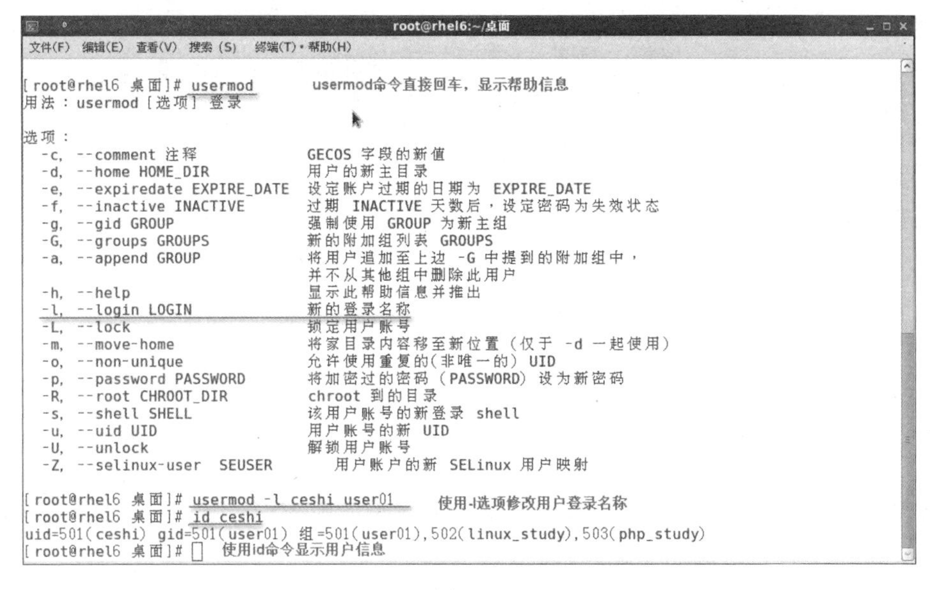

图 1-13

（3）删除用户，如图 1-14 所示。

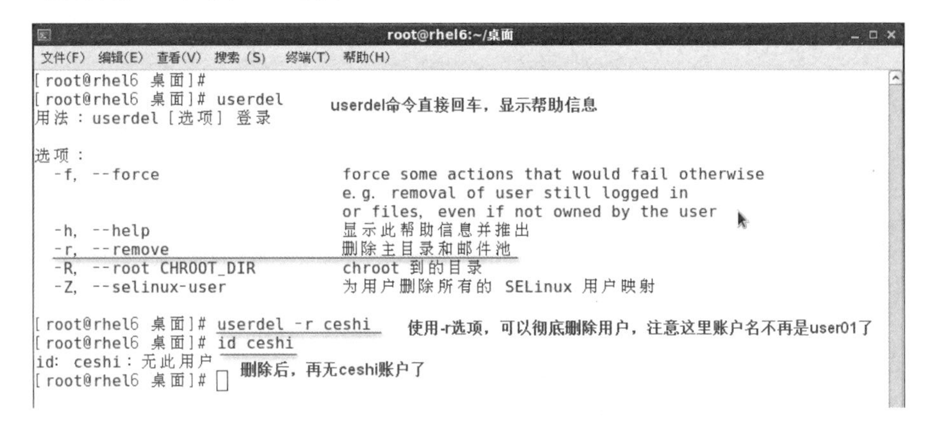

图 1-14

（4）修改用户组信息，如图 1-15 所示。

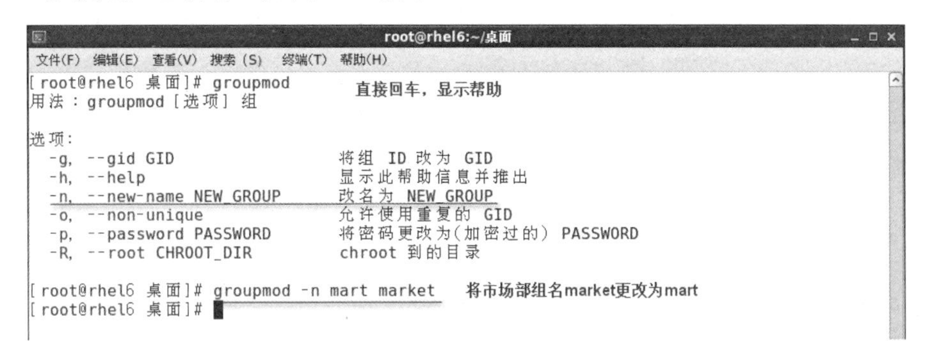

图 1-15

（5）账户密码锁定与恢复，如图 1-16 所示。

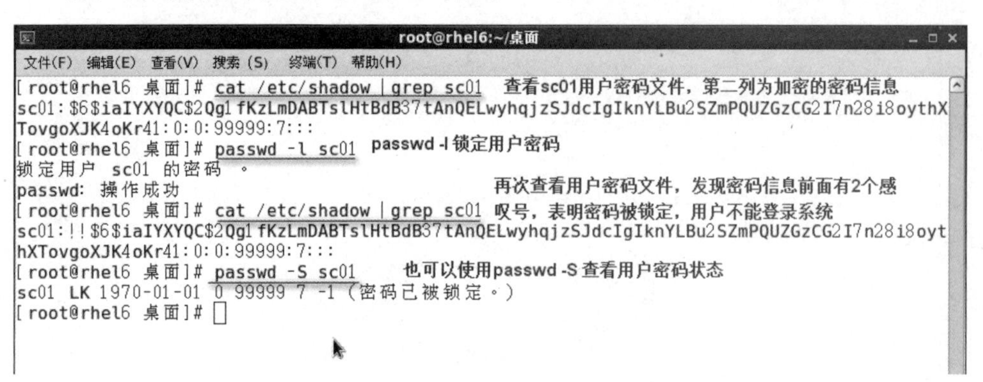

图 1-16

（6）解锁用户密码，如图 1-17 所示。

```
root@rhel6:~/桌面
文件(F) 编辑(E) 查看(V) 搜索(S) 终端(T) 帮助(H)
[root@rhel6 桌面]# passwd -u sc01        passwd -u 选项解锁账户
解锁用户 sc01 的密码 。
passwd: 操作成功
[root@rhel6 桌面]# cat /etc/shadow | grep sc01    再次验证，感叹号消失
sc01:$6$iaIYXYQC$2Qg1fKzLmDABTslHtBdB37tAnQELwyhqjzSJdcIgIknYLBu2SZmPQUZGzCG2I7n28i8oythX
TovgoXJK4oKr41:0:0:99999:7:::
[root@rhel6 桌面]# passwd -S sc01        无锁定提示
sc01 PS 1970-01-01 0 99999 7 -1 (密码已设置，使用 SHA512 加密。)
[root@rhel6 桌面]#
```

图 1-17

★ 任务总结

通过本任务的学习，可以掌握 Linux 系统中用户及用户组的增、删、改、查操作，见表 1-3。

表 1-3

作　用	命　令
创建用户	useradd
管理用户口令	passwd
设置账号属性	usermod
删除用户	userdel
创建用户组	groupadd
设置用户组属性	groupmod
删除用户组	groupdel

★ 任务练习

一、选择题

1. 存放用户账号的文件是（　　）。

A．/etc/shadow　　B．/etc/group
C．/etc/passwd　　D．/etc/gshadow

2．Linux 操作系统的/etc/passwd 文件中的基本信息不包括（　　）。

A．用户 ID　　B．加密的密码值
C．用户登录 Shell　　D．用户登录目录

3．Linux 操作系统中存放加密用户密码信息的文件是（　　）。

A．/etc/passwd　　B．/etc/shadow
C．/etc/group　　D．/etc/securetty

4．在 CentOS 6.8 系统中，若在/etc/shadow 文件内 jerry 用户的密码字串前添加“!!”字符，将导致（　　）。

A．jerry 用户不需要密码即可登录
B．jerry 用户的账号被锁定，无法登录
C．jerry 用户可以登录，但禁止修改自己的密码
D．jerry 用户的有效登录密码变为“x”

5．在 CentOS 6.8 系统中，执行（　　）操作后，用户 Tom 将无法登录该系统。

A．usermod -l Tom　　B．chage -d 0 Tom
C．usermod -s /sbin/nologin Tom　　D．chage -m 30 Tom

二、简答题

1．简述在 Linux 系统中实现用户锁定的方法。
2．列出和 Linux 用户及用户组有关的配置文件，并解释文件的作用。

三、操作题

假设你是某台 Linux 服务器的管理员，现在需要为每位师生创建一个可以登录服务器的用户，用户名为其姓名的首字母，例如学生“王帆”的用户名为 wf。要求如下:

（1）每个用户的初始登录密码为其用户名，并且要求用户第一次登录时，必须立即修改其登录密码;

（2）上述用户是同一个学习小组的成员，这个学习小组的学习资料集中存放在/tmp/data 中，定义上述用户主目录为/tmp/data 目录。

任务 2　实施健壮密码策略

★　任务情境

微课 2

磐云公司 Linux 服务器用户和组的管理大多为默认设置，容易被黑客入侵。小王是企业的 IT 管理员，负责公司服务器的管理工作。现由小王对该 Linux 服务器进行安全加固操作。

配置 Linux 服务器，设置用户密码安全策略。具体要求如下：

（1）要求用户每 60 天必须修改一次密码。

（2）用户可以随时修改密码。
（3）密码长度必须为 8 位数。
（4）在密码失效前 7 天提醒用户修改密码。

★ **任务分析**

用户密码安全策略非常重要，因为弱口令很容易被黑客破解。所以用户需要设置密码的相关策略，如密码的复杂程度、长度、过期时间等。

★ **预备知识**

一、账户密码策略配置文件

在 Linux 系统中，账户密码策略是由/etc/login.defs 这个配置文件的一些参数控制的，其中 PASS_MAX_DAYS 表示密码最长过期天数，PASS_MIN_DAYS 表示密码最小过期天数，PASS_MIN_LEN 表示密码最小长度，PASS_WARN_AGE 表示密码过期的警告天数，如图 1-18 所示。

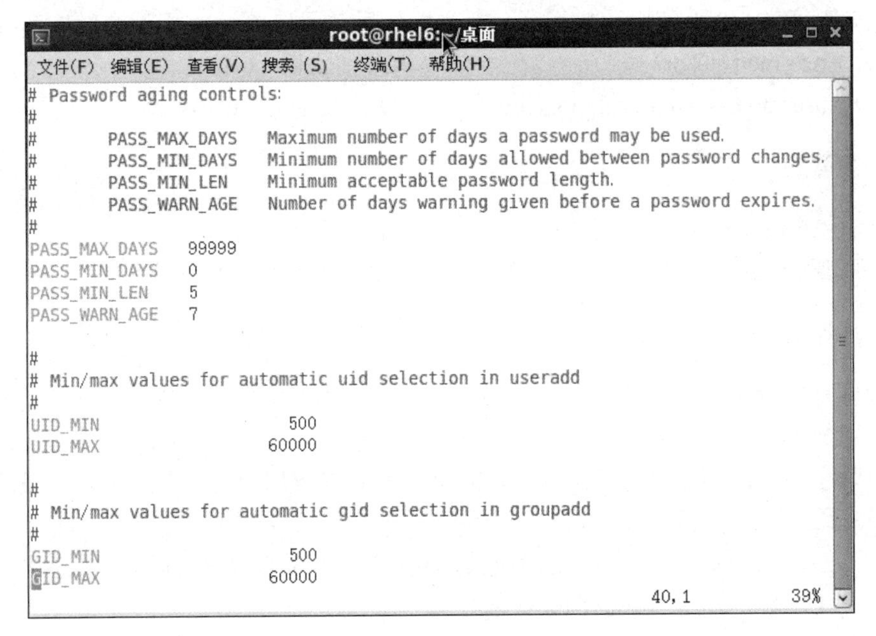

图 1-18

二、密码文件/etc/shadow

密码文件由冒号（:）分割成 9 段，每个字段的具体含义见表 1-4。

表 1-4

序号	字段名称	注释说明
1	用户登录名	用户的账户名称
2	加密后的密码	用户密码，这是加密过的口令（未设置密码为!!）
3	最后一次密码更改时间	从 1970 年到最近一次更改密码，时间间隔多少天

续表

序号	字段名称	注释说明
4	密码最少使用几天	密码最少使用几天才可以修改（0 表示无限制）
5	密码最长使用几天	密码使用多少天需要修改（默认 99999 永不过期）
6	密码到期前警告期限	密码过期前多少天提醒用户更改密码（默认过期前 7 天警告）
7	密码到期后保持活动的天数	在此期限内，用户依然可以登录系统并更改密码，指定天数过后，账户被锁定
8	账户到期时间	从 1970 年起，账户在这个日期前可使用，到期后失效
9	标志	保留

查看/etc/shadow 密码文件，内容如图 1-19 所示。

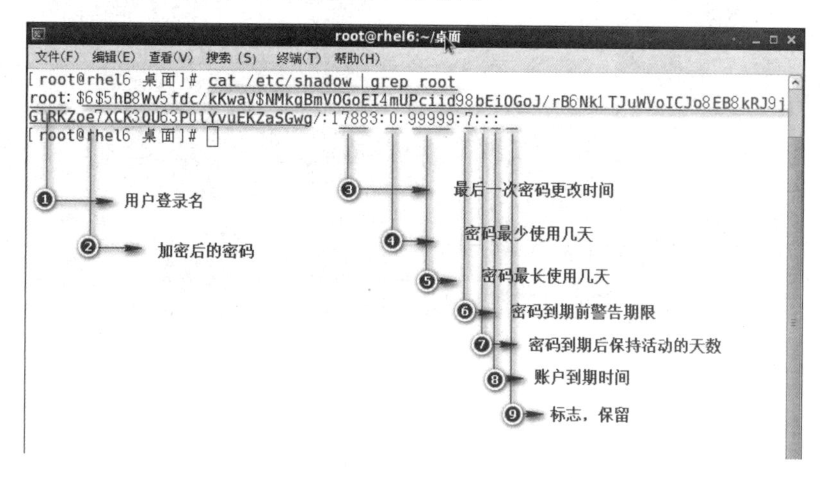

图 1-19

思考：/etc/shadow 文件中每一行均是一个用户密码相关信息，其中每行的第二列代表加密后的密码信息，请问上图 root 用户第二列字符串中“$”字符有什么意义？

★ 任务实施

步骤 1：启动 CentOS 6.8 虚拟机，输入用户和密码，进入系统桌面环境，如图 1-20 所示。

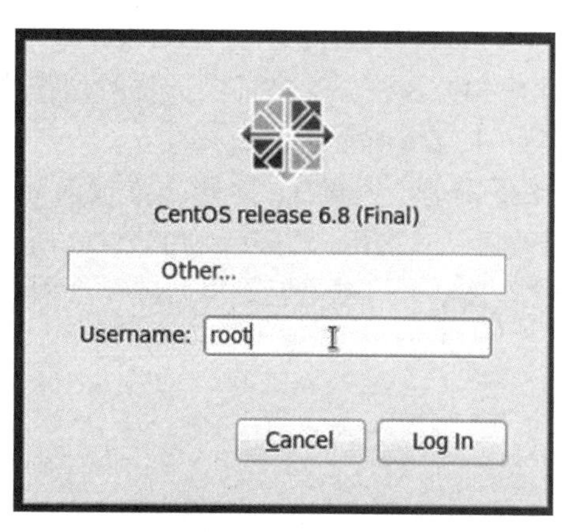

图 1-20

步骤 2：在桌面空白处单击鼠标右键，在弹出的快捷菜单中选择“Open in terminal”选项，打开终端，如图 1-21 所示。

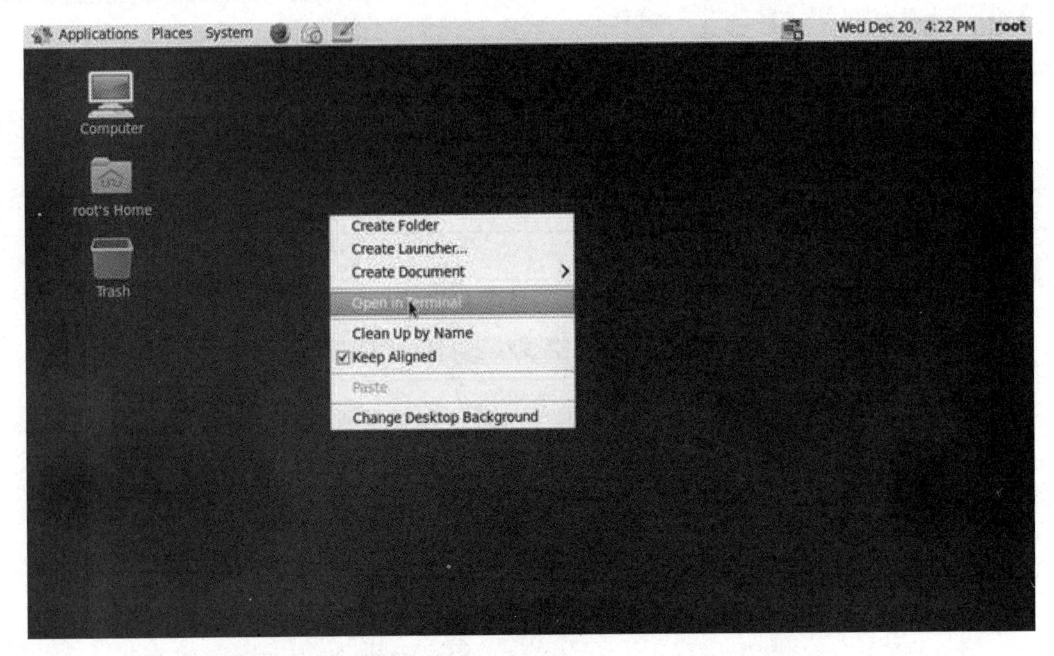

图 1-21

步骤 3：使用 vim /etc/login.defs 打开配置文件，如图 1-22 所示。

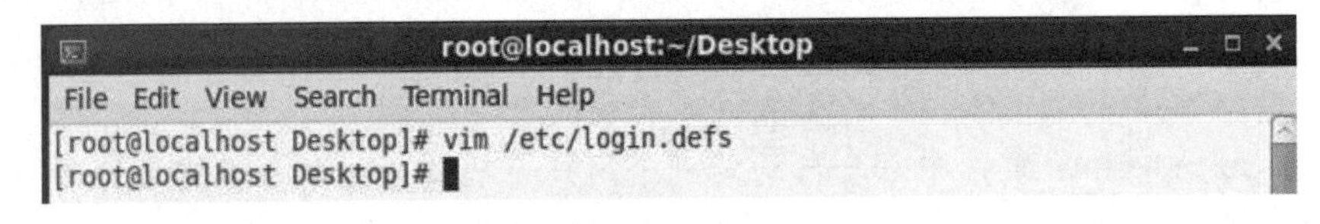

图 1-22

步骤 4：修改配置文件/etc/login.defs，让用户只能设置强密码与定期更换密码的规则。

PASS_MAX_DAYS 60　（1）要求用户每 60 天必须修改一次密码。

PASS_MIN_DAYS 0　（2）0 为允许用户修改密码。

PASS_MIN_LEN 8　（3）密码长度必须为 8 位数。

PASS_WARN_AGE 7　（4）在密码失效前 7 天提醒用户修改密码。

/etc/login.defs 文件内容如图 1-23 所示。

步骤 5：修改完成后按 Esc 键退出编辑模式，再依次输入 wq 后保存退出，修改过后配置文件立即生效，但只对修改后创建的用户生效，如图 1-24 所示。

步骤 6：修改 PASS_MAX_DAYS 等参数后，再新建一个用户 test，并使用命令 chage -l 查看用户账户的基本信息（此时配置已经生效）。

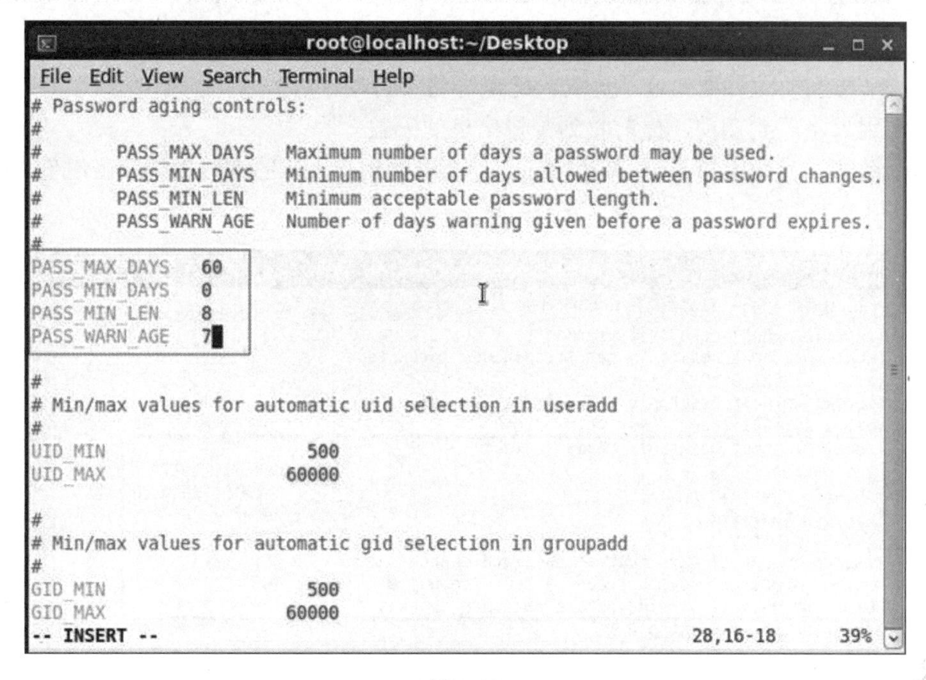

图 1-23

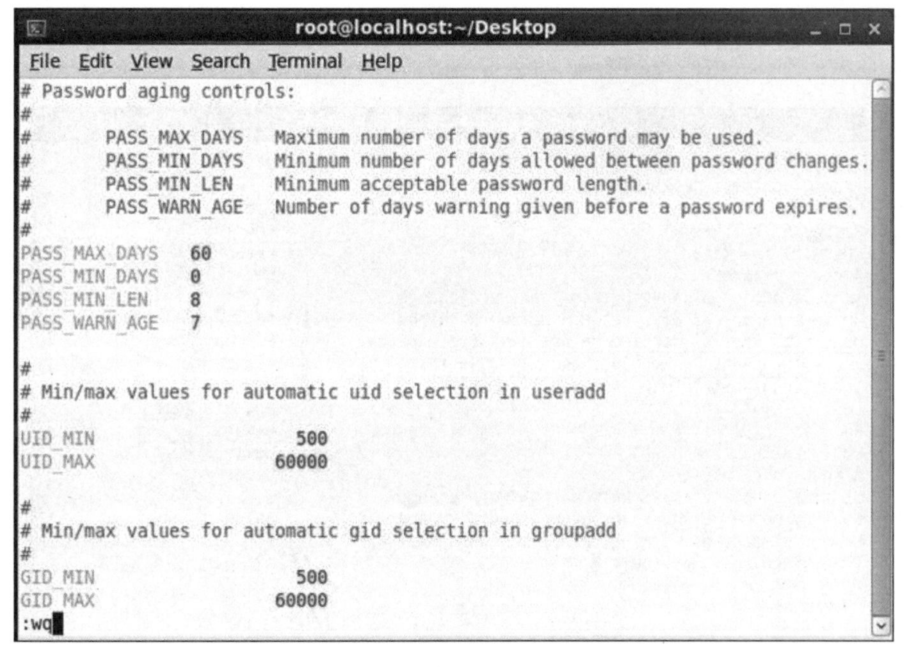

图 1-24

通过修改配置文件/etc/login.defs 可以设置密码策略，这能对之后新建用户起作用，而目前系统已经存在的用户，则使用 chage 来配置。

其中选项的含义为：

-m：密码可更改的最小天数，其值为零时代表任何时候都可以更改密码。

-M：密码保持有效的最大天数。

-d：上一次更改的日期。

-E：账号到期的日期。过了这天，此账号将不可用。

-w：用户密码到期前，提前收到警告信息的天数。

假设系统已存在用户 test，使用 chage 命令查看用户 test 的密码过期警告时间，默认为 7 天。如图 1-25 所示。

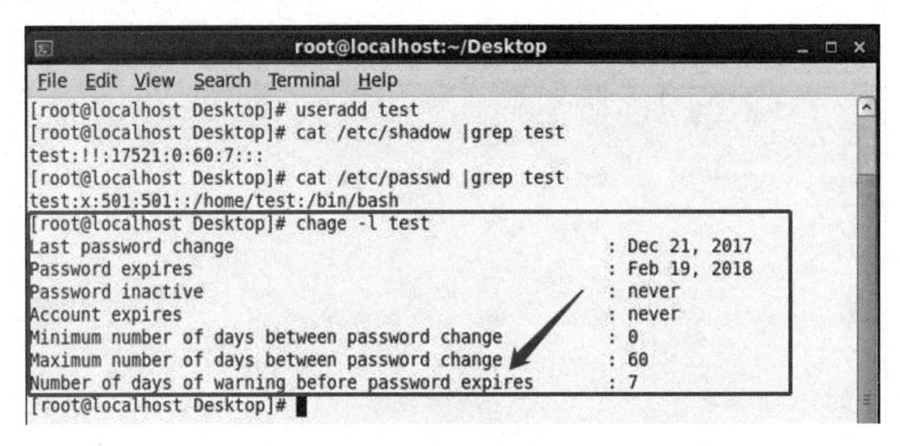

图 1-25

步骤 7：假如此时用户 test 有特殊需求，要求这个账号的密码永不过期，则可以使用 chage 命令来处理，如图 1-26 所示。

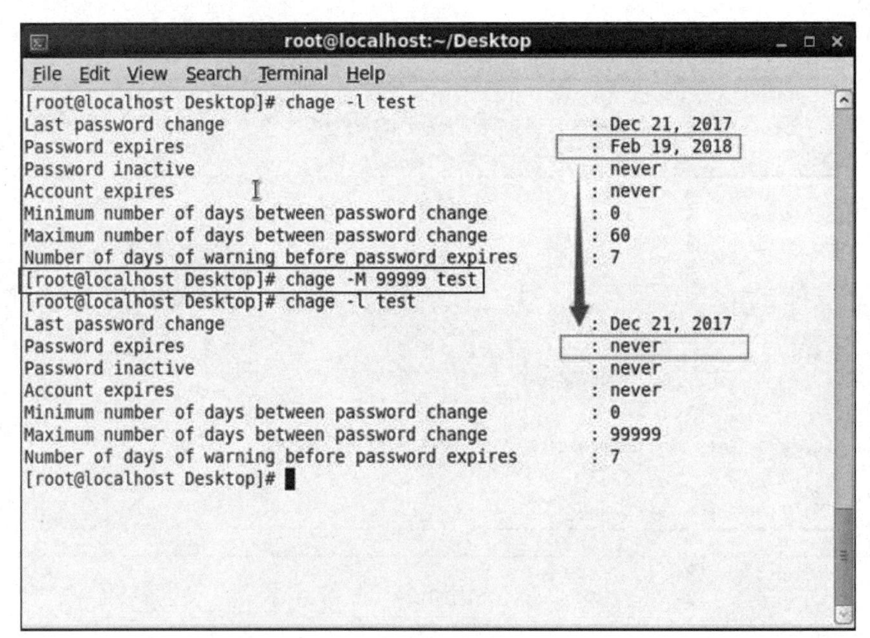

图 1-26

任务完成，关闭虚拟机。

★ 任务总结

通过修改 Linux 用户密码的复杂程度、长度、过期时间等安全策略，可实现对用户账户的基本保护。

★　**任务练习**

一、选择题

1. 所有用户登录的默认配置文件是（　　）。

A. /etc/.profile　　B. /etc/login.defs

C. /etc/.login　　D. /etc/.logout

2. 在 Linux 系统里，编辑/etc/login.defs 文件，设置（　　），可将口令最小长度设置为 8。

A. PASS_MIN_LEN 8　　B. PASS_MAX_LEN 8

C. PW_MIN_LEN 8　　D. PW_MAX_LEN 8

3. 下列（　　）命令可设置 test 用户下次登录需要更改密码。

A. chage -m 0 test　　B. chage -M 42 test

C. chage -w 7 test　　D. chage -d 0 test

4. 下列（　　）命令可设置用户 test 过期日期为 2025 年 12 月 31 日。

A. chage -d 2025-12-31 test　　B. chage -d 0 test

C. chage -E 2025-12-31 test　　D. chage -E 20251231 test

二、操作题

1. 编辑/etc/login.defs 文件，实现如下要求：

（1）用户每 180 天必须修改一次密码；

（2）用户随时可以修改密码；

（3）密码长度必须为 10 位数；

（4）在密码失效前 15 天提醒用户修改密码；

（5）新建用户 test2 测试上述修改是否生效。

2. 使用 chage 命令完成以下要求：

（1）设置系统时间为当前时间；

（2）新建一个普通用户 ydwzl，设置密码为 123456；

（3）查看 admin 的密码信息，设置最近一次修改密码的日期为 2019 年 7 月 3 日；

（4）设置密码最短使用时间为 0 天，设置密码最长使用时间为 60 天；

（5）设置密码过期警告时间为 7 天，设置密码过期后使用时间为 3 天；

（6）设置用户过期时间为 2029 年 7 月 3 日，最后显示用户信息。

任务 3　配置 PAM 认证模块

★　**任务情境**

磐云公司的 Linux 服务器的用户和用户组管理大多为默认设置，极易被黑客入侵。小王是企业的 IT 管理员，负责公司的服务器管理工作。现由小王对存在漏洞的 Linux 服务器进行相关加固工作。

微课 3

配置 Linux 系统，在服务器中配置 PAM 认证模块，修改用户登录认证相关策略。并完成以下任务：

（1）设置用户密码策略，禁止使用前 5 次设置过的密码；

（2）设置允许的新、旧密码相同字符的个数为 3，如果用户输入的密码不符合要求，则最多可重新输入 3 次；

（3）密码最小长度为 10；

（4）设置 3 次登录失败则锁定用户，防止暴力破解。

★ 任务分析

在用户的密码设置过于简单时，会导致密码易于黑客的猜解、社工、穷举等攻击。所以需要设置用户登录认证策略。使用户需要按照相应密码策略才能够设置密码，有效地防范黑客的攻击。

★ 预备知识

一、PAM 介绍

PAM（Pluggable Authentication Modules）即可插拔式认证模块，是 1995 年开发的一种与认证相关的通用框架机制。它是一种高效、灵活、便利的用户级别的认证方式，也是当前 Linux 服务器普遍使用的认证方式。

二、部署 PAM 认证的必要性

一台服务器会运行许多不同的服务，而很多服务本身并没有认证功能，只是通过用户名及密码进行认证。如果所有服务都用 Linux 系统的用户名及密码来认证，对于服务器来说是很危险的。例如一台服务器开着 FTP、SMTP、ssh 等服务，那么新建一个用户时默认就享有对以上所有服务的操作权限，这样，会导致当用户名或密码泄露时就会涉及多个服务。因此，不管是 PC 还是服务器，在 Linux 系统中部署 PAM 认证都是非常必要的。通过新型的认证模块——PAM 就能解决认证方面的不足，加强 Linux 系统安全性。在 Linux 系统中，PAM 是可动态配置的，本地系统管理员可以自由选择应用程序如何对用户进行身份验证。PAM 应用在许多程序与服务上，如登录程序（login、su）的 PAM 身份验证（口令认证、限制登录），passwd 强制密码，用户进程实时管理，向用户分配系统资源等。

三、PAM 机制

在 Linux 系统中，很多服务无认证功能。Linux 统一把认证任务交给一个中间的认证代理机构——PAM 来完成。PAM 采用封闭包的方式，将所有与身份认证有关的逻辑全部隐藏在模块内，可动态地改变身份验证的方法和要求。Linux-PAM 认证模块的工作流程如图 1-27 所示。

当用户访问一个启用 PAM 的服务时，服务程序首先将请求发送到 PAM 认证模块（如 Libpam.so 文件，不同服务的 PAM 认证模块是不一样的）。接着，PAM 认证模块根据服务的类型在/etc/pam.d/目录下选择一个对应的服务文件。该服务文件专门定义了每种服务需要

使用的模块及使用方法。如果要改变 PAM 的认证过程，应首先改变与之对应的服务文件。

Linux–PAM认证模块的工作流程

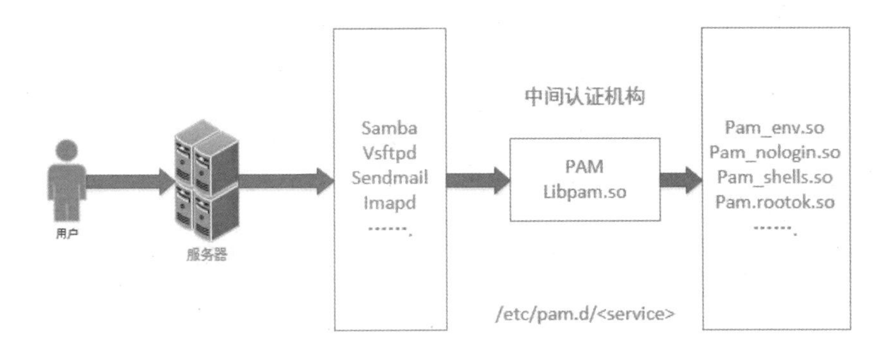

图 1-27

四、PAM 配置文件的构成

PAM 主要由动态库与配置文件构成。/etc/pam.d/目录中定义了各种程序和服务的 PAM 配置文件，如图 1-28 所示。如其中 system-auth 文件是 PAM 认证模块的重要配置文件，主要负责用户登录系统的身份认证工作，不仅如此，其他的应用程序或服务可以通过 include 接口来调用它（该文件是 system-auth-ac 的软链接）。此外 password-auth 配置文件也是与身份验证相关的重要配置文件，如用户的远程登录验证（ssh 登录）就通过它调用。

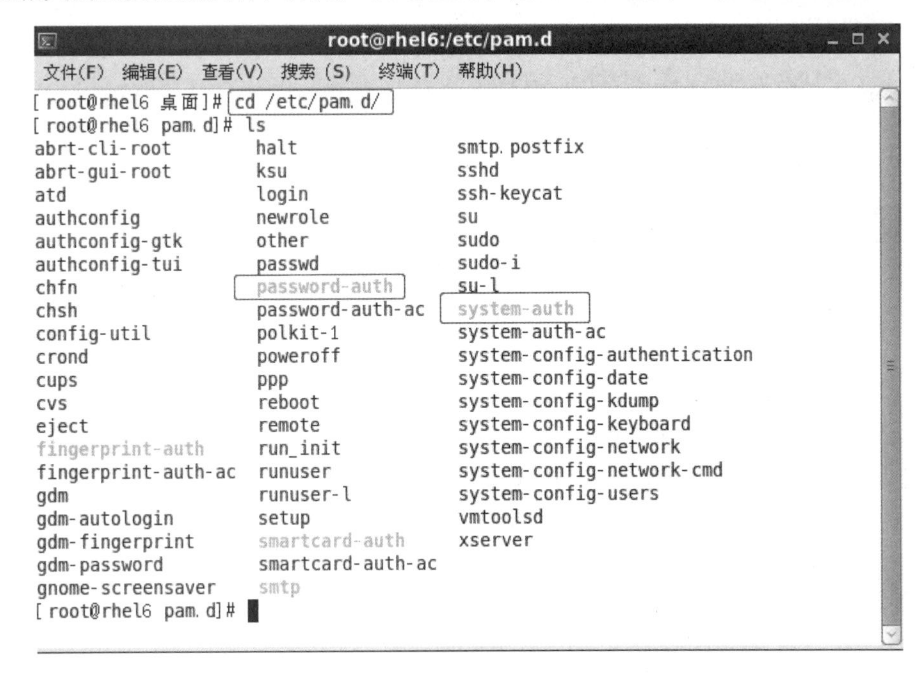

图 1-28

PAM 能够调用的本地认证模块文件位于/lib64/security/目录中，以加载动态库的形式进行，如图 1-29 所示。

```
root@rhel6:~/桌面
文件(F) 编辑(E) 查看(V) 搜索 (S) 终端(T) 帮助(H)
[root@rhel6 桌面]# ll /lib64/security/ |more
总用量 3164
-rwxr-xr-x. 1 root root 18552 5月  11 2016 pam_access.so
-rwxr-xr-x. 1 root root  7504 12月  8 2011 pam_cap.so
-rwxr-xr-x. 1 root root 10272 5月  11 2016 pam_chroot.so
-rwxr-xr-x. 1 root root  9184 5月  11 2016 pam_ck_connector.so
-rwxr-xr-x. 1 root root 27080 5月  11 2016 pam_console.so
-rwxr-xr-x. 1 root root 14432 5月  11 2016 pam_cracklib.so
-rwxr-xr-x. 1 root root 10168 5月  11 2016 pam_debug.so
-rwxr-xr-x. 1 root root  5952 5月  11 2016 pam_deny.so
-rwxr-xr-x. 1 root root 10216 5月  11 2016 pam_echo.so
-rwxr-xr-x. 1 root root 18592 5月  11 2016 pam_env.so
-rwxr-xr-x. 1 root root 14496 5月  11 2016 pam_exec.so
-rwxr-xr-x. 1 root root 10248 5月  11 2016 pam_faildelay.so
-rwxr-xr-x. 1 root root 14472 5月  11 2016 pam_faillock.so
drwxr-xr-x. 2 root root  4096 12月 18 2018 pam_filter
-rwxr-xr-x. 1 root root 14448 5月  11 2016 pam_filter.so
-rwxr-xr-x. 1 root root 16528 3月  10 2015 pam_fprintd.so
-rwxr-xr-x. 1 root root  6080 5月  11 2016 pam_ftp.so
-rwxr-xr-x. 1 root root 39936 10月  4 2012 pam_gnome_keyring.so
-rwxr-xr-x. 1 root root 14416 5月  11 2016 pam_group.so
-rwxr-xr-x. 1 root root 10328 5月  11 2016 pam_issue.so
```

图 1-29

判断程序是否使用了 PAM 认证，如图 1-30 所示。

```
root@rhel6:~/桌面
文件(F) 编辑(E) 查看(V) 搜索 (S) 终端(T) 帮助(H)
[root@rhel6 桌面]# ldd /usr/bin/passwd |grep pam
        libpam_misc.so.0 => /lib64/libpam_misc.so.0 (0x00007fe8375ec000)
        libpam.so.0 => /lib64/libpam.so.0 (0x00007fe8369e9000)
[root@rhel6 桌面]# ldd /usr/sbin/sshd |grep pam
        libpam.so.0 => /lib64/libpam.so.0 (0x00007f2c50b51000)
[root@rhel6 桌面]# 
```

图 1-30

由图 1-30 可知，sshd 和 passwd 都使用了 PAM 认证。

五、PAM 配置文件的语法格式

PAM 配置文件的语法格式如下：

<module interface> <control flag> <module name> <module arguments>

模块接口　　　　　控制标识　　模块名称　　　　模块参数

查看一台主机中的 system-auth 配置文件，如图 1-31 所示

模块接口参数见表 1-5。

控制标识参数见表 1-6。

```
root@rhel6:~/桌面
文件(F) 编辑(E) 查看(V) 搜索(S) 终端(T) 帮助(H)
[root@rhel6 桌面]# cat /etc/pam.d/system-auth
#%PAM-1.0
# This file is auto-generated.
# User changes will be destroyed the next time authconfig is run.
auth        required      pam_env.so
auth        sufficient    pam_fprintd.so
auth        sufficient    pam_unix.so nullok try_first_pass
auth        requisite     pam_succeed_if.so uid >= 500 quiet
auth        required      pam_deny.so

account     required      pam_unix.so
account     sufficient    pam_localuser.so
account     sufficient    pam_succeed_if.so uid < 500 quiet
account     required      pam_permit.so

password    requisite     pam_cracklib.so try_first_pass retry=3 type=
password    sufficient    pam_unix.so sha512 shadow nullok try_first_pass use_au
thtok
password    required      pam_deny.so

session     optional      pam_keyinit.so revoke
session     required      pam_limits.so
session     [success=1 default=ignore] pam_succeed_if.so service in crond quiet
use_uid
session     required      pam_unix.so
[root@rhel6 桌面]#
```

图 1-31

表 1-5

参数	作用
auth	认证模块接口，如验证用户身份、检查密码是否可以通过，并设置用户凭据
account	账户模块接口，检查指定账户是否满足当前验证条件，检查账户是否到期等
password	密码模块接口，用于更改用户密码，以及强制使用强密码配置
session	会话模块接口，用于管理和配置用户会话。会话在用户认证成功之后启动生效

表 1-6

参数	作用
required	模块结果必须成功才能继续认证，如果在此处测试失败，则继续测试引用在该模块接口的下一个模块，直到所有的模块测试完成，才将结果通知给用户
requisite	模块结果必须成功才能继续认证，如果在此处测试失败，则会立即将失败结果通知给用户
sufficient	模块结果如果测试失败，将被忽略。如果 sufficient 模块测试成功，并且之前的 required 模块没有发生故障，PAM 会向应用程序返回通过的结果，不会再调用堆栈中其他模块
optional	该模块返回的通过/失败结果被忽略。当没有其他模块被引用时，标记为 optional 模块并且成功验证时该模块才是必须的。该模块被调用来执行一些操作，并不影响模块堆栈的结果
include	include 与模块结果的处理方式无关。该标志用于直接引用其他 PAM 模块的配置参数

说明：

（1）required 验证失败时仍然继续，但返回 Fail（用户不会知道哪里失败）。

（2）requisite 验证失败则立即结束整个验证过程，返回 Fail（用户知道哪里失败）。

（3）sufficient 验证成功则立即返回，不再继续，否则忽略结果并继续。

（4）optional 无论验证结果如何，均不会影响模块堆栈的结果（通常用于 session 类型）。

PAM 验证类型返回结果见表 1-7。

表 1-7

Control Flags	Result	Keep test	Affect
Required	Pass	Y	Define by system
	Fail	Y	Fail
Requisite	Pass	Y	Define by system
	Fail	N	Fail
Sufficient	Pass	N	Ok
	Fail	Y	ignore
Optional	Pass	Y	ignore
	Fail	Y	ignore

六、pam_cracklib.so 模块参数解释

pam_cracklib.so 模块的相关参数见表 1-8，用户密码的修改主要与此模块相关。

表 1-8

参数	作用
authtok_type=xxx	用户密码修改的提示语，默认为空
retry=N	密码尝试错误 *N* 次禁止登录，默认为 1
difok=N	新旧密码不得有 *N* 个字符重复，默认为 5
difignore=N	字符数达到 *N* 个后，忽略 difok，默认为 23
minlen=N	密码长度不得少于 *N* 位
dcredit=N	至少包含 *N* 个数字
ucredit=N	至少包含 *N* 个大写字母
lcredit=N	至少包含 *N* 个小写字母
ocredit=N	至少包含 *N* 个特殊字母
minclass=N	至少包含 *N* 种字符类型
maxrepeat=N	不能包含 *N* 个连续的字符
reject_username	不能包含用户名
use_authtok	强制使用之前的密码，即不允许用户修改密码
dictpath=/path/to/dict	指定 cracklib 模块的路径

注意：以上参数仅对非 root 用户生效，如果想对 root 用户生效，需要加入参数 enforce_for_root。

★ 任务实施

步骤 1：启动 CentOS 6.8 虚拟机，进入系统桌面环境，如图 1-32 所示。

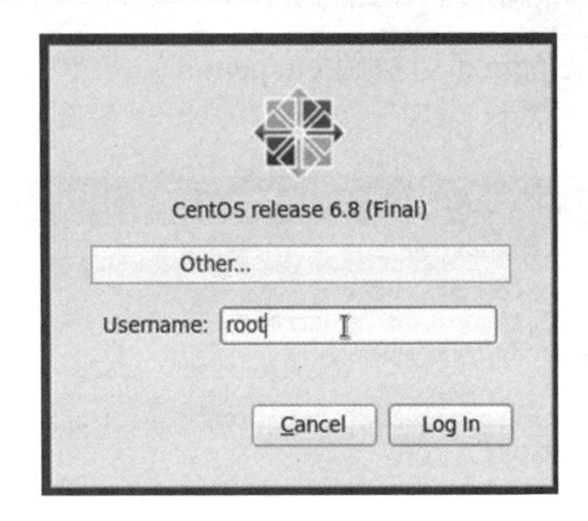

图 1-32

步骤 2：在桌面点击鼠标右键，在弹出的快捷菜单中选择“在终端中打开”选项，如图 1-33 所示。

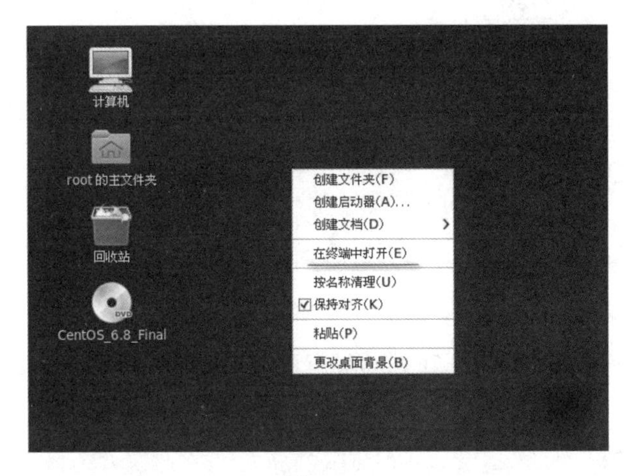

图 1-33

步骤 3：进入 PAM 配置文件夹/etc/pam.d，如图 1-34 所示。

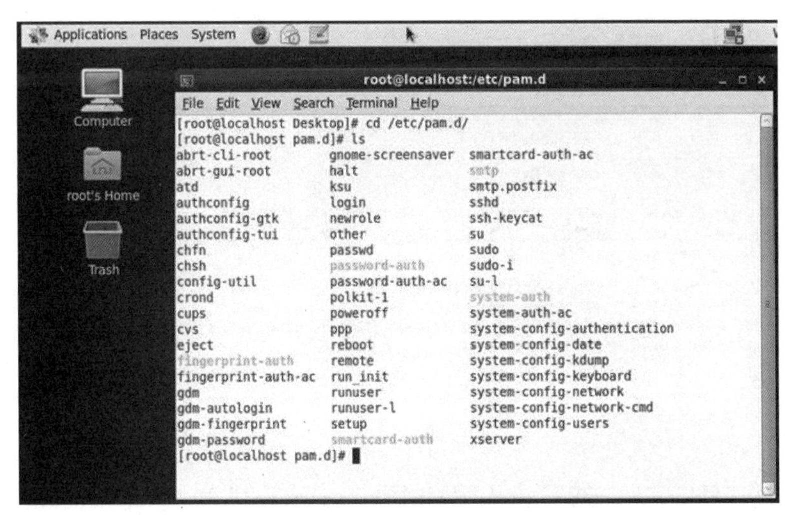

图 1-34

步骤 4：使用命令 cd /etc/pam.d 切换到/etc/pam.d 目录下，编辑 system-auth 配置文件，命令：vim system-auth。如图 1-35 所示。

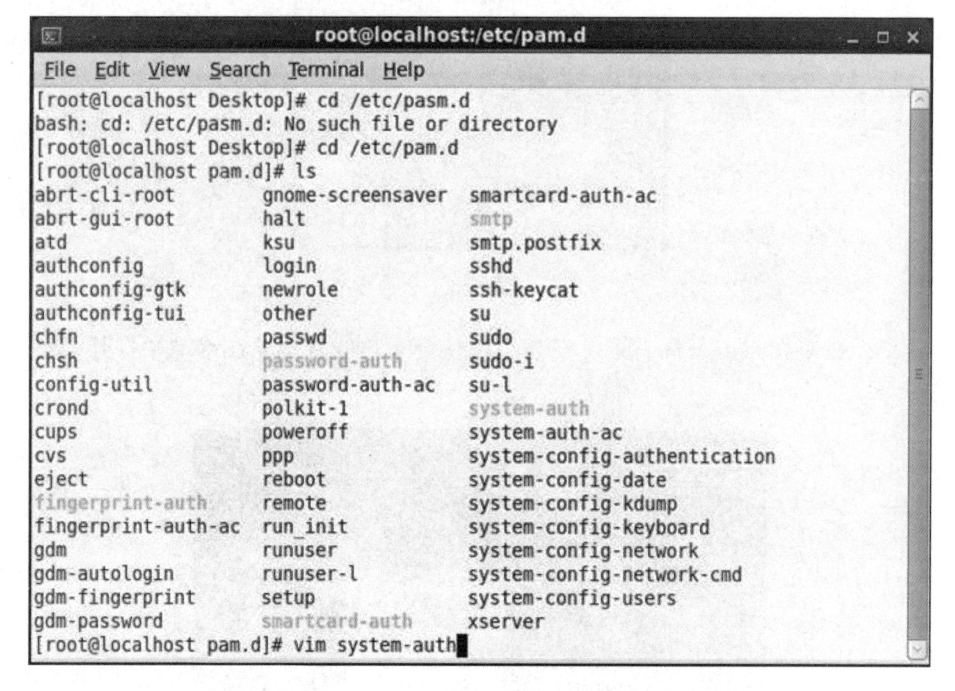

图 1-35

步骤 5：禁止使用旧密码——找到同时有“password”和“pam_unix.so”的字段，在其后加上字段“remeber=5”（表示禁止使用最近用过的 5 个密码），如图 1-36 所示。

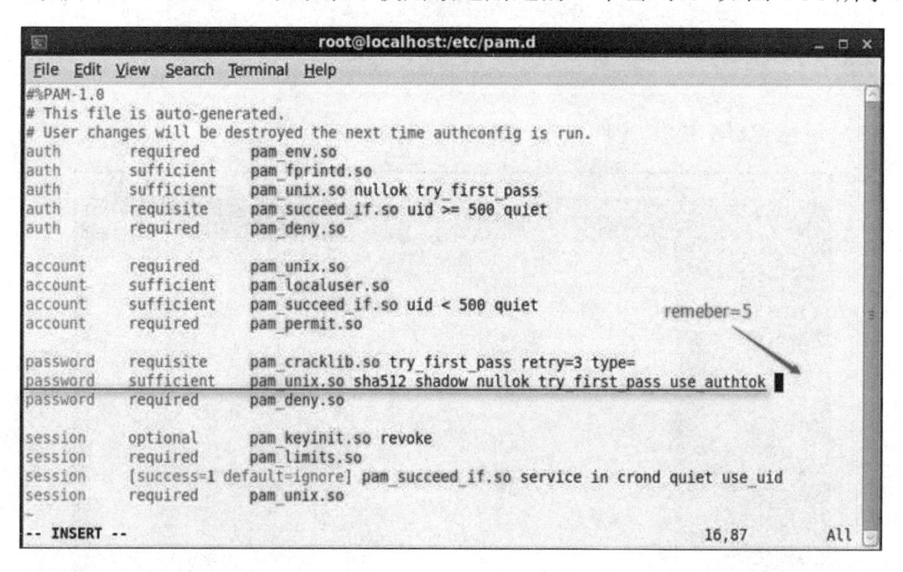

图 1-36

步骤 6：设置最短密码长度——找到同时有“password”和“pam_cracklib.so”的位置，将其修改为：password requisite pam_cracklib.so retry=3 difok=3 minlen=10，如图 1-37 所示。

修改完成后 Esc 键退出编辑模式，依次输入：wq 保存退出。

difok=3，默认值为 10。这个参数表示设置允许的新、旧密码相同字符的个数；retry=3 表示输入密码的次数，默认值是 1；minlen=10，指密码最小长度为 10。

```
root@localhost:/etc/pam.d
File  Edit  View  Search  Terminal  Help
#%PAM-1.0
# This file is auto-generated.
# User changes will be destroyed the next time authconfig is run.
auth        required      pam_env.so
auth        sufficient    pam_fprintd.so
auth        sufficient    pam_unix.so nullok try_first_pass
auth        requisite     pam_succeed_if.so uid >= 500 quiet
auth        required      pam_deny.so

account     required      pam_unix.so
account     sufficient    pam_localuser.so
account     sufficient    pam_succeed_if.so uid < 500 quiet
account     required      pam_permit.so

password    requisite     pam_cracklib.so try_first_pass retry=3 difok=3 minlen=10
password    sufficient    pam_unix.so sha512 shadow nullok try_first_pass use_authtok remeber=5
password    required      pam_deny.so

session     optional      pam_keyinit.so revoke
session     required      pam_limits.so
session     [success=1 default=ignore] pam_succeed_if.so service in crond quiet use_uid
session     required      pam_unix.so
~
:wq
```

图 1-37

步骤 7：设置密码复杂度——在 pam_cracklib.so 的参数后面附加：ucredit=-1 lcredit=-2 dcredit=-1 ocredit=-1，如图 1-38 所示。它表示密码必须至少包含一个大写字母（ucredit），两个小写字母（lcredit），一个数字（dcredit）和一个标点符号（ocredit），保存并退出。

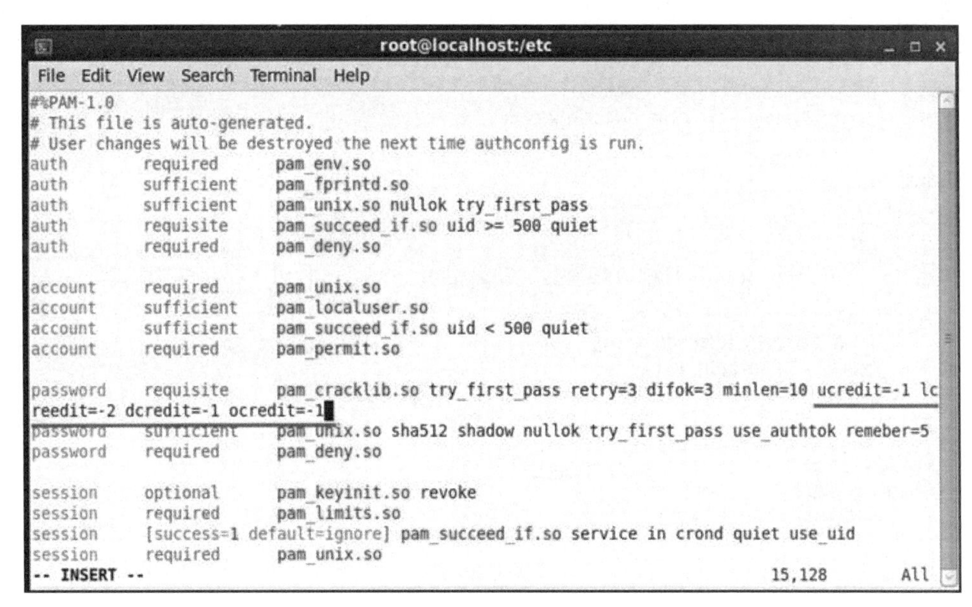

```
root@localhost:/etc
File  Edit  View  Search  Terminal  Help
#%PAM-1.0
# This file is auto-generated.
# User changes will be destroyed the next time authconfig is run.
auth        required      pam_env.so
auth        sufficient    pam_fprintd.so
auth        sufficient    pam_unix.so nullok try_first_pass
auth        requisite     pam_succeed_if.so uid >= 500 quiet
auth        required      pam_deny.so

account     required      pam_unix.so
account     sufficient    pam_localuser.so
account     sufficient    pam_succeed_if.so uid < 500 quiet
account     required      pam_permit.so

password    requisite     pam_cracklib.so try_first_pass retry=3 difok=3 minlen=10 ucredit=-1 lc
redit=-2 dcredit=-1 ocredit=-1
password    sufficient    pam_unix.so sha512 shadow nullok try_first_pass use_authtok remeber=5
password    required      pam_deny.so

session     optional      pam_keyinit.so revoke
session     required      pam_limits.so
session     [success=1 default=ignore] pam_succeed_if.so service in crond quiet use_uid
session     required      pam_unix.so
-- INSERT --                                                          15,128        All
```

图 1-38

步骤 8：编辑/etc/pam.d/login 文件，配置 PAM 锁定多次登录失败的用户，在第一行

#%PAM-1.0 的下面添加：

auth required pam_tally2.so deny=3 unlock_time=600 even_deny_root root_unlock_time=120

各参数解释：

deny 设置普通用户和 root 用户连续错误登录的最大次数，超过最大次数时，则锁定该用户。

unlock_time 设定当普通用户锁定时，多少时间后解锁，单位是秒。

even_deny_root 也限制 root 用户。

root_unlock_time 设定 root 用户锁定后，多少时间后解锁，单位是秒。

保存并退出，如图 1-39 所示。

```
[root@localhost pam.d]# vim login
```

```
#%PAM-1.0
auth       required     pam_tally2.so deny=3 unlock_time=600 even_deny_root root
_unlock_time=120
auth [user_unknown=ignore success=ok ignore=ignore default=bad] pam_securetty.so
auth       include      system-auth
account    required     pam_nologin.so
account    include      system-auth
password   include      system-auth
# pam_selinux.so close should be the first session rule
session    required     pam_selinux.so close
session    required     pam_loginuid.so
session    optional     pam_console.so
# pam_selinux.so open should only be followed by sessions to be executed in the
user context
session    required     pam_selinux.so open
session    required     pam_namespace.so
session    optional     pam_keyinit.so force revoke
session    include      system-auth
-session   optional     pam_ck_connector.so
~
~
```

图 1-39

步骤 9：创建用户 test，并赋予密码，如图 1-40 所示。

```
[root@localhost pam.d]# useradd test
[root@localhost ~]# passwd test
更改用户 test 的密码 。
新的 密码：
无效的密码： 过于简单化/系统化
无效的密码： 过于简单
重新输入新的 密码：
passwd： 所有的身份验证令牌已经成功更新。
```

图 1-40

步骤 10：如图 1-41 所示，输入 init 3 切换至终端画面，登录用户 test 进行登录测试（密码输入错误的密码，尝试登录 3 次，账户将会被锁定）。

步骤 11：登录 root 用户，输入 init 5 切换到图形化界面如图 1-42 所示，在 root 用户下输入 pam_tally2 -u test，查看登录信息。

思考：当某用户因输错密码后被锁定，管理员如何手动解锁？

```
[root@localhost 桌面]# init 3
```

```
CentOS release 6.8 (Final)
Kernel 2.6.32-642.el6.x86_64 on an x86_64

localhost login: test
Password:
Login incorrect

login: test
Password:
Login incorrect

login: test
Password:
Login incorrect

login: test
Account locked due to 4 failed logins
Password: _
```

图 1-41

```
[root@localhost 桌面]# pam_tally2 -u test
Login           Failures Latest failure     From
test                4    03/17/18 12:16:06  tty1
```

图 1-42

步骤 12：实验结束，关闭虚拟机。

★　**任务总结**

通过修改账户密码最短长度、密码复杂程度、登录认证次数等相关策略，禁止使用前 5 次设置过的密码，防止社会工程学攻击；设置登录 3 次失败锁定用户防止暴力破解，可实现对账户的进一步保护。

★　**任务练习**

一、选择题

1．PAM 认证技术是由（　　）公司开发的。

A．HP　　B．IBM

C．GNU　　D．ORACLE

2．下列（　　）不是与 PAM 认证相关的文件或目录。

A．/etc/pam.d/　　　　B．/lib64/security/pam_cracklib.so

C．/etc/ssh/sshd_config　　　　D．/etc/pam.d/system-auth

3．下面（　　）不是 PAM 的模块类型。

A．account　　B．auth　　C．session　　D．audit

4．下面（　　）控制标识为验证成功则立即返回，不再继续。

A．required　　B．requisite　　C．sufficient　　D．include

5．如果忘记 root 口令可以采取下面（　　）方法得到密码。

A．boot 提示符下，采用单用户方式进入系统，并删除/etc/passwd 文件

B．boot 提示符下，采用单用户方式进入系统，并使用 passwd 命令更改 root 用户密码

C．进入 rescue 模式，删除 /etc/shadow 文件

D．进入 rescue 模式，修改 root 用户权限，并改变 passwd 文件

二、操作题

修改/etc/pam.d/system-auth 配置文件，指定密码复杂性，要求如下：

1）限制密码最少有：2 个大写字母，3 个小写字母，3 个数字，2 个符号；

2）账号验证过程中一旦发现连续 5 次输入密码错误，就通过 pam_tally 锁定此账号 300 秒。

任务 4　配置用户权限

★　任务情境

微课 4

磐云公司 Linux 服务器的用户和组权限设置为默认配置，有一定的安全隐患，容易被黑客入侵。小王是企业的 IT 管理员，负责公司的服务器管理工作。现由小王对存在漏洞的 Linux 服务器进行相关加固工作。

配置 Linux 系统，在服务器中设置用户和组的管理，配置用户权限的相关策略。现需完成以下任务：

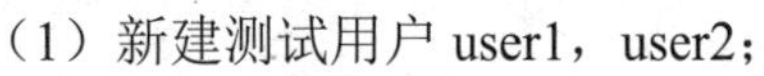

（1）新建测试用户 user1，user2；

（2）为以下可执行程序/bin/ls、/bin/touch 设置 SUID 权限；

（3）委派普通用户 user2 具有添加用户的权限。

★　任务分析

在用户的权限设置得过高的情况下，一旦该系统被利用获得该用户的权限，会导致黑客的非法利用，所以应合理分配用户读、写、执行等权限。

★　预备知识

一、文件权限

变更文件或目录的权限。在 Linux 系统家族里，文件或目录权限的控制分别以读取、

写入、执行 3 种一般权限来区分，也另有 3 种特殊权限可供运用，再搭配拥有者与所属群组管理权限范围。可以使用 chmod 指令去变更文件与目录的权限，设置方式采用文字或数字代号皆可。符号连接的权限无法变更，如果对符号连接修改权限，其改变会作用在被连接的原始文件。

权限范围的表示方法如下：

u：User，即文件或目录的拥有者。

g：Group，即文件或目录的所属群组。

o：Other，除了文件或目录拥有者或所属群组之外，其他用户皆属于这个范围。

a：All，即全部的用户，包含拥有者，所属群组及其他用户。

权限代号说明如下：

r：读取权限，数字代号为“4”。

w：写入权限，数字代号为“2”。

x：执行或切换权限，数字代号为“1”。

-：不具任何权限，数字代号为“0”。

二、SUID 权限

SUID（设置用户 ID）是赋予文件的一种权限，它会出现在文件拥有者权限的执行位上，具有这种权限的文件会在其执行时，使调用者暂时获得该文件拥有者的权限。那么，为什么要给 Linux 二进制文件设置这种权限呢？其实原因有很多，例如，程序 ping 需要 root 权限才能打开网络套接字，但执行该程序的用户通常都是由普通用户来验证与其他主机的连通性。

通俗地理解就是其他用户执行这个程序的时候可以用该程序所有者/组的权限。

当创建一个用户并给此用户赋予密码时，必定要向此 shadow 文件中写入关于此用户的密码信息。而此文件仅对 root 用户有写权限。如图 1-43 所示。

图 1-43

当使用 passwd 命令为某个用户添加密码时，因为 passwd 文件对其他人有执行权限，且具有 SUID 权限，这时普通用户在执行 passwd 命令时，其身份暂时转换为 passwd 文件的所有者身份，即 root 身份，然后再以此 root 身份向 shadow 文件中添加相关信息。

三、SUDO 机制

SUDO 机制是一种权限管理机制，管理员可以授权一些普通用户去执行一些 root 用户执行的操作，而不需要知道 root 用户的密码。SUDO 机制允许一个已授权用户以超级用户或者其他用户的角色运行一个命令。当然，能做什么，不能做什么都是通过安全策略来指定的。

在 SUDO 机制中，命令的配置文件为 /etc/sudoers。

编辑这个文件，可以用其专用编辑工具 visudo，此工具的好处是在添加规则不太准确时，保存退出时会提示错误信息；配置好后，可以用切换到授权的用户下，通过 sudo -l 来查看哪些命令是可以执行或禁止的。

这个文件的语法遵循以下格式：

who　　where　　whom　　command

意思是哪个用户在哪个主机以谁的身份执行哪些命令，其中 where 指允许在哪台主机远程连接进来才能执行后面的命令，文件里面默认给 root 用户定义了一条规则：

root　　ALL=(ALL:ALL)　　　　ALL

其中 root 表示 root 用户；

ALL　　表示从任何的主机上都可以执行，也可以这样表示：192.168.10.0/24。

(ALL:ALL)是以谁的身份来执行，ALL:ALL 就代表 root 可以任何人的身份来执行命令。

ALL　　表示任何命令。

那么整条规则就是 root 用户可以在任何主机以任何人的身份来执行所有的命令。

思考：请说出以下操作后 admin 用户具有的权限。

admin　192.168.10.0/24=（root）/usr/sbin/useradd

★ 任务实施

步骤 1：打开 CentOS 6.8 虚拟机，进入系统桌面环境。如图 1-44 所示。

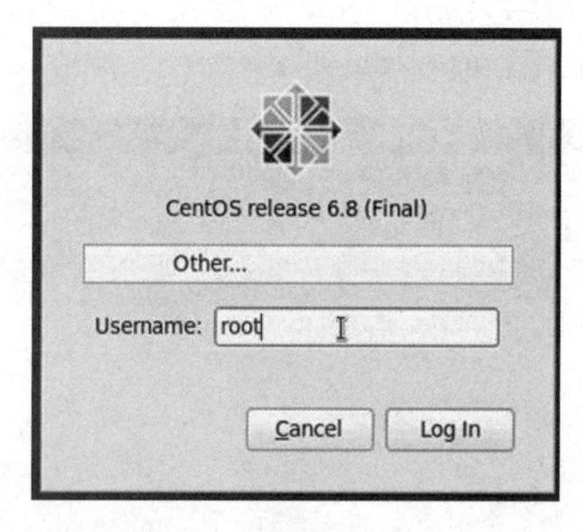

图 1-44

步骤 2：点击菜单栏上的 Open in Terminal 按钮，打开终端，如图 1-45 所示。

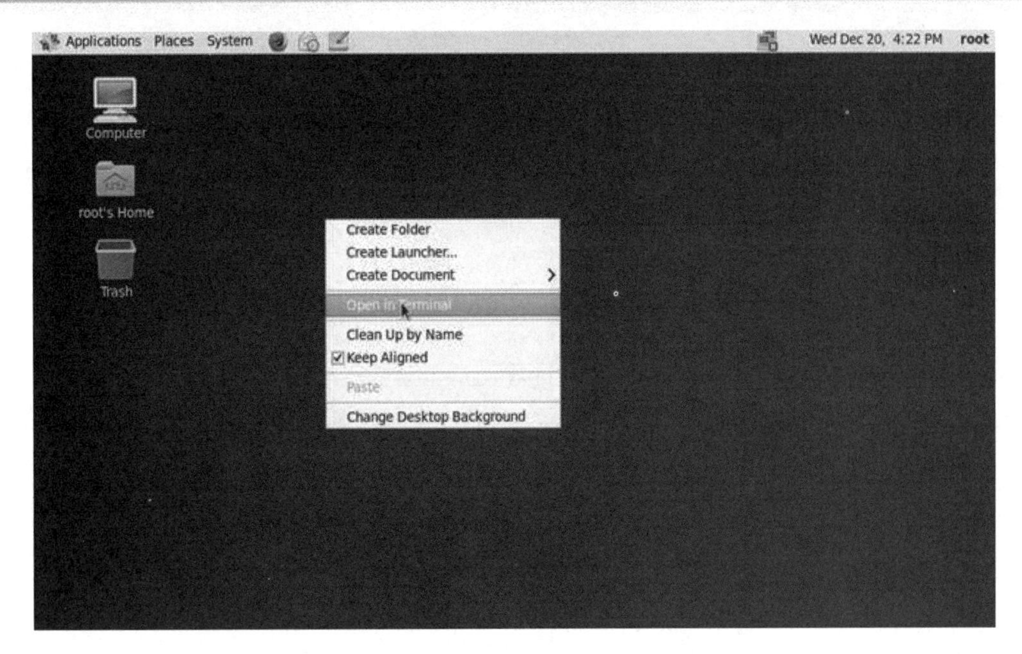

图 1-45

步骤 3：用户管理——使用命令 useradd 创建用户 user1、user2 并通过 passwd 设置密码：123456，并通过 id 命令来查看用户。如图 1-46，1-47 所示。

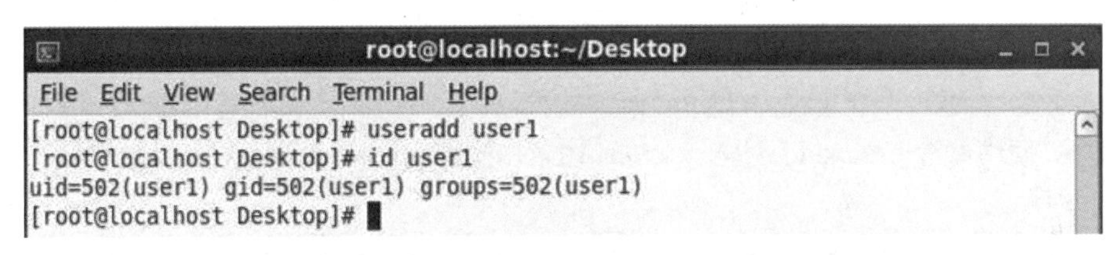

图 1-46

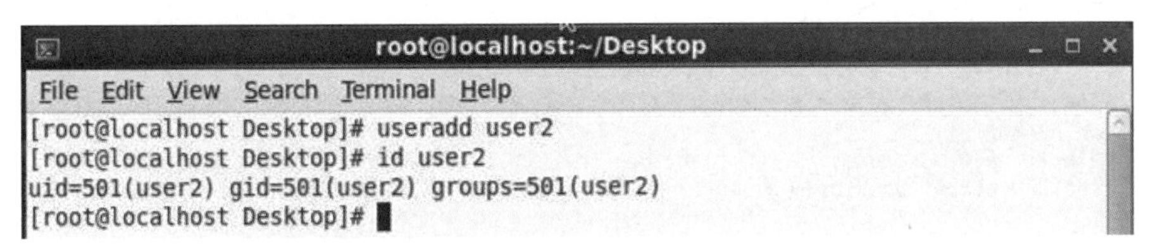

图 1-47

创建用户 useradd 的几个参数：

-c　　描述

-d　　家目录

-u　　uid 号

-g　　私有组

-G　　把这个用户附加到其他组中去

-s　　shell 环境变量。默认为/bin/bash，若改为/sbin/nologin 代表它无法登录到本地。

步骤 4：使用 cat 命令查看配置文件/etc/passwd，里面记载着所有用户的信息。如图 1-48 所示。

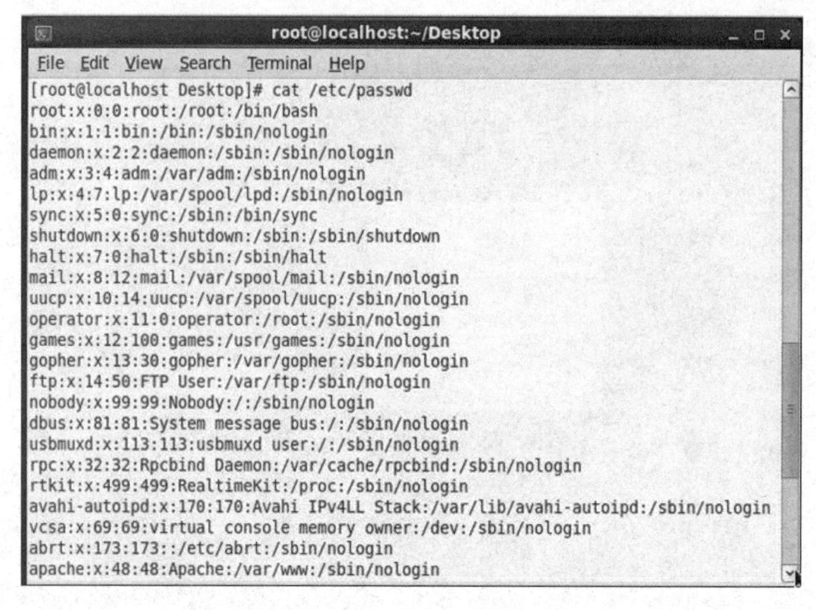

图 1-48

在/etc/passwd 下，有三种用户：

第一种：超级管理员 root，uid 为 0。

第二种：系统服务用户，uid 为 1~999。

第三种：（CentOS 7）普通（本地）用户，uid 为 1000 往后。

我们的 CentOS 6 系统服务用户 uid 是 1-499。

步骤 5：使用命令 groupadd 创建一个 test 组，并使用 gpasswd 对这个组设置密码：123456。如图 1-49 所示。

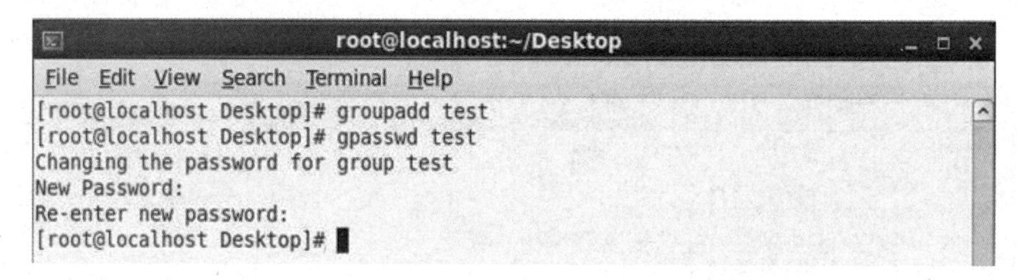

图 1-49

步骤 6：使用 su 命令切换到普通用户 user1 上，把 user1 加入 test 组中。如图 1-50 所示。

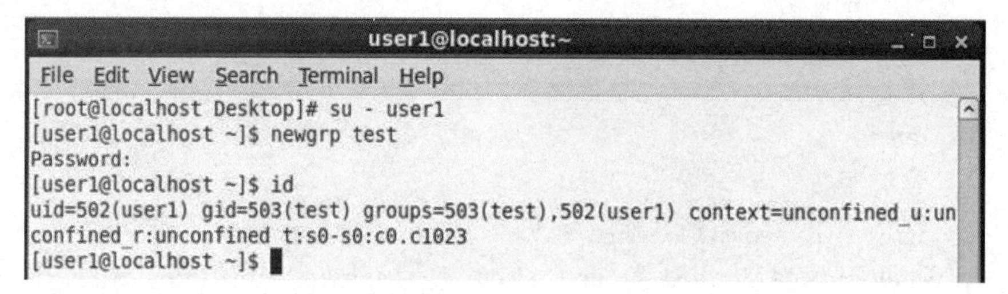

图 1-50

步骤 7：尝试通过命令 ls 来查看/root 管理员目录，然后通过 touch 命令在/root 目录下创建文件 user1，发现 user1 用户的权限不够，无法打开目录/root。如图 1-51 所示。

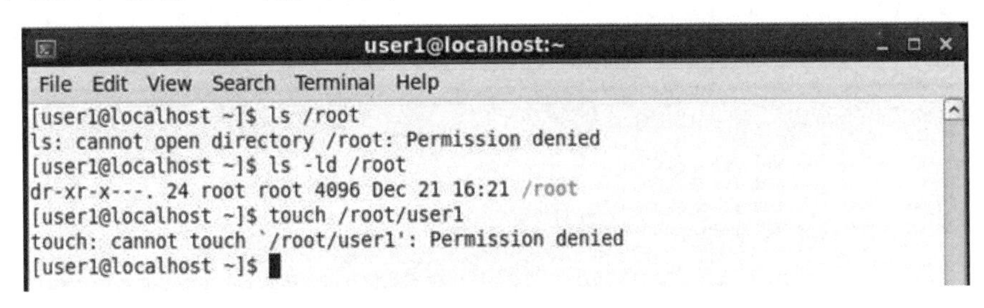

图 1-51

步骤 8：切换用户 root 并使用 chmod 命令/bin/ls、/bin/touch 给这两个程序的所有者以 suid 权限，允许普通用户以 root 身份暂时执行该程序，并在执行结束后再恢复身份。如图 1-52 所示。

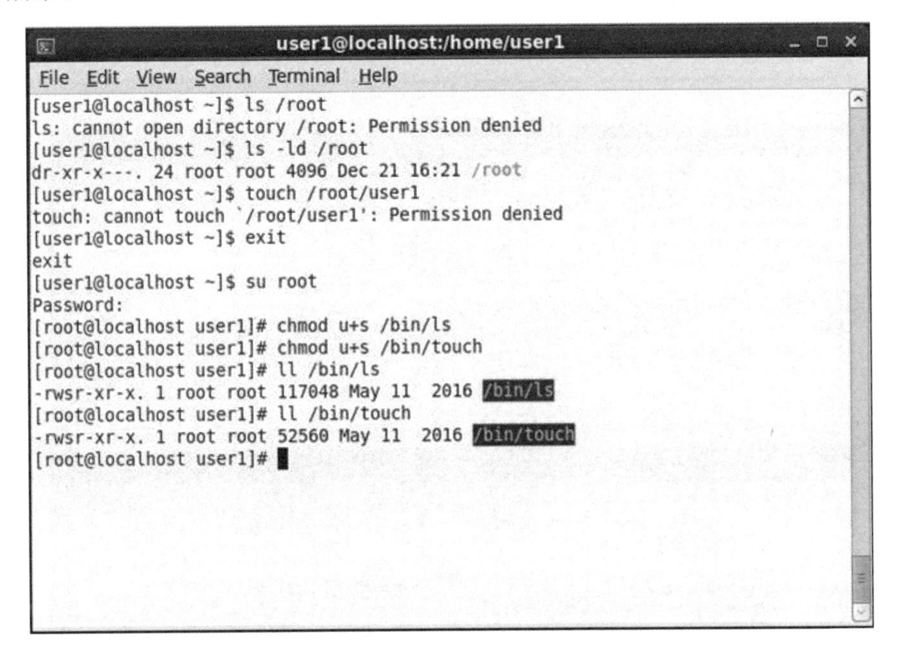

图 1-52

步骤 9：切换 user1 用户使用命令 ls、touch 再次进行测试，发现可以进行查看和文件写入的操作了。如图 1-53 所示。

SUID 权限仅仅只对可执行文件（命令文件）有效，对普通文件无意义，只出现在第三位，如果一个可执行文件有 SUID 权限，那么其他用户在执行这个可执行文件过程时会临时拥有这个可执行文件的所有者权限。

步骤 10：查看/home 目录，发现里面有 user2，切换 user2 用户，然后使用 useradd 命令创建 test2 用户提示权限拒绝。如图 1-54 所示。

步骤 11：通过修改/etc/sudoers 文件，使得 user2 用户有执行 useradd 命令的权限，并查看 sudoers 文件内容。如图 1-55 所示。

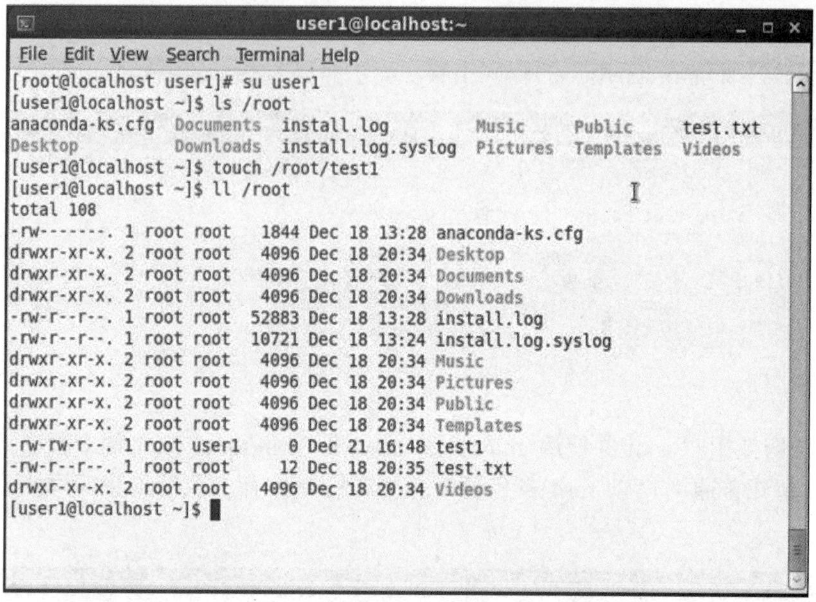

```
user1@localhost:~
File Edit View Search Terminal Help
[root@localhost user1]# su user1
[user1@localhost ~]$ ls /root
anaconda-ks.cfg  Documents  install.log         Music     Public     test.txt
Desktop          Downloads  install.log.syslog  Pictures  Templates  Videos
[user1@localhost ~]$ touch /root/test1
[user1@localhost ~]$ ll /root
total 108
-rw-------. 1 root root   1844 Dec 18 13:28 anaconda-ks.cfg
drwxr-xr-x. 2 root root   4096 Dec 18 20:34 Desktop
drwxr-xr-x. 2 root root   4096 Dec 18 20:34 Documents
drwxr-xr-x. 2 root root   4096 Dec 18 20:34 Downloads
-rw-r--r--. 1 root root  52883 Dec 18 13:28 install.log
-rw-r--r--. 1 root root  10721 Dec 18 13:24 install.log.syslog
drwxr-xr-x. 2 root root   4096 Dec 18 20:34 Music
drwxr-xr-x. 2 root root   4096 Dec 18 20:34 Pictures
drwxr-xr-x. 2 root root   4096 Dec 18 20:34 Public
drwxr-xr-x. 2 root root   4096 Dec 18 20:34 Templates
-rw-rw-r--. 1 root user1     0 Dec 21 16:48 test1
-rw-r--r--. 1 root root     12 Dec 18 20:35 test.txt
drwxr-xr-x. 2 root root   4096 Dec 18 20:34 Videos
[user1@localhost ~]$
```

图 1-53

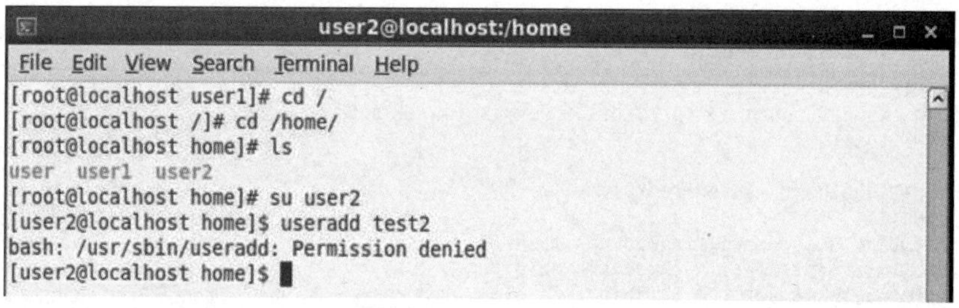

```
user2@localhost:/home
File Edit View Search Terminal Help
[root@localhost user1]# cd /
[root@localhost /]# cd /home/
[root@localhost home]# ls
user  user1  user2
[root@localhost home]# su user2
[user2@localhost home]$ useradd test2
bash: /usr/sbin/useradd: Permission denied
[user2@localhost home]$
```

图 1-54

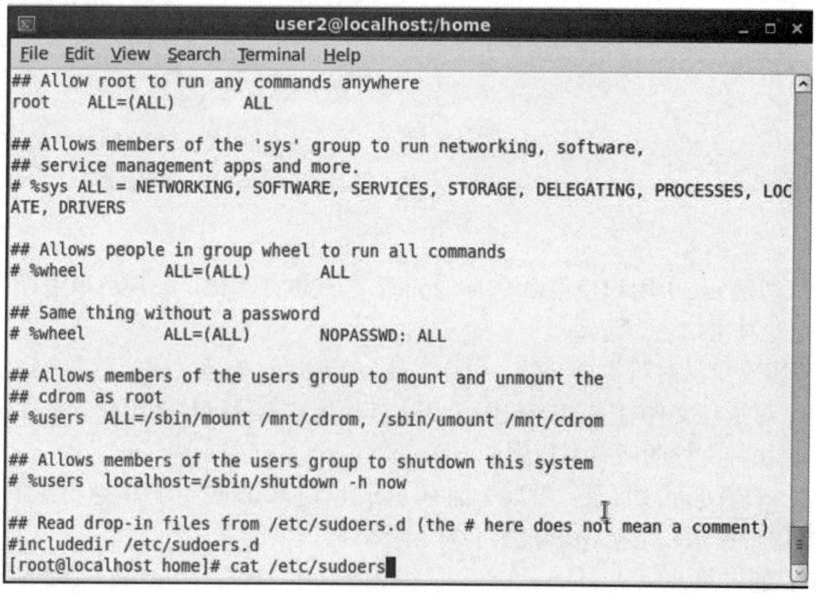

```
user2@localhost:/home
File Edit View Search Terminal Help
## Allow root to run any commands anywhere
root    ALL=(ALL)       ALL

## Allows members of the 'sys' group to run networking, software,
## service management apps and more.
# %sys ALL = NETWORKING, SOFTWARE, SERVICES, STORAGE, DELEGATING, PROCESSES, LOC
ATE, DRIVERS

## Allows people in group wheel to run all commands
# %wheel        ALL=(ALL)       ALL

## Same thing without a password
# %wheel        ALL=(ALL)       NOPASSWD: ALL

## Allows members of the users group to mount and unmount the
## cdrom as root
# %users  ALL=/sbin/mount /mnt/cdrom, /sbin/umount /mnt/cdrom

## Allows members of the users group to shutdown this system
# %users  localhost=/sbin/shutdown -h now

## Read drop-in files from /etc/sudoers.d (the # here does not mean a comment)
#includedir /etc/sudoers.d
[root@localhost home]# cat /etc/sudoers
```

图 1-55

步骤 12：使用 Vim 命令编辑 /etc/sudoers 文件，在 root ALL=（ALL）ALL 一行下面添加 user2 ALL=（ALL），/usr/sbin/useradd，委派 user2 用户有执行 useradd 命令的权限，wq！保存并退出。如图 1-56 所示。

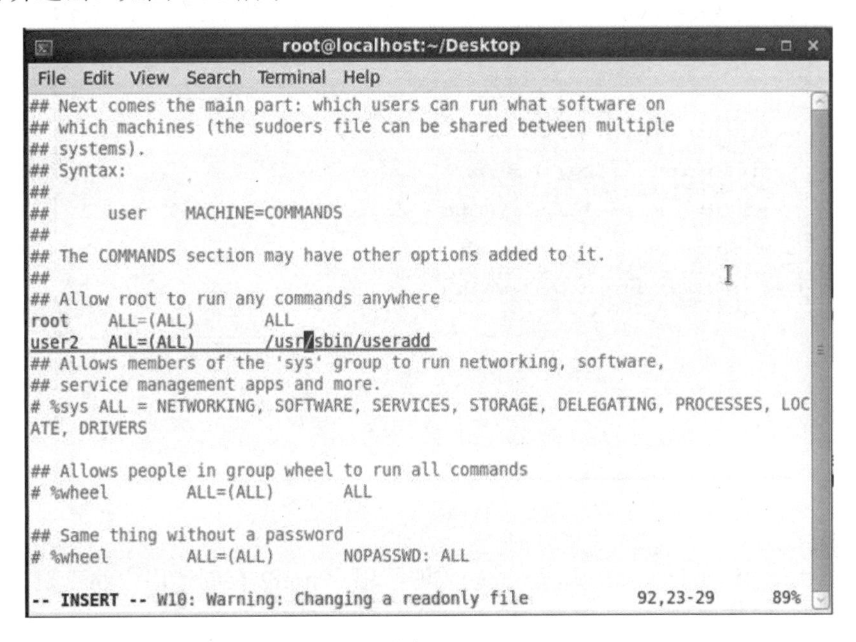

图 1-56

步骤 13：修改了/etc/sudoers 文件，赋予 user2 有执行 useradd 命令的权限，我们再来通过用户 user2 创建新的用户 test2，再次提示权限不够。如图 1-57 所示。

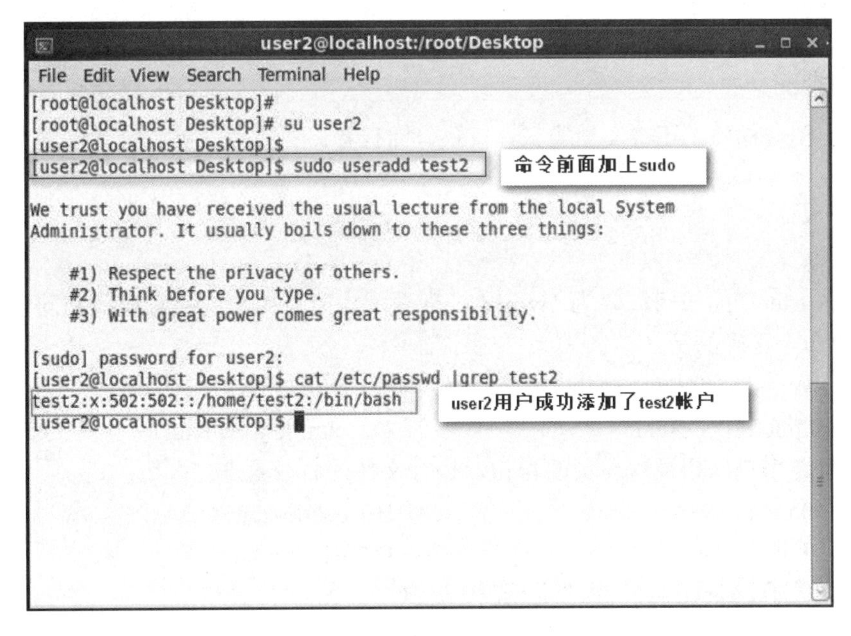

图 1-57

步骤 14：权限委派在执行的时候前面一定要加一个 sudo 命令，否则是无效的，再前面加上 sudo 命令来创建。如图 1-58 所示。

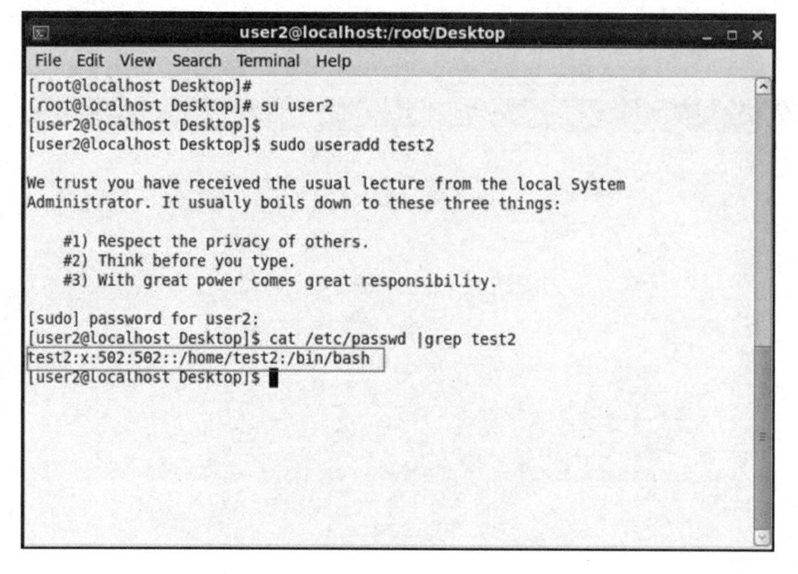

图 1-58

student 用户创建用户 test2 成功，成功委派了用户 user2 有创建用户的权限。

实验结束，关闭虚拟机。

★ 任务总结

通过修改用户的读、写、执行等权限，可避免账户权限过高被黑客利用。

★ 任务练习

一、选择题

1. 除文档名称外，还将文档类型、权限、拥有者、文档大小等信息详细列出的命令是（　　）。

A. ls -a　　B. ls -F

C. ls -t　　D. ls -l

2. 文件 exer1 的访问权限为 rw-r--r--，现要增加所有用户的执行权限和同组用户的写权限，下列命令正确的是（　　）。

A. chmod a+x g+w exer1　　B. chmod 765 exer1

C. chmod o+x exer1　　D. chmod g+w exer1

3. 让普通用户以超级管理员的身份，执行文件的命令是（　　）。

A. chmod a+v　　B. usermod a+v

C. chmod u+s　　D. usermod a+s

4. 下面关于 passwd 命令说法不正确的是（　　）。

A. 普通用户可以利用 passwd 命令修改自己的密码

B. 超级用户可以利用 passwd 命令修改自己和其他用户的密码

C. 普通用户不可以利用 passwd 命令修改其他用户的密码

D．普通用户可以利用 passwd 命令修改自己和其他用户的密码

5．sudo 根据（　　）文件判断谁是授权的用户。

A．/etc/sudo　　　　B．/etc/sudoers

C．/etc/login.defs　　　　D．/etc/.login

二、操作题

1．Linux 系统中是否还有其他文件具备 suid 权限？如何把它们一次性查找出来。

2．通过 sudo 委派用户 user01 可以配置用户管理操作（useradd、usermod、userdel）。

项目 2　Linux 主机网络配置及远程登录

➢　项目描述

磐云公司新购置了一台服务器，已安装 CentOS Linux 6.8 操作系统并在系统中创建了用户和用户组。现在为了方便用户远程管理，需为该服务器配置 Linux 操作系统的网络并对该服务器实现安全的远程访问。

➢　项目分析

工程师小王通过与团队成员共同讨论，认为要远程管理 CentOS Linux 6.8 服务器，应该先配置 Linux 主机的网络，再配置 Linux 主机的远程登录，从而完成本项目。

任务 1　配置 Linux 主机的网络

★　任务情境

磐云公司新购置的 Linux 服务器需要配置网络参数，使之能连入公司局域网。具体要求如下：

微课 5

（1）服务器主机名设置为 webserver.scas.com；

（2）网卡 eth0 的 IP 地址设置为 192.168.1.100/24；

（3）设置网关地址为 192.168.1.1；

（4）设置主 DNS 服务器的 IP 地址为 192.168.1.1。

★　任务分析

对 Linux 系统进行网络配置是系统联网的前提。在 Linux 系统中，TCP/IP 网络参数是通过若干配置文件进行设置的，管理员需要编辑这些配置文件实现主机的联网。

★　预备知识

1．Linux 系统主机名

（1）什么是主机名？

无论在局域网还是互联网上，每台主机都有一个 IP 地址，IP 地址相当于主机的门牌号，

是为了彼此区分的。但 IP 地址不方便记忆，于是便有了主机名。在局域网中，每台机器都有一个主机名。在局域网中可以根据每台机器的功能来为其命名，主机名还可以是层次结构，如某组织构建了 scas.com 的域（域是人为定义的边界），其中有 webserver、ftpserver 等，那名称 webserver.scas.com 就可以代表这台 web 服务器，而名称 ftpserver.scas.com 代表 ftp 服务器。

（2）主机名配置文件。

在配置文件里修改主机名，修改主机名后，需要退出当前用户的登录并重新登录才能生效。主机名配置文件是/etc/sysconfig/network。

2．Linux 系统网络参数

（1）IP 地址与子网掩码。

计算机之间要实现网络通信，就必须要有一个合法的 IP 地址。IP 地址在计算机中是以 32 位二进制数表示的。生活中人们通常以点分十进制数表示，如 200.96.209.133。IP 地址是一种逻辑地址，用来标识网络中的一个个主机，互联网上的主机 IP 地址是唯一的。

子网掩码是判断任意两台计算机的 IP 地址是否属于同一子网络的根据。最直观的理解就是：两台计算机各自的 IP 地址与子网掩码进行与（AND）运算后，得出的结果是相同的，则说明这两台计算机是处于同一个子网络中的，可以进行直接的通信；如果不同，则说明这两台计算机处于不同的网络中，需要借助路由设备进行连通。

（2）默认网关

默认网关的意思是如果一台主机发送的数据包的目的地址和自己不在同一个网段，就会把数据包先发给指定的默认网关，然后由这个网关来处理数据包。网关一般是路由器或带有路由功能的三层设备。

（3）DNS

在 Internet 上，域名与 IP 地址之间是一一对应的，域名虽然便于人们记忆，但机器之间只能互相认识 IP 地址，它们之间的转换工作称为域名解析，域名解析需要由专门的域名解析服务器来完成，DNS 就是进行域名解析的服务器。

3．ifcfg-eth0 配置文件语句解析

CentOS 6.x 系统网络设备的配置文件保存在“/etc/sysconfig/network-scripts”目录下，其中的 ifcfg-eth0 文件包含第一块网卡的配置信息，ifcfg-eth1 文件包含第二块网卡的配置信息。

如表 1-9 是“/etc/sysconfig/network-scripts/ifcfg-eth0”文件的示例。

表 1-9

序号	语句	含义
1	DEVICE=eth0	网卡设备名
2	HWADDR=00:0C:29:01:4D:22	MAC 地址
3	TYPE=Ethernet	网络类型 （通常为 Ethernet）
4	UUID=39b9e1b8-73b2-4eb3-bb79-72cdbacdd997	唯一识别码
5	ONBOOT=yes	开机是否启动网络服务（value：yes/no）

续表

序号	语句	含义
6	BOOTPROTO=static	是否自动获取 IP（none、static、dhcp）
7	IPADDR=192.168.0.118	具体 IP 地址
8	NETMASK=255.255.255.0	子网掩码设置
9	GATEWAY=192.168.0.1	默认网关
10	DNS1=111.11.1.1	主 DNS 服务器
11	NM_CONTROLLED=yes	是否可以由 network manager 图形管理工具托管

网卡配置文件更改完不会立即生效，需要重启网络服务。重启网络服务的命令如下：

```
service network restart
```

★　任务实施

步骤 1：登录 Linux 系统，打开终端，如图 1-59 所示。

步骤 2：配置主机名。

想要永久修改系统的主机名，需要修改“/etc/sysconfig/network”配置文件，如图 1-60 所示。

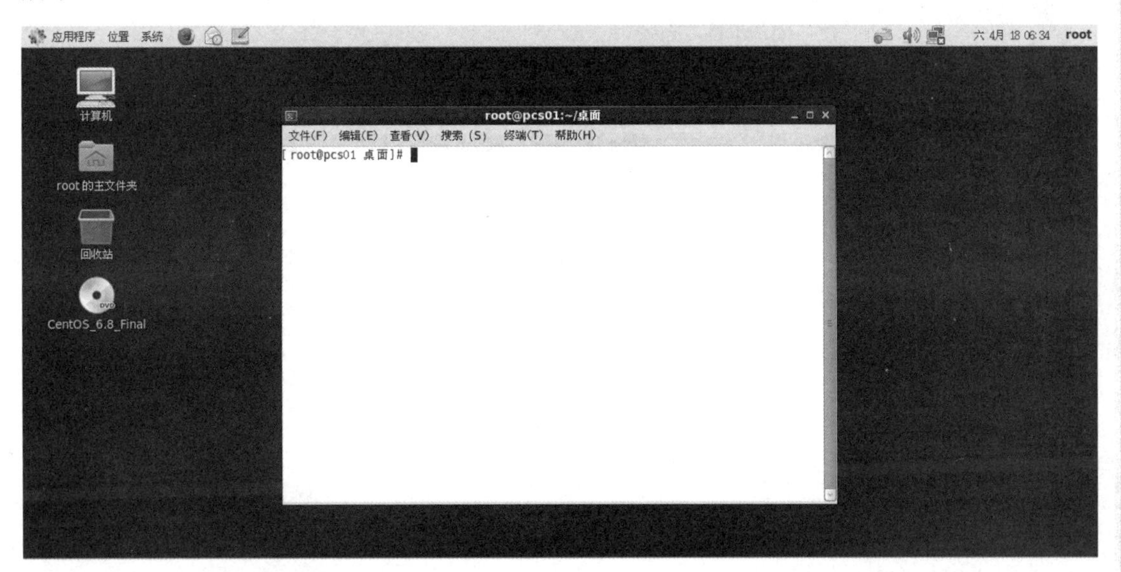

图 1-59

```
root@pcs01:~
文件(F)  编辑(E)  查看(V)  搜索(S)  终端(T)  帮助(H)
NETWORKING=yes
HOSTNAME=webserver.scas.com
~
~
"/etc/sysconfig/network" 2L, 43C                         1,1          全部
```

图 1-60

其中 webserver.scas.com 就是要设置的主机名，设置完成后保存退出，然后重启系统，

重启系统时就会读取配置文件，这时主机名为 webserver.scas.com。

如果用户不想立即重启系统，可以使用 hostname webserver.scas.com 命令语句来进行主机名的临时修改，这样就算是系统重启，读取的配置文件中设置的主机名也将是和 hostname 命令设置的主机名是一致的。

使用 hostname 查看并修改主机名，如图 1-61 所示。

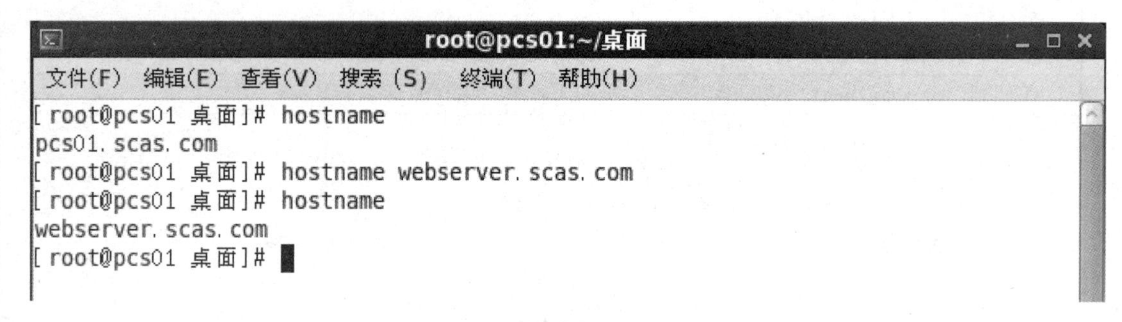

图 1-61

步骤 3：配置网络参数

网卡配置文件在目录/etc/sysconfig/network-scripts 下，在 CentOS 6.x 中，网卡的设备文件名用 eth0 表示第一块网卡，如果有第二块网卡，则设备文件名会依次为 eth1。在修改之前先查看并备份一下配置文件，如图 1-62 所示。

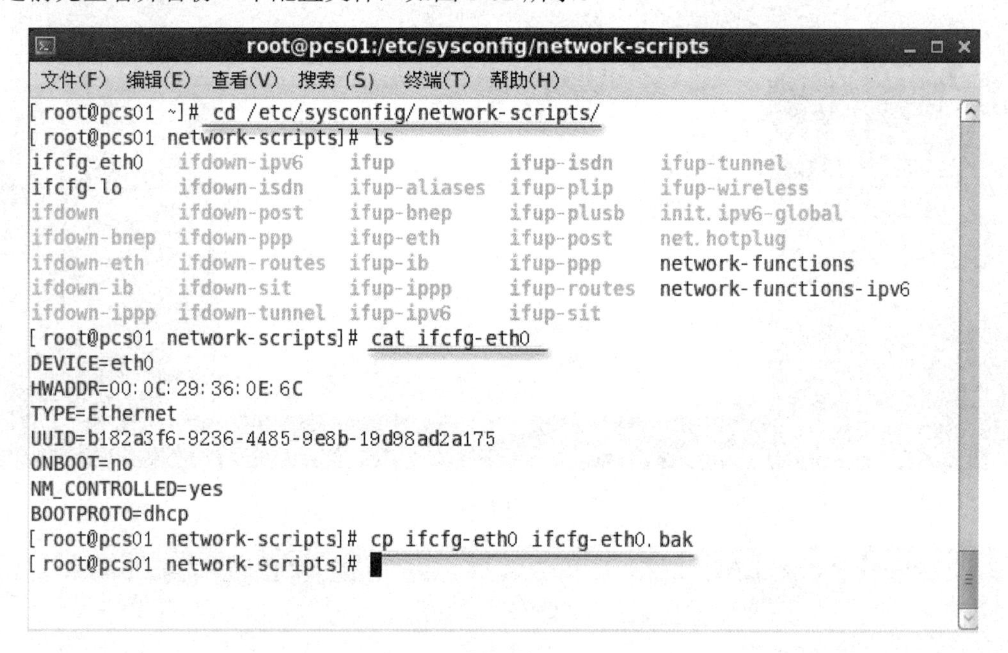

图 1-62

从当前网卡配置文件内容可以看出，IP 地址为自动获取的，而一般服务器建议采用手动分配 IP 地址。按照任务需求编辑配置文件，如图 1-63 所示。

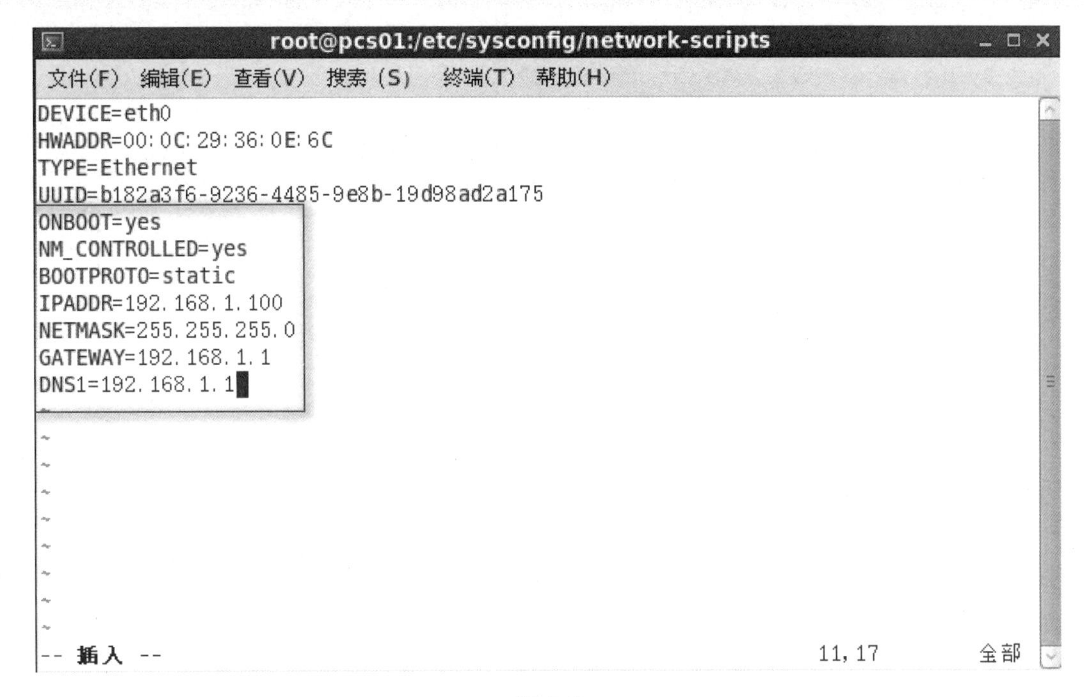

图 1-63

步骤 4：验证配置文件是否生效。先保存网卡配置文件，然后重启网络服务。如图 1-64 所示，从中可以看出配置文件已经生效。

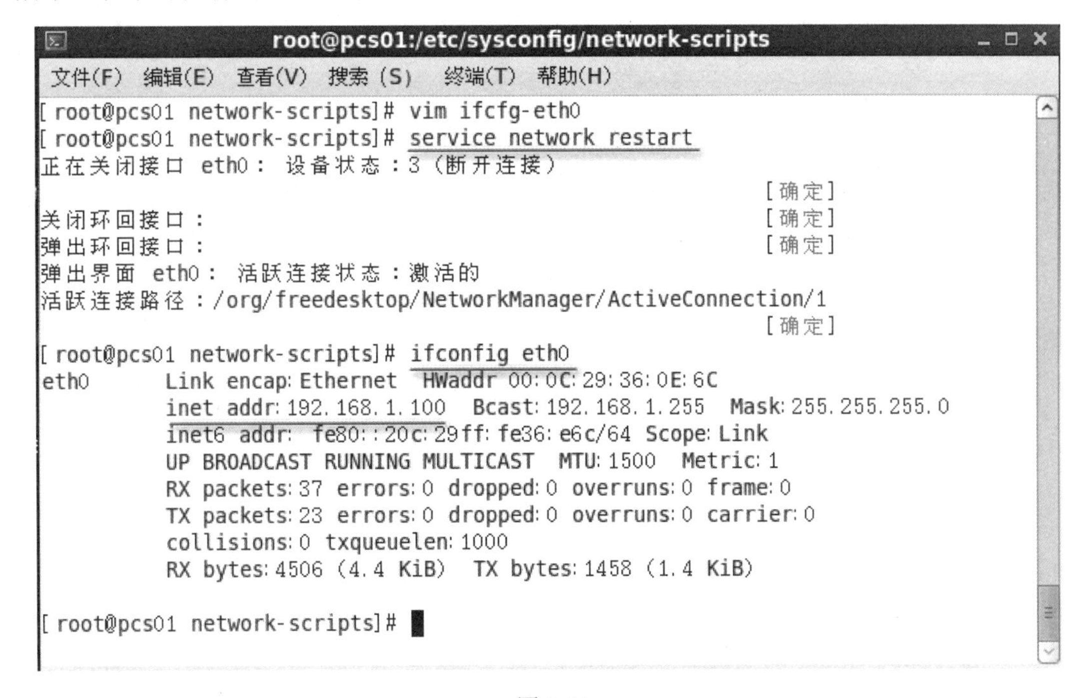

图 1-64

下面再验证一下网关和 DNS 配置信息，如图 1-65 所示。

```
root@pcs01:/etc/sysconfig/network-scripts
文件(F) 编辑(E) 查看(V) 搜索(S) 终端(T) 帮助(H)
[root@pcs01 network-scripts]# route -n
Kernel IP routing table
Destination     Gateway         Genmask         Flags Metric Ref    Use Iface
192.168.1.0     0.0.0.0         255.255.255.0   U     1      0        0 eth0
0.0.0.0         192.168.1.1     0.0.0.0         UG    0      0        0 eth0
[root@pcs01 network-scripts]# cat /etc/resolv.conf
# Generated by NetworkManager
search scas.com
nameserver 192.168.1.1
[root@pcs01 network-scripts]#
```

图 1-65

最后，使用 ping 命令进行网络连通性测试，如图 1-66 所示，从图中可以看出，网络连接成功。

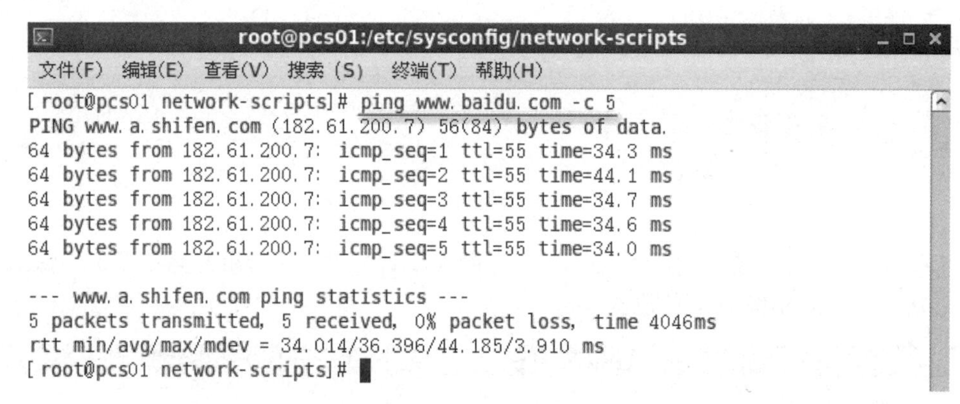

图 1-66

思考 1：在 Linux 系统下，是否还有其他方法配置网卡参数？

思考 2：如何给一块网卡（如 eth0）配置多个 IP 地址？

任务完成，关闭虚拟机。

★ 任务总结

本任务完成了磐云公司 Linux 服务器的网络配置，包括 IP 地址、子网掩码及网关等的配置，使得 Linux 服务器能够接入公司局域网和 Internet，为其他客户机提供网络服务。

★ 任务练习

一、选择题

1．要针对系统中的网络接口 eth0 的 IP 地址进行配置，需要修改（　　）文件。

A．/etc/sysconfig/network-scripts/ifcfg-lo

B．/etc/sysconfig/network-scripts/ifcfg-eth0

C．/etc/sysconfig/network

D．/etc/init.d/network

2．修改完网卡配置文件后，使用（　　）命令可以使配置生效。

A．/etc/init.d/network stop　　B．/etc/init.d/network start
C．/etc/init.d/network restart　　D．ifdown eth0 ; ifup eth0

3．使用（　　）命令，可以查看系统中的路由表信息。

A．route print　　B．route -n
C．show ip route　　D．tracert

二、简答题

1．Linux 主机中网络地址的分配方式有哪两种？分别适用什么场景？
2．请写出 CentOS Linux 系统下查看网卡地址及自动获得 IP 地址的命令。

任务 2　配置 Linux 主机的远程登录

★　任务情境

磐云公司的 Linux 服务器位于 IT 中心机房，管理员一般不会始终在机房操作 Linux 服务器，现在需要配置 Linux 的远程登录，使得管理员可以更加方便地来管理和维护系统。

微课 6

★　任务分析

工程师小王与团队成员共同讨论，认为 Linux 下常用的两个远程管理工具中，一个是基于 CLI（命令行模式）的 ssh，另一个是基于 GUI（图形用户界面模式）的 VNC。由于 VNC 需要单独安装，且有些 Linux 系统没有安装 GUI 界面，因此采用 Linux 系统自带的 ssh 服务来实现安全的远程登录。

★　预备知识

1．Telnet 协议

Telnet 协议是 TCP/IP 协议族的其中一条协议，是 Internet 远端登录服务的标准协议和主要方式，常用于网页服务器的远端控制，可供使用者在本地主机执行远端主机上的工作。

使用者首先在计算机上执行 Telnet 程序，连线至目的地服务器，然后输入账号和密码以验证身份。使用者可以在本地主机上输入命令，然后让已连接的远端主机执行，就像直接在对方的控制台上输入。

传统 Telnet 会话所传输的资料并未加密，账号和密码等敏感资料容易会被窃听，因此很多服务器都会封锁 Telnet 服务，改用更安全的 ssh。

2．ssh 协议

ssh 协议是 Secure Shell 的缩写，由 IETF 的网络工作小组所制定，是一项创建在应用层和传输层基础上的安全协议，为计算机上的 Shell（壳层）提供安全的传输和使用环境。

ssh 协议是目前较可靠、专为远程登录会话和其他网络服务提供安全性的协议。利用 ssh 协议可以有效防止远程管理过程中的信息泄露问题。通过 ssh 协议可以对所有传输的数据进行加密，也能够防止 DNS 欺骗和 IP 欺骗。

ssh 协议另一项优点为其传输的数据可以是经过压缩的，所以可以加快传输的速度。

它有很多功能，既可以代替 Telnet，又可以为 FTP、POP、甚至为 PPP 提供一个安全的“通道”。

3．ssh **的安全验证**

在客户端来看，SSH 提供两种级别的安全验证。

第一种级别（基于密码的安全验证），知道账号和密码，就可以登录到远程主机，并且所有传输的数据都会被加密。但是，可能会有别的服务器在冒充真正的服务器，无法避免被“中间人”攻击。

第二种级别（基于密钥的安全验证），需要依靠密钥，也就是你必须为自己创建一对密钥，并把公有密钥放在需要访问的服务器上。客户端软件会向服务器发出请求，请求用你的密钥进行安全验证。服务器收到请求之后，先在该服务器的用户根目录下寻找你的公有密钥，然后把它和你发送过来的公有密钥进行比较。如果两个密钥一致，服务器就用公有密钥加密“质询”（challenge）并把它发送给客户端软件。从而避免被“中间人”攻击。

在服务器端，ssh 也提供安全验证。在第一种方案中，主机将自己的公用密钥分发给相关的客户端，客户端在访问主机时则使用该主机的公开密钥来加密数据，主机则使用自己的私有密钥来解密数据，从而实现主机密钥认证，确保数据的保密性。在第二种方案中，存在一个密钥认证中心，所有提供服务的主机都将自己的公开密钥提交给认证中心，而任何作为客户端的主机则只要保存一份认证中心的公开密钥就可以。在这种模式下，客户端必须访问认证中心然后才能访问服务器主机。

4．ssh **服务的配置**

（1）ssh 软件包。

Linux 自带的 ssh 软件包为 openssh，一般 CentOS 已经默认安装了 openssh，即便是最小化安装也是如此。

openssh 的 rpm 包由四部分组成（默认已安装）：

- openssh-4.3p2-26.el5.i386.rpm（一定要先安装这个 rpm 包）
- openssh-server-4.3p2-26.el5.i386.rpm
- openssh-clients-4.3p2-26.el5.i386.rpm
- openssh-askpass-4.3p2-26.el5.i386.rpm （在图形界面下使用 ssh 服务时才需要）

（2）ssh 服务相关配置文件。

openssh 的主配置文件为：/etc/ssh/sshd_config。该配置文件的主要语句见表 1-10。客户端的配置文件为/etc/ssh/ssh_config

表 1-10

序号	语句	含义
1	Port 22	定义 ssh 监听的端口号，默认为 22
2	Protocol 2,1	设置使用 ssh 协议的顺序，先使用 ssh2，如果不成功再使用 ssh
3	Protocol 2	设置只使用 ssh2 协议
4	ListenAddress 0.0.0.0	设置 ssh 服务器绑定的 IP 地址，默认为所有可用的 IP 地址
5	PermitRootLogin yes	设置是否允许 root 登录，默认允许
6	PermitEmptyPasswords no	设置是否允许空密码的客户登录，默认为禁止
7	PasswordAuthentication yes	设置是否使用口令认证方式，如果要使用公钥认证方式，可将其设置为 no

openssh 还支持使用 scp（加密的复制）和 sftp（加密的 ftp）等客户端程序进行远程主机的文件复制。

★ 任务实施

步骤 1：登录 Linux 系统，打开终端，如图 1-67 所示。

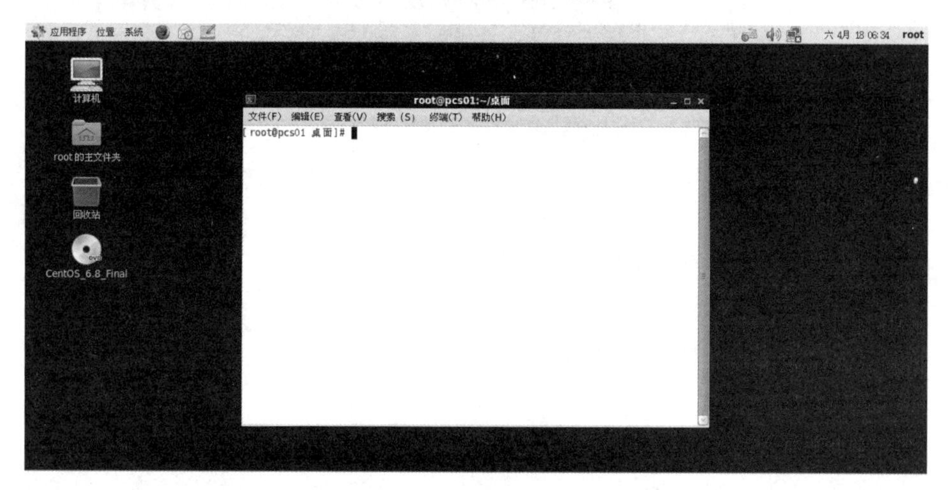

图 1-67

步骤 2： 编辑 ssh 主配置文件.

ssh 服务主配置文件是/etc/ssh/sshd_config，使用 vim 直接编辑，如图 1-68 所示。

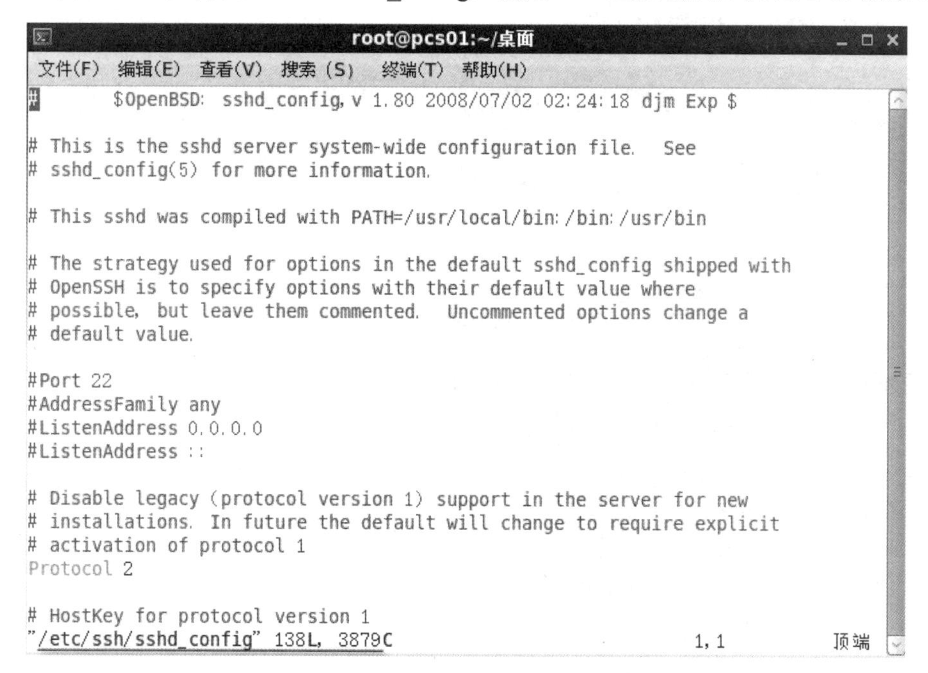

图 1-68

配置文件中“#”开始的行表示注释，本任务只修改了如下几行，其余均保持默认。

```
PermitRootLogin yes //允许root用户远程登录
```

```
PasswordAuthentication yes //允许使用用户名、密码的方式进行认证
PermitEmptyPassword no //不允许使用空密码登录
```

保存修改并退出，然后使用 cat 命令显示并过滤空行和注释行，内容如图 1-69 所示。

```
root@pcs01:~/桌面
文件(F) 编辑(E) 查看(V) 搜索(S) 终端(T) 帮助(H)
[root@pcs01 桌面]# cat /etc/ssh/sshd_config |grep -Ev '^$|#'
Port 22
ListenAddress 0.0.0.0
Protocol 2
SyslogFacility AUTHPRIV
PermitRootLogin yes
PasswordAuthentication yes
PermitEmptyPasswords no
ChallengeResponseAuthentication no
GSSAPIAuthentication yes
GSSAPICleanupCredentials yes
UsePAM yes
AcceptEnv LANG LC_CTYPE LC_NUMERIC LC_TIME LC_COLLATE LC_MONETARY LC_MESSAGES
AcceptEnv LC_PAPER LC_NAME LC_ADDRESS LC_TELEPHONE LC_MEASUREMENT
AcceptEnv LC_IDENTIFICATION LC_ALL LANGUAGE
AcceptEnv XMODIFIERS
X11Forwarding yes
Subsystem       sftp    /usr/libexec/openssh/sftp-server
[root@pcs01 桌面]#
```

图 1-69

步骤 3：重启 ssh 服务。

使用命令 /etc/init.d/sshd restart （或 service sshd restart），重启 sshd 服务，并查看 ssh 服务端口的开放情况，如图 1-70 所示。

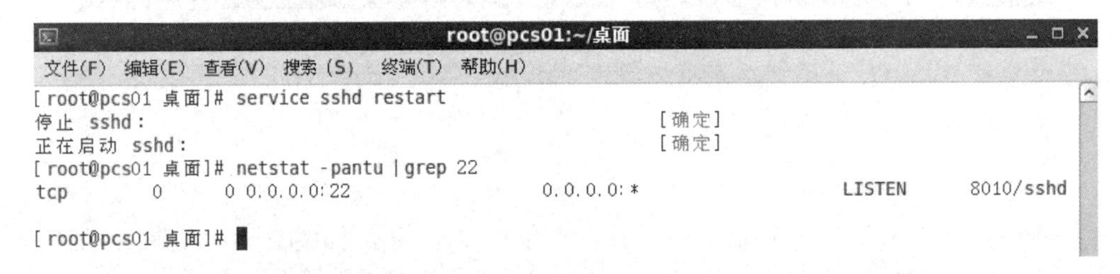

图 1-70

说明：如果启用了 iptables，则需要添加如下语句来开放 ssh 服务端口或临时关闭 iptables 防火墙（service iptables stop）。

```
iptables -I INPUT -p tcp -dport 22 -j ACCEPT
iptables -I OUTPUT -p tcp -sport 22 -j ACCEPT
```

步骤 4：验证客户端登录。

客户端分 Linux 客户端和 Windows 客户端。

（1）看 Linux 客户端登录。

① 安装 openssh-clients （默认已安装）。

② 使用 ssh 命令。

```
ssh username@sshserver
ssh -l username sshserver
```

说明：可以在另一台 Linux 系统主机上进行连接测试，如果环境中没有第二台 Linux 系统主机，也可以在 ssh 服务器本地测试（作为客户端连接自身），如图 1-71 所示。

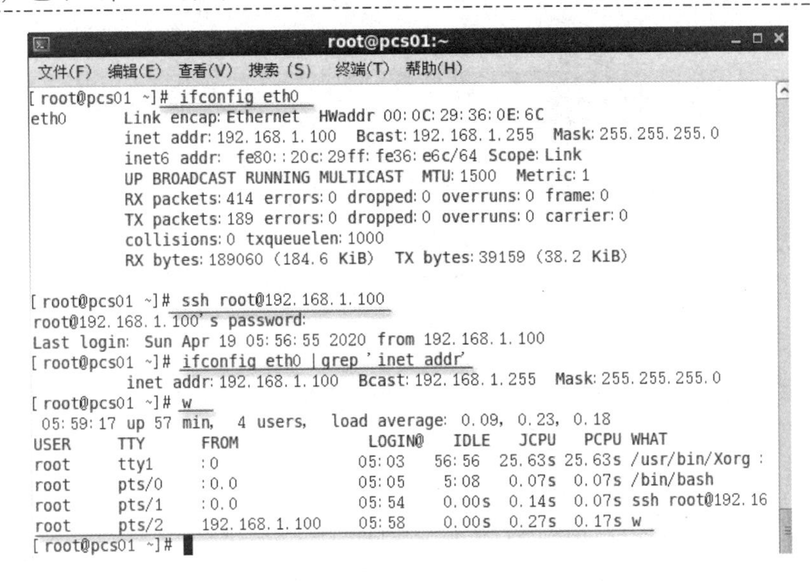

图 1-71

结果显示，连接成功，有用户从 192.168.1.100 上远程登录并执行命令。

（2）Windows 客户端登录。

Windows 系统上的终端软件有 MobaXterm、PuTTY、FinalShell（国产软件）、SecureCRT 等。这里以 PuTTY 为例来登录远程 Linux 服务器。

下载 PuTTY 软件后，双击 putty.exe 程序，然后在弹出的如图 1-72 所示窗口中，输入主机名称，为方便日后再次连接，保存会话名为 CentOS 6.8。

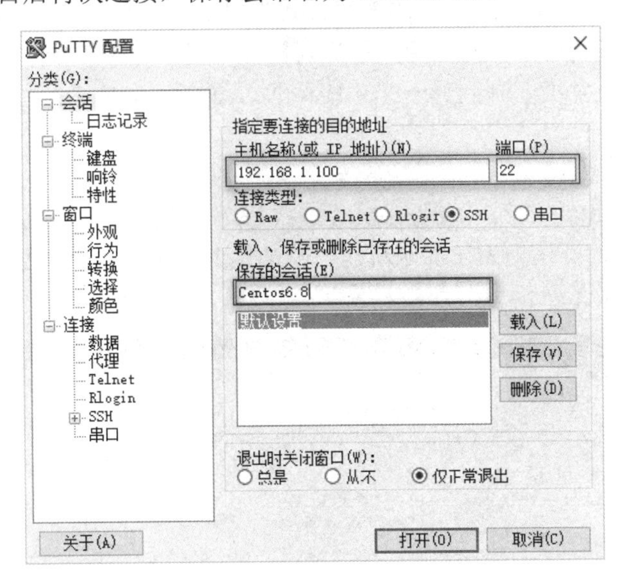

图 1-72

单击“打开”按钮，进行初次连接，在弹出的“PuTTY 安全警告”窗口中。单击“是”

按钮继续，如图 1-73 所示。

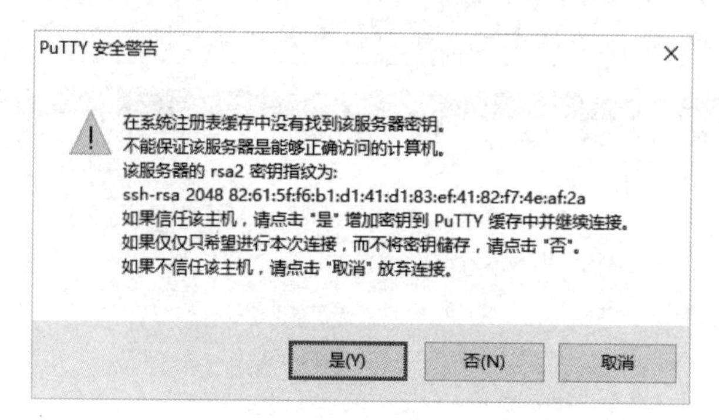

图 1-73

在登录界面，输入远程主机的用户名和密码，如图 1-74 所示。

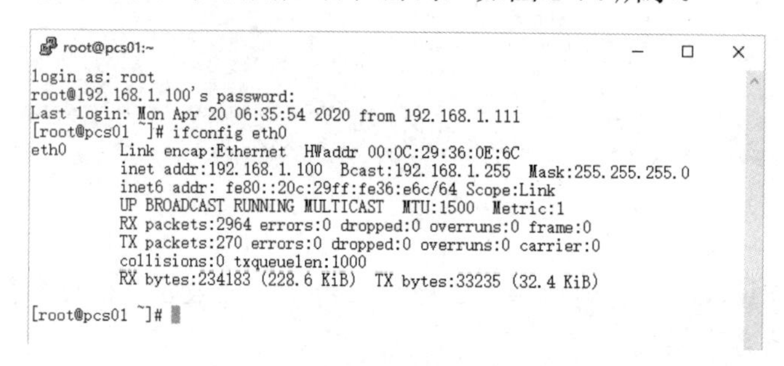

图 1-74

步骤 5：验证客户端与服务器之间的文件传输。

scp 是安全复制协议（secure copy protocol）的缩写，它和众多 Linux/Unix 使用者所熟知的复制（cp）命令是一样的。scp 的使用方式类似于 cp 命令，cp 命令将一个文件或文件夹从本地操作系统的一个位置（源）复制到目标位置（目的），而 scp 用来将文件或文件夹从网络上的一个主机复制到另一个主机中去，scp 可以在 2 个 Linux 主机之间复制文件。

scp 使用的语法如下：

```
scp [可选参数] file_source file_target
```

如图 1-75 所示的操作为先在本地新建一个文件 local.txt，然后使用 scp 命令将其上传至远程计算机的/tmp 目录下。

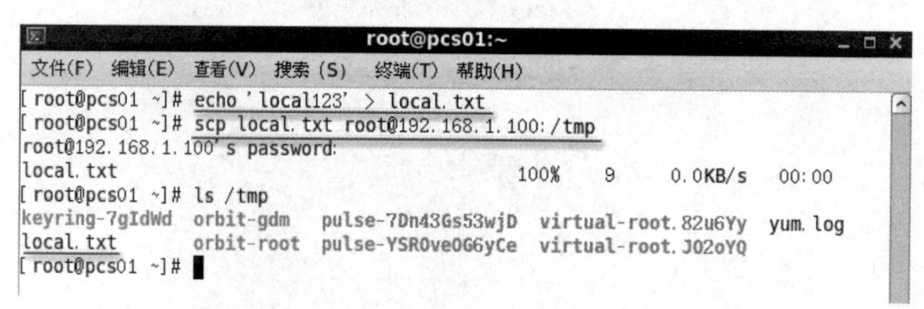

图 1-75

说明：如果要复制文件夹，可以使用参数-r 例如命令：scp -r 文件夹 @IP：目标路径。

如果不指定用户名，则使用本地当前用户名进行尝试连接。

任务完成，关闭虚拟机。

★ **任务总结**

通过本任务的学习，初步掌握了配置 ssh 远程登录的过程和方法，从而实现对 Linux 系统的远程安全访问控制。

★ **任务练习**

一、选择题

1．ssh 服务通常使用（　　）服务端口号。

A．20　　B．21　　C．22　　D. 23

2．ssh 服务的配置文件是（　　）。

A．/etc/sshd_config　　B．/etc/ssh/sshd

C．/etc/ssh/sshd_config　　D．以上都不对

3．如果要使得 ssh 服务器能够允许 root 用户远程登录，则需要设置相关配置文件中的（　　）参数。

A．PermitRootLogin 0　　B．PermitRootLogin no

C．PermitRootLogin yes　　D．PermitRootLogin 1

二、简答题

1．Windows 下常见的 ssh 客户端有哪些？

2．简述 scp 的作用及主要用法。

三、操作题

1．对数据包进行分析，比较使用 Telnet 和 ssh 有什么不同？

2．ssh 还有一种免密码用密钥登录使用的方式，请尝试配置。

学习单元 2

Linux 主机常用服务安全管理

☆ 单元概要

本单元围绕 Linux 系统下的几个常用且重要的服务进行安全管理，由 Samba 服务的安全管理、Vsftp 服务的安全配置、Bind 服务的安全配置、Apache 服务的安全配置、Iptables 防火墙的安全配置 5 个项目组成。

项目 1 从构建公司 Samba 文件服务器开始，通过设置用户账号映射、设置主机访问控制、用 PAM 实现用户和主机访问控制、为用户建立独立的文件夹等内容进行任务实施。

项目 2 从构建公司 FTP 文件服务器开始，通过配置 FTP 虚拟用户、主机访问控制、用户访问控制、配置 FTP 的资源限制等内容进行任务实施。

项目 3 从为公司配置新的 DNS 服务器开始，通过限制区域传输、限制查询者、分离 DNS、配置域名转发等内容进行任务实施。

项目 4 从配置 Apache 服务器开始，通过设置主机访问控制、使用 HTTP 用户认证、设置虚拟目录和目录权限等内容进行任务实施。

项目 5 通过配置 iptables 防火墙进行任务实施。

通过本单元的学习，可掌握 Linux 操作系统的常用服务安全管理。

☆ 单元情境

小王是企业的 IT 管理员，负责公司服务器的管理工作。小王接到任务：公司需要在 CentOS Linux 系统上完成 Samba，Vsftp，Bind，Apache，Iptables 等服务器的配置和安全管理。

项目 1　Samba 服务的安全管理

➢　项目描述

磐云公司现有一台 Linux 服务器，已安装 CentOS Linux 6.8 操作系统。公司希望将其部署为 Samba 文件服务器，为公司内部用户提供文件共享访问。另外，出于用户和数据安全的考虑，要求对 Samba 服务器进行必要的安全设置。

➢　项目分析

工程师小王与团队成员共同讨论，认为应该先安装 Samba 文件服务器，然后在设置用户账号映射、设置主机访问控制、用 PAM 实现用户和主机访问控制、为用户建立独立的文件夹等方面进行配置，进而完成本项目。

任务 1　构建公司 Samba 文件服务器

★　**任务情境**

Samba 服务是磐云公司局域网共享文件和打印机共享的重要服务，为公司日常工作提供便利。现在由公司小王负责 Samba 服务的初始配置，具体需要完成以下工作。

微课 7

（1）创建 3 个目录：

/var/share/public，存放公共数据

/var/share/training，存放技术培训资料

/var/share/devel，存放项目开发资料

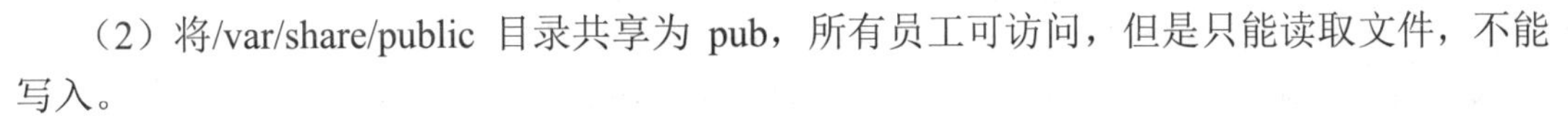

（2）将/var/share/public 目录共享为 pub，所有员工可访问，但是只能读取文件，不能写入。

（3）将/var/share/training 目录共享为 peixun，只允许管理员 root 及技术部的员工读/写访问。

（4）将/var/share/devel/目录共享为 kaifa，要求是隐藏共享，技术部的员工都可以读取该目录中的文件，但是只有管理员 root 及 kaifa 项目组的员工有写入权限。

（5）创建两个部门组 jsb、kfb，创建技术部的员工账户 js1 和 js2，创建开放部的员工账户 kf1 和 kf2，分别使用管理员账户和上述员工账户进行测试。

★　**任务分析**

按照需求，需要创建这些目录结构，并创建相应的用户和用户组。配置 Samba 服务共享目录，并设置权限。

★ 预备知识

1．Samba 服务介绍

Samba 是一个能让 Linux 系统应用 Microsoft 网络通信协议的软件。SMB 是 Server Message Block 的缩写，即服务器消息块，是 Microsoft 主要的网络通信协议。后来 Samba 将 SMB 通信协议应用到了 Linux 系统上，就形成了现在的 Samba 软件。之后微软又把 SMB 改名为 CIFS（Common Internet File System），即公共 Internet 文件系统，并且加入了许多新的功能，使得 Samba 更强大。

Samba 最大的功能就是跨平台的文件共享和打印共享，Samba 既可以用于 Windows 与 Linux 之间的文件共享，也可以用于 Linux 与 Linux 之间的资源共享，由于 NFS（网络文件系统）可以很好地完成 Linux 与 Linux 之间的数据共享，因而 Samba 较多地用在了 Windows 与 Linux 之间的数据共享中。

组成 Samba 运行的有两个服务：一个是 SMB，另一个是 NMB。SMB 是 Samba 的核心启动服务，主要负责建立 Linux Samba 服务器与 Samba 客户机之间的对话，验证用户身份并提供对文件和打印系统的访问，只有 SMB 服务被启动，才能实现文件的共享、监听 TCP139 和 445 端口；而 NMB 服务是负责解析，类似于 DNS 实现的功能，NMB 可以把 Linux 系统共享的工作组名称与其 IP 对应起来，如果 NMB 服务没有被启动，就只能通过 IP 来访问共享文件，监听 UDP 137 和 138 端口。

2．Samba 服务配置流程

（1）安装 Samba 服务，如图 2-1 所示。

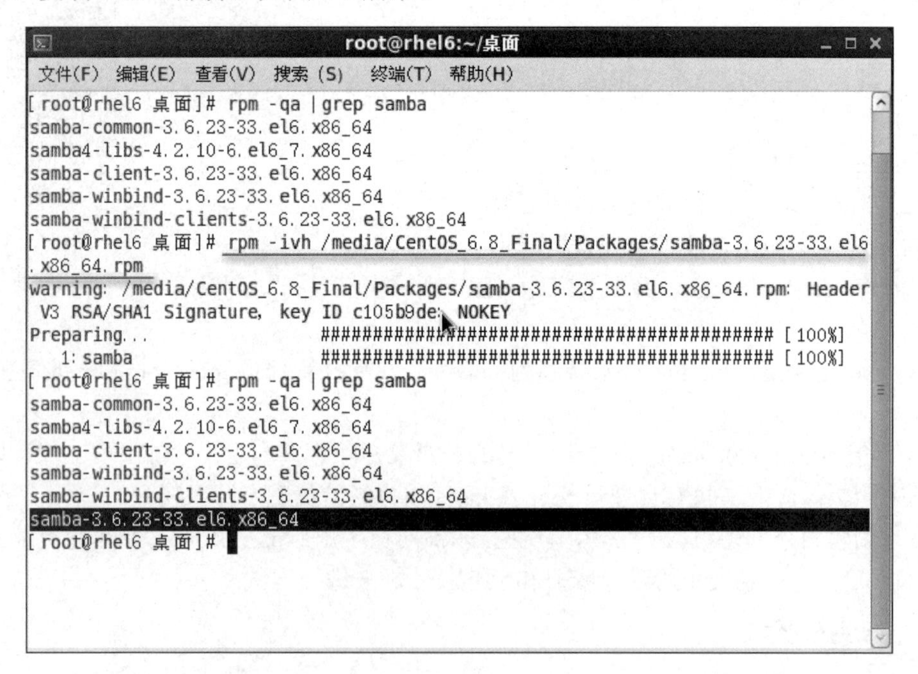

图 2-1

Samba 服务器安装完毕，会生成配置文件目录/etc/samba 和其他一些 Samba 可执行命令工具，/etc/samba/smb.conf 是 Samba 的核心配置文件，/etc/init.d/smb 是 Samba 的启动/关闭文件。

（2）通过/etc/init.d/smb start/stop/restart 可以启动、关闭、重启 Samba 服务，启动 SMB 服务，如图 2-2 所示。

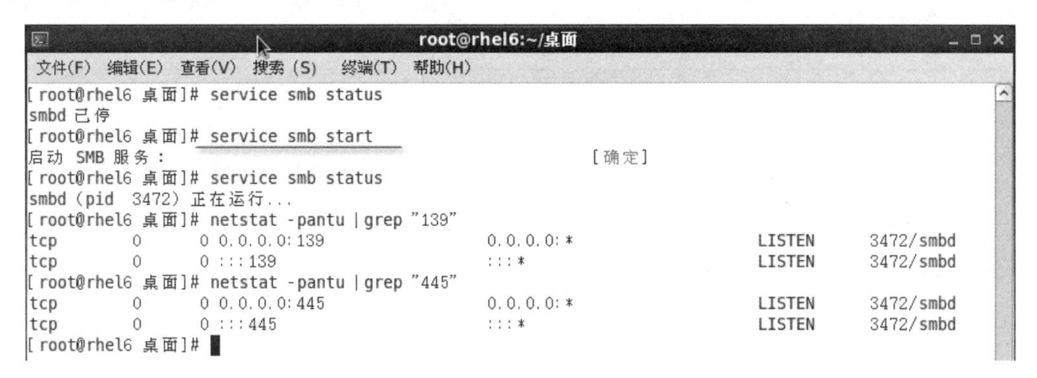

图 2-2

设置 SMB 服务开机自启动，如图 2-3 所示。

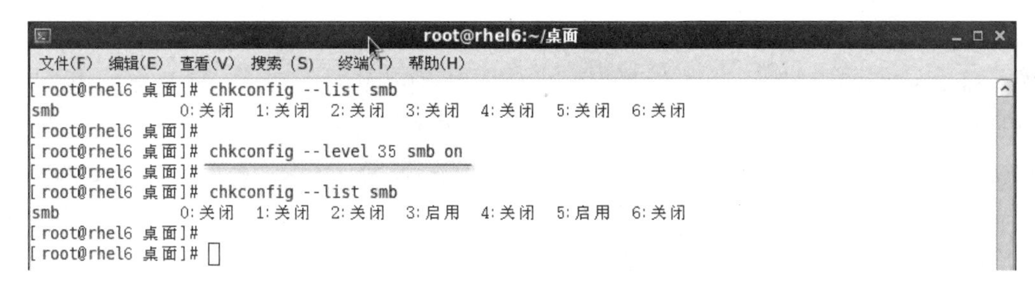

图 2-3

（3）配置 Samba 服务，Samba 的主配置文件为/etc/samba/smb.conf，如图 2-4 所示。

```
root@rhel6:~/桌面
文件(F) 编辑(E) 查看(V) 搜索(S) 终端(T) 帮助(H)
#======================= Global Settings =====================================

[global]

# ----------------------- Network Related Options -------------------------
#
# workgroup = NT-Domain-Name or Workgroup-Name, eg: MIDEARTH
#
# server string is the equivalent of the NT Description field
#
# netbios name can be used to specify a server name not tied to the hostname
#
# Interfaces lets you configure Samba to use multiple interfaces
# If you have multiple network interfaces then you can list the ones
# you want to listen on (never omit localhost)
#
# Hosts Allow/Hosts Deny lets you restrict who can connect, and you can
# specifiy it as a per share option as well
#
        workgroup = MYGROUP
        server string = Samba Server Version %v

;       netbios name = MYSERVER
                                                        77,20-26      20%
```

图 2-4

全局定义部分的参数说明见表 2-1。

表 2-1

参　数	说　明
workgroup	设置 Samba 服务器所在工作组，可以在 Windows 网上邻居中看到该工作组名称，默认为 mygroup
server string	Samba 服务器的描述信息，显示在 Windows 网上邻居中，默认为 Samba Server
hosts allow	指定可以访问 Samba 服务器的 IP 地址范围，默认为允许所有 IP 访问
security	设置 Samba 服务器的安全等级。Samba 服务器共有 5 种安全等级，分别是 share、user、server、domain 和 ads，默认为 user

设置用户访问 Samba Server 的验证方式，一般常用这 4 种验证方式。

① share：用户访问 Samba Server 不需要提供用户名和口令，安全性能较低。

② user：Samba Server 共享目录只能被授权的用户访问，由 Samba Server 负责检查用户名和密码的正确性。用户名和密码要在本 Samba Server 中建立。

③ server：需要提供用户名和密码，可指定其他机器（Windows NT/2008）或另一台 Samba Server 进行身份验证。

④ domain：需要提供用户名和密码，指定 Windows NT/2000/XP 域服务器进行身份验证。

smb.conf 文件的共享定义部分由“[homes]”段、“[printers]”段和一些自定义共享目录段组成。共享定义部分的参数如图 2-5 所示，参数说明见表 2-2。

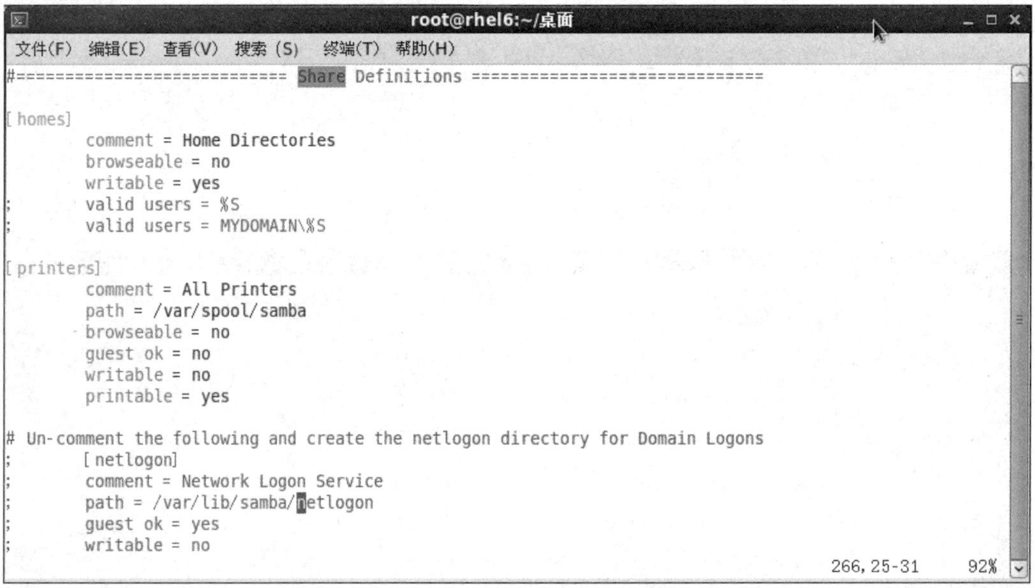

```
root@rhel6:~/桌面
文件(F)  编辑(E)  查看(V)  搜索(S)  终端(T)  帮助(H)
#============================ Share Definitions ==============================

[homes]
        comment = Home Directories
        browseable = no
        writable = yes
;       valid users = %S
;       valid users = MYDOMAIN\%S

[printers]
        comment = All Printers
        path = /var/spool/samba
        browseable = no
        guest ok = no
        writable = no
        printable = yes

# Un-comment the following and create the netlogon directory for Domain Logons
;       [netlogon]
;       comment = Network Logon Service
;       path = /var/lib/samba/netlogon
;       guest ok = yes
;       writable = no
                                                          266,25-31     92%
```

图 2-5

表 2-2

参　数	说　明
comment	共享目录描述信息
path	共享目录路径
browseable	共享目录的浏览权限

续表

参　数	说　明
writeable	共享目录写权限
guest ok	共享目录是否开放 guest 账号访问
read only	共享目录只读权限
public	共享目录是否对所有用户开放
guest only	设置是否只允许 guest 账号访问
valid user	设置允许访问共享目录的用户

（4）测试 smb.conf 配置是否正确。

testparm 命令用于测试 Samba 的设置是否正确，如图 2-6 所示。

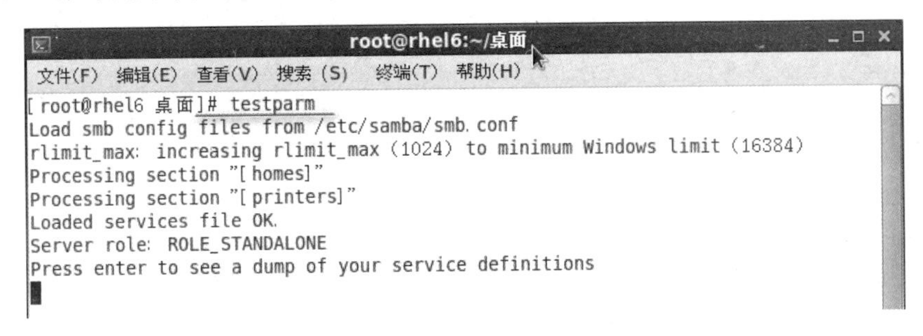

图 2-6

3．Samba 客户端访问

（1）在 Linux 下访问 Samba 服务器的共享文件。

① 列出某个 IP 地址所提供的共享文件夹。

```
smbclient -L 198.168.0.1 -U username%password
```

② 同 FTP 客户端一样使用 smbclient。

```
smbclient //192.168.0.1/tmp -U username%password
```

执行 smbclient 命令成功后，进入 smbclient 环境，出现提示符 smb:/>，这时输入？会看到支持的命令。

这里有许多和 ftp 命令相似的命令，如 cd、lcd、get、megt、put、mput 等。通过这些命令，可以访问远程主机的共享资源。

③ 除了使用 smbclient，还可以通过 mount 和 smbcount 挂载远程共享文件夹。

挂载命令：

```
mount -t cifs -o username=administrator,password=123456
//192.168.0.1/tmp /mnt/tmp
```

取消挂载命令：

```
umount /mnt/tmp
```

（2）在 Windows 下访问 Samba 服务器的共享文件。

打开任意一个 Windows 窗口，在地址栏中输入\\Samba 服务器的 IP 地址。

★　**任务实施**

步骤 1：创建目录，如图 2-7 所示。

```
root@rhel6:~/桌面
文件(F) 编辑(E) 查看(V) 搜索(S) 终端(T) 帮助(H)
[root@rhel6 桌面]# mkdir -p /var/share/public
[root@rhel6 桌面]# mkdir -p /var/share/training
[root@rhel6 桌面]# mkdir -p /var/share/devel
[root@rhel6 桌面]# rpm -ivh /media/CentOS_6.8_Final/Packages/tree-1.5.3-3.el6.x8
6_64.rpm
warning: /media/CentOS_6.8_Final/Packages/tree-1.5.3-3.el6.x86_64.rpm: Header V3
 RSA/SHA1 Signature, key ID c105b9de: NOKEY
Preparing...                ########################################### [100%]
   1:tree                   ########################################### [100%]
[root@rhel6 桌面]# tree /var/share
/var/share
├── devel
├── public
└── training

3 directories, 0 files
[root@rhel6 桌面]#
```

图 2-7

步骤 2：创建系统用户及组。

先创建系统用户和组，然后将系统用户加入 Samba 账号数据库，可以使用 pdbedit-L 查看 Samba 用户情况。

Samba 账号是客户端访问服务器的身份凭证，它首先是系统账号，其次需要将该系统账号加入 Samba 账号数据库，如图 2-8 所示。

```
root@pcs01:~
文件(F) 编辑(E) 查看(V) 搜索(S) 终端(T) 帮助(H)
[root@pcs01 ~]# groupadd jsb
[root@pcs01 ~]# groupadd kfb
[root@pcs01 ~]# useradd -G jsb js1
[root@pcs01 ~]# useradd -G jsb js2
[root@pcs01 ~]# useradd -G kfb kf1
[root@pcs01 ~]# useradd -G kfb kf2
[root@pcs01 ~]# groups js1
js1 : js1 jsb
[root@pcs01 ~]# groups js2
js2 : js2 jsb
[root@pcs01 ~]# groups kf1
kf1 : kf1 kfb
[root@pcs01 ~]# groups kf2
kf2 : kf2 kfb
[root@pcs01 ~]#
[root@pcs01 ~]#
```

图 2-8

将系统账号添加至 Samba 账号数据库，并设置 Samba 账号密码（建议和系统账号密码不同），如图 2-9 所示。

步骤 3：创建 pub 共享。编辑/etc/samba/smb.conf 配置文件，在文件尾部输入以下内容，如图 2-10 所示。

```
root@rhel6:~/桌面
文件(F)  编辑(E)  查看(V)  搜索 (S)  终端(T)  帮助(H)
[root@rhel6 桌面]# pdbedit -L
[root@rhel6 桌面]# smbpasswd -a js1
New SMB password:
Retype new SMB password:
Added user js1.
[root@rhel6 桌面]# smbpasswd -a js2
New SMB password:
Retype new SMB password:
Added user js2.
[root@rhel6 桌面]# smbpasswd -a kf1
New SMB password:
Retype new SMB password:
Added user kf1.
[root@rhel6 桌面]# smbpasswd -a kf2
New SMB password:
Retype new SMB password:
Added user kf2.
[root@rhel6 桌面]# smbpasswd -a root
New SMB password:
Retype new SMB password:
Added user root.
[root@rhel6 桌面]# pdbedit -L
js1:501:
kf1:503:
root:0:root
js2:502:
kf2:504:
[root@rhel6 桌面]#
```

图 2-9

```
root@rhel6:~/桌面
文件(F)  编辑(E)  查看(V)  搜索 (S)  终端(T)  帮助(H)
268 ;        writable = no
269 ;        share modes = no
270
271
272 # Un-comment the following to provide a specific roving profile share
273 # the default is to use the user's home directory
274 ;        [Profiles]
275 ;        path = /var/lib/samba/profiles
276 ;        browseable = no
277 ;        guest ok = yes
278
279
280 # A publicly accessible directory, but read only, except for people in
281 # the "staff" group
282 ;        [public]
283 ;        comment = Public Stuff
284 ;        path = /home/samba
285 ;        public = yes
286 ;        writable = yes
287 ;        printable = no
288 ;        write list = +staff
289
290 [pub]
291          comment = Public Data
292          public = yes
293          path = /var/share/public
294          readonly = yes
                                                  294,15-22     99%
```

图 2-10

步骤 4：继续编辑创建/etc/samba/smb.conf，添加 peixun 共享，如图 2-11 所示。

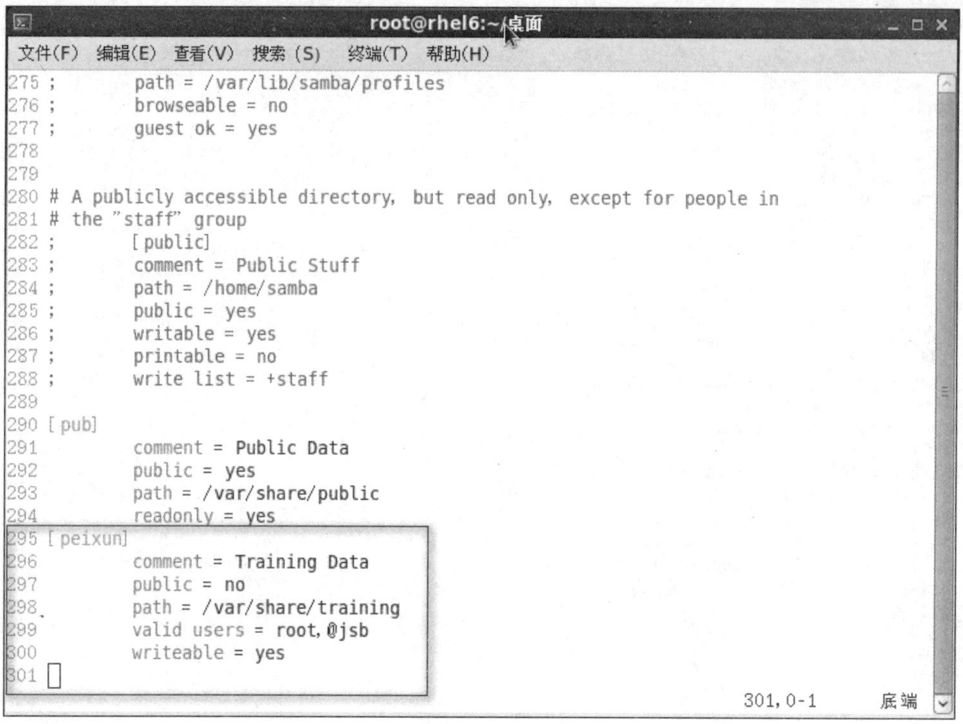

```
root@rhel6:~/桌面
文件(F) 编辑(E) 查看(V) 搜索(S) 终端(T) 帮助(H)
275 ;        path = /var/lib/samba/profiles
276 ;        browseable = no
277 ;        guest ok = yes
278
279
280 # A publicly accessible directory, but read only, except for people in
281 # the "staff" group
282 ;        [public]
283 ;        comment = Public Stuff
284 ;        path = /home/samba
285 ;        public = yes
286 ;        writable = yes
287 ;        printable = no
288 ;        write list = +staff
289
290 [pub]
291          comment = Public Data
292          public = yes
293          path = /var/share/public
294          readonly = yes
295 [peixun]
296          comment = Training Data
297          public = no
298          path = /var/share/training
299          valid users = root,@jsb
300          writeable = yes
301
                                                        301,0-1       底端
```

图 2-11

步骤 5：添加 kaifa 隐藏共享。继续编辑/etc/samba/smb.conf 文件，如图 2-12 所示。

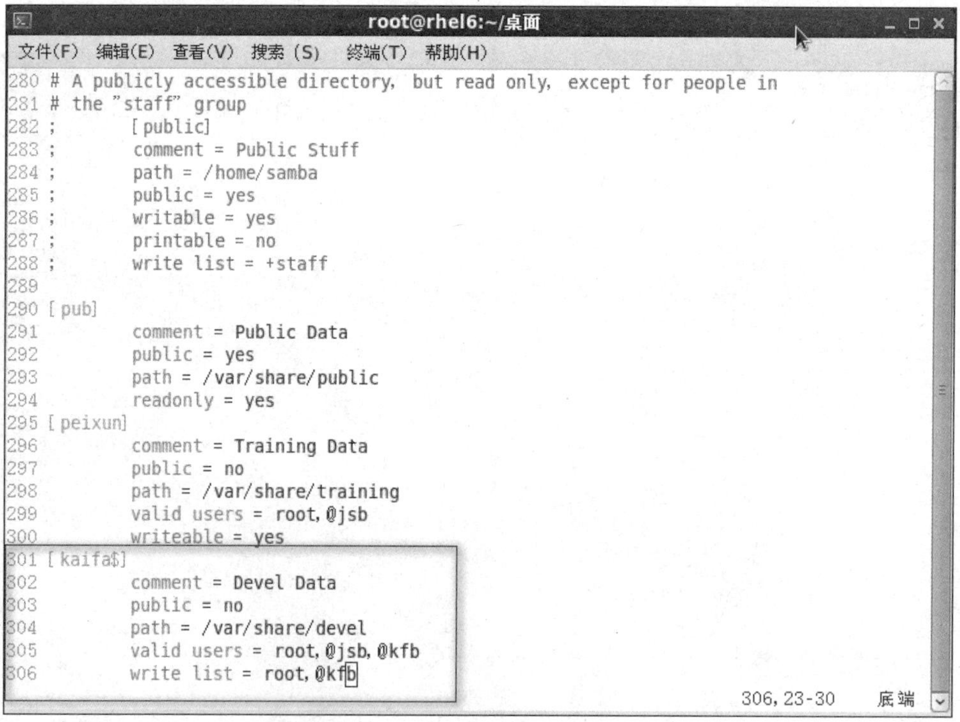

```
root@rhel6:~/桌面
文件(F) 编辑(E) 查看(V) 搜索(S) 终端(T) 帮助(H)
280 # A publicly accessible directory, but read only, except for people in
281 # the "staff" group
282 ;        [public]
283 ;        comment = Public Stuff
284 ;        path = /home/samba
285 ;        public = yes
286 ;        writable = yes
287 ;        printable = no
288 ;        write list = +staff
289
290 [pub]
291          comment = Public Data
292          public = yes
293          path = /var/share/public
294          readonly = yes
295 [peixun]
296          comment = Training Data
297          public = no
298          path = /var/share/training
299          valid users = root,@jsb
300          writeable = yes
301 [kaifa$]
302          comment = Devel Data
303          public = no
304          path = /var/share/devel
305          valid users = root,@jsb,@kfb
306          write list = root,@kfb
                                                        306,23-30     底端
```

图 2-12

步骤 6：重启 SMB 服务。

输入命令：

```
service smb restart
```

步骤 7：设置文件夹目录自身权限。

上述三个目录有两个是允许用户写入的，因此对于文件夹物理目录的权限中需要设置其他用户的写入权限。输入命令：

```
chmod 1777 /var/share/training
chmod 1777 /var/share/devel
```

步骤 8：查看地址并关闭防火墙，如图 2-13 所示。

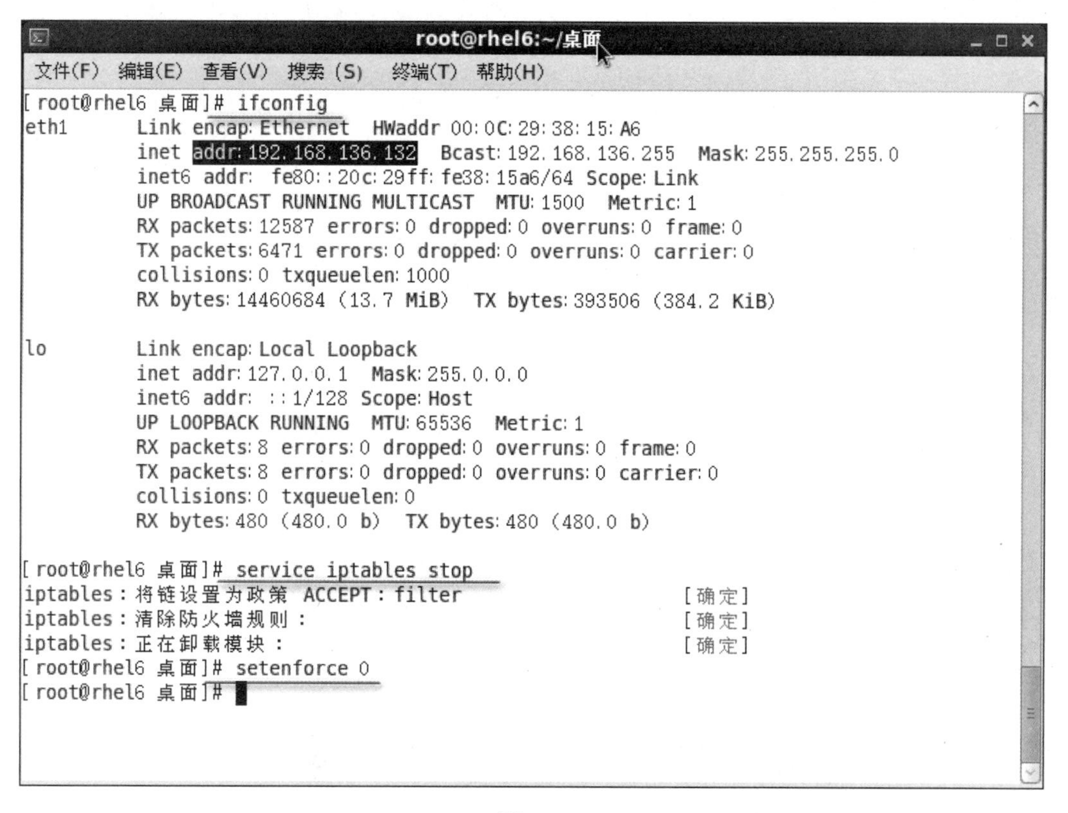

图 2-13

步骤 9：访问测试。

Linux 主机访问命令为：

```
smbclient -L //IP地址 -U 用户名
```

查看指定 IP 地址主机有哪些共享，如图 2-14 所示。

连接对方共享目录的命令为：

```
smbclient //IP地址/共享名 -U 用户名
```

具体操作如图 2-15 所示。

Windows 主机访问测试，打开“运行”对话框，输入\\192.168.136.132 后回车，在弹出的身份验证窗口输入用户名 js1 及对应的密码，可以看到刚添加的共享目录，如图 2-16～图 2-18 所示。

图 2-14

```
root@rhel6:~/桌面
文件(F) 编辑(E) 查看(V) 搜索(S) 终端(T) 帮助(H)
[root@rhel6 桌面]#
[root@rhel6 桌面]# smbclient //192.168.136.132/pub -U js1
Enter js1's password:
Domain=[MYGROUP] OS=[Unix] Server=[Samba 3.6.23-33.el6]
smb: \> ls
  .                                   D        0  Thu Jul  4 23:18:45 2019
  ..                                  D        0  Thu Jul  4 23:18:56 2019

                35036 blocks of size 524288. 25353 blocks available
smb: \> mkdir aa
NT_STATUS_MEDIA_WRITE_PROTECTED making remote directory \aa
smb: \> exit
[root@rhel6 桌面]# smbclient //192.168.136.132/peixun -U js1
Enter js1's password:
Domain=[MYGROUP] OS=[Unix] Server=[Samba 3.6.23-33.el6]
smb: \> mkdir peixun_dagang
smb: \> ls
  .                                   D        0  Thu Jul  4 23:48:15 2019
  ..                                  D        0  Thu Jul  4 23:18:56 2019
  peixun_dagang                       D        0  Thu Jul  4 23:48:15 2019

                35036 blocks of size 524288. 25353 blocks available
smb: \> exit
[root@rhel6 桌面]# smbclient //192.168.136.132/kaifa$ -U kf1
Enter kf1's password:
Domain=[MYGROUP] OS=[Unix] Server=[Samba 3.6.23-33.el6]
smb: \> mkdir kaifa_tuzhi
smb: \> ls
  .                                   D        0  Thu Jul  4 23:49:40 2019
  ..                                  D        0  Thu Jul  4 23:18:56 2019
  kaifa_tuzhi                         D        0  Thu Jul  4 23:49:40 2019

                35036 blocks of size 524288. 25353 blocks available
smb: \>
```

图 2-15

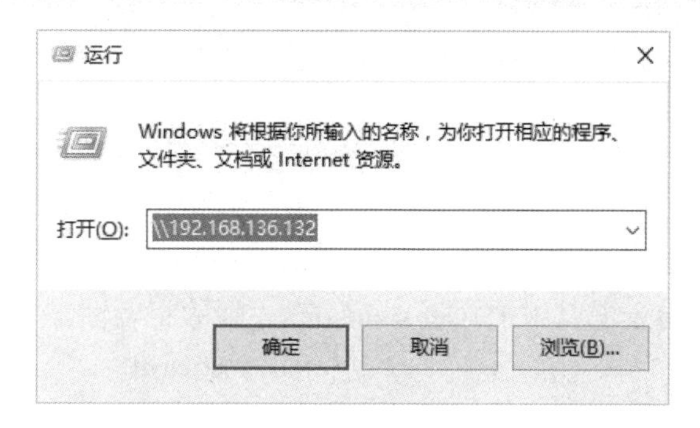

图 2-16

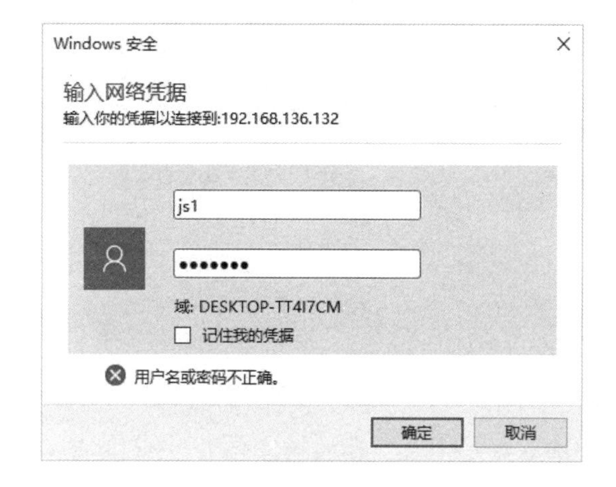

图 2-17

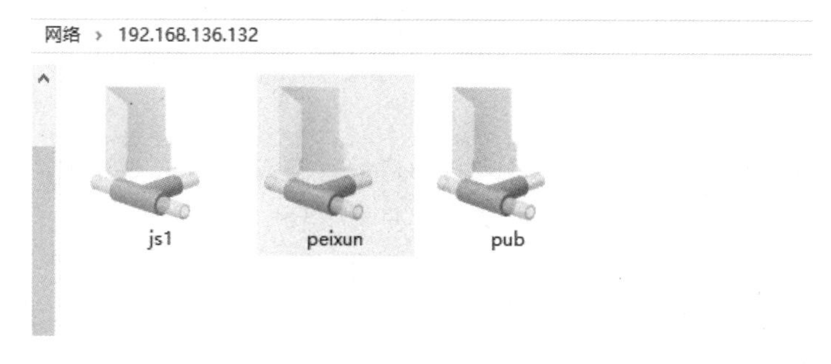

图 2-18

★ 任务总结

通过 Samba 服务器可以实现跨平台的文件共享。本任务实现了对 Samba 文件共享服务器的配置。

★ 任务练习

一、选择题

1．以下关于 Linux 下的 Samba 服务描述正确的是（　　）。

A．Samba 是一个 Web 服务器，相当于 Windows 下的 IIS

B．Samba 可以让 Linux 主机和 Windows 主机互访资源

C．启动 Samba 服务可以输入命令 Service smbd start

D．Samba 服务使用的端口是 533

2．Samba 服务器的配置文件是（　　）。

A．httpd.conf　　B．inetd.conf

C．rc.Samba　　D．smb.conf

3．下面（　　）指令可以用来判断 smb.conf 设置的正确性。

A．startparm　　B．testparm

C．restartparm　　D．examparm

4．Linux 客户机访问 Windows 服务器上的共享资源是通过（　　）的方式。

A．smbclient 命令　　B．smbmount 命令

C．网上邻居　　D．mount 命令

5．在 Samba 服务器的共享安全模式中，以下（　　）模式不需要进行用户身份验证。

A．user　　B．share

C．server　　D．domain

二、简答题

1．简述 Samba 服务器的主要功能。

2．Windows 客户机在访问 Samba 服务器时会自动记住上次访问的用户凭证，那么如何切换用户访问呢？

任务 2　设置用户账号映射

★ 任务情境

Samba 是磐云公司局域网共享文件和打印机的重要服务，为公司日常工作提供便利。目前，Samba 服务器架设在公司信息中心内，由于搭建时比较匆忙，因此未对 Samba 服务进行安全配置。现在请公司小王负责对 Samba 服务的安全管理、用户账户映射及相关策略进行配置。

微课 8

★ 任务分析

为了确保 Samba 服务器的安全，避免暴露 Linux 用户名，预防黑客的攻击，我们需要设置用户账号映射。

★ 预备知识

设置 Samba 用户账号映射

Samba 的用户账号信息存放在 smbpasswd 文件中，并且必须对应一个同名的系统账号。这很容易被黑客利用，根据 Samba 用户账户来猜测 Samba 服务器上的系统账号，以此来攻击 Samba 服务器。为了更好地解决此问题，除了前面建议的尽量设置一个不同于系统账号密码的 Samba 密码外，还可以使用用户账号映射功能。

具体做法是：建一张用户映射表（smbusers 文件）来记录 Samba 账号和虚拟账号名字的对应关系，此后，客户端就可以使用虚拟账号来访问 Samba 服务器。设置用户账号映射的具体步骤如下：

（1）编辑主配置文件 /etc/samba/smb.conf。

在全局设置部分添加如下一行语句，其作用是开启映射功能。

```
username map = /etc/samba/smbusers
```

（2）编辑用户账号映射文件 /etc/samba/smbusers。

smbusers 文件默认是存在的，其作用是保存 Samba 账号的映射关系，格式如下：

```
Samba账号 = 虚拟账号列表
```

例如：为 Samba 账号 kevin 建立名为 user01、user02 的两个虚拟账号。

```
kevin = user01 user02
```

验证测试：

重启 SMB 服务，访问 Samba 服务器，在身份验证界面，输入我们定义的虚拟账号 user01 或 user02。

★ 任务实施

步骤 1：启动 CentOS 6.8 虚拟机，进入系统桌面环境，如图 2-19 所示。

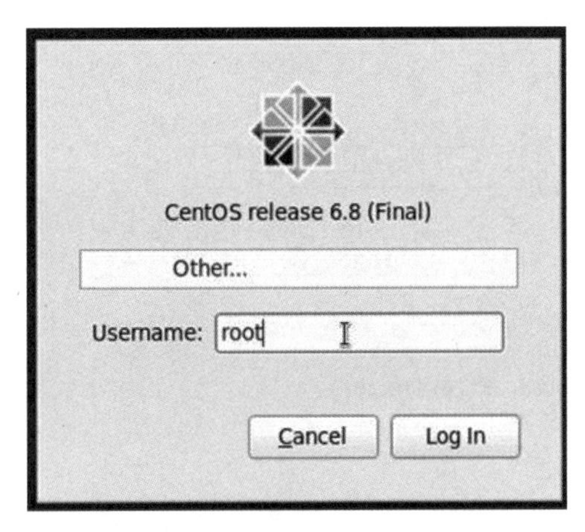

图 2-19

步骤 2：在终端输入“useradd smbuser”创建一个用户，之后输入“smbpasswd －a smbuser”将这个用户加入 Samba 账号中，并设置账号密码为 Admin 123，如图 2-20 所示。

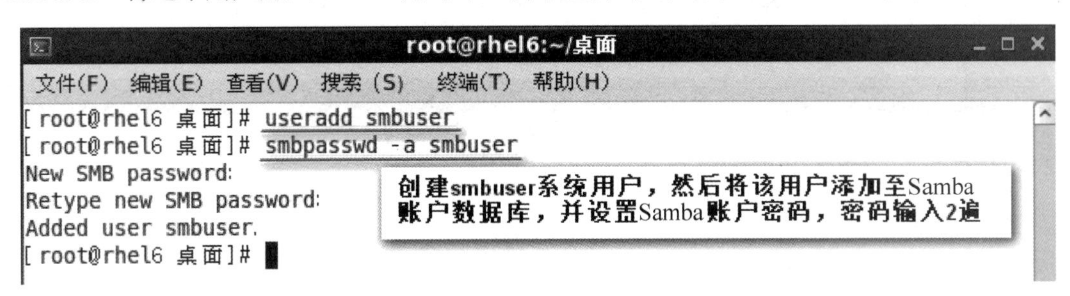

图 2-20

步骤 3：在终端输入“cd /etc/samba/”进入文件夹 samba 中，输入“vim smb.conf”对 Samba 配置文件进行编辑，如图 2-21 所示。

图 2-21

步骤 4：在 smb.conf 文件中添加“username map = /etc/samba/smbusers”开启用户账户映射后写入并退出，如图 2-22 所示。

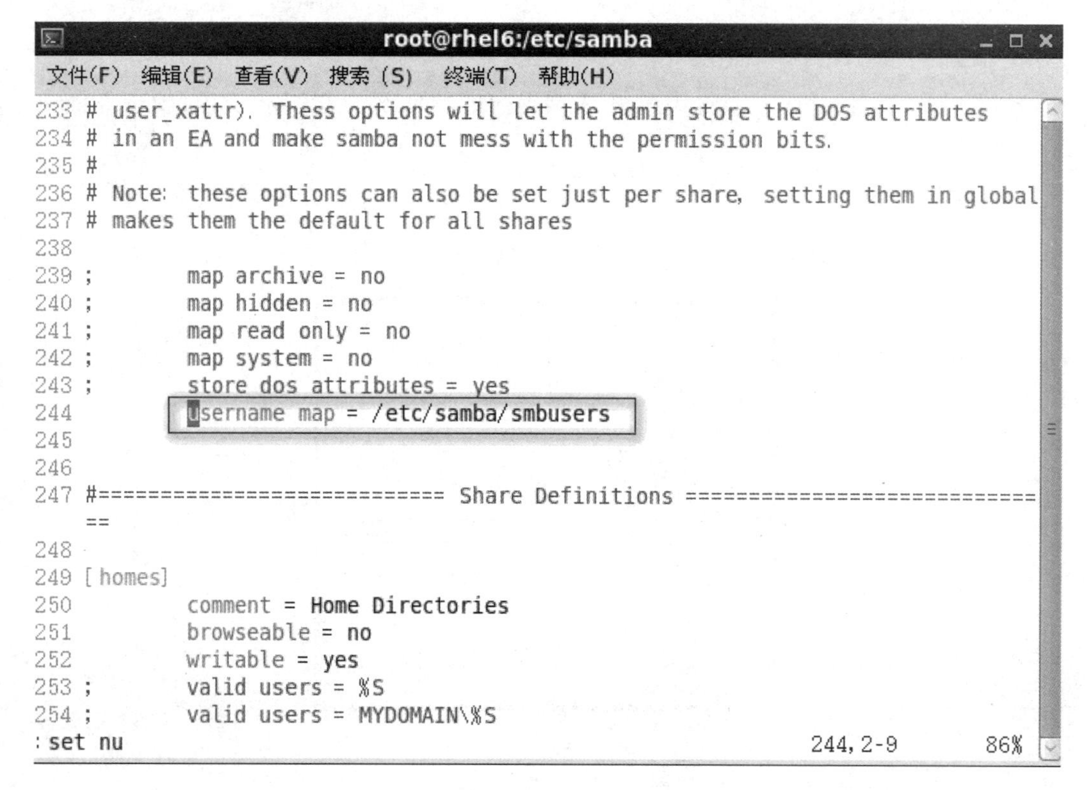

图 2-22

步骤 5：对 smbuser 文件进行编辑，创建用户账户映射“smbuser = test1 test2”，写入并退出，如图 2-23 和图 2-24 所示。

图 2-23

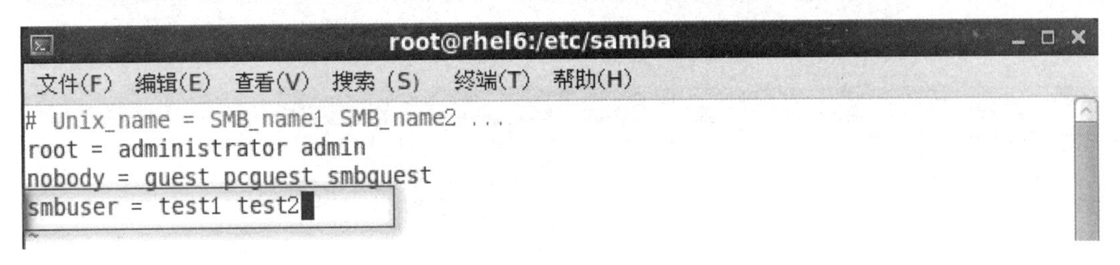

```
root@rhel6:/etc/samba
文件(F) 编辑(E) 查看(V) 搜索(S) 终端(T) 帮助(H)
# Unix_name = SMB_name1 SMB_name2 ...
root = administrator admin
nobody = guest pcguest smbguest
smbuser = test1 test2
```

图 2-24

步骤 6：在终端输入“service smb restart”将 SMB 服务器重启，如图 2-25 所示。

```
root@rhel6:/etc/samba
文件(F) 编辑(E) 查看(V) 搜索(S) 终端(T) 帮助(H)
[root@rhel6 samba]# service smb restart
关闭 SMB 服务：                                          [确定]
启动 SMB 服务：                                          [确定]
[root@rhel6 samba]#
```

图 2-25

步骤 7：在终端输入“ifconfig”查看本地地址，如图 2-26 所示。

```
root@rhel6:/etc/samba
文件(F) 编辑(E) 查看(V) 搜索(S) 终端(T) 帮助(H)
[root@rhel6 samba]# ifconfig |more
eth2      Link encap:Ethernet  HWaddr 00:0C:29:16:B0:B7
          inet addr:192.168.248.128  Bcast:192.168.248.255  Mask:255.255.255.0
          inet6 addr: fe80::20c:29ff:fe16:b0b7/64 Scope:Link
          UP BROADCAST RUNNING MULTICAST  MTU:1500  Metric:1
          RX packets:13916 errors:0 dropped:0 overruns:0 frame:0
          TX packets:6864 errors:0 dropped:0 overruns:0 carrier:0
          collisions:0 txqueuelen:1000
          RX bytes:20631599 (19.6 MiB)  TX bytes:415501 (405.7 KiB)

lo        Link encap:Local Loopback
          inet addr:127.0.0.1  Mask:255.0.0.0
          inet6 addr: ::1/128 Scope:Host
          UP LOOPBACK RUNNING  MTU:65536  Metric:1
          RX packets:8 errors:0 dropped:0 overruns:0 frame:0
          TX packets:8 errors:0 dropped:0 overruns:0 carrier:0
          collisions:0 txqueuelen:0
          RX bytes:480 (480.0 b)  TX bytes:480 (480.0 b)

[root@rhel6 samba]#
```

图 2-26

步骤 8：在终端输入“smbclient -L 192.168.248.128 -U smbuser%Admin123”，使用本地账号，对 SMB 服务器进行登录测试，如图 2-27 所示。

步骤 9：在终端输入“smbclient -L 192.168.248.128 -U test1%Admin123”，使用虚拟账号，对 SMB 服务器进行登录测试，如图 2-28 所示。

在终端输入“smbclient //192.168.248.128/smbuser -U test1%Admin123”，使用虚拟账号，对 SMB 服务器进行登录后，输入“pwd”查看虚拟账号下的本地文件夹路径，如

图 2-29 所示。

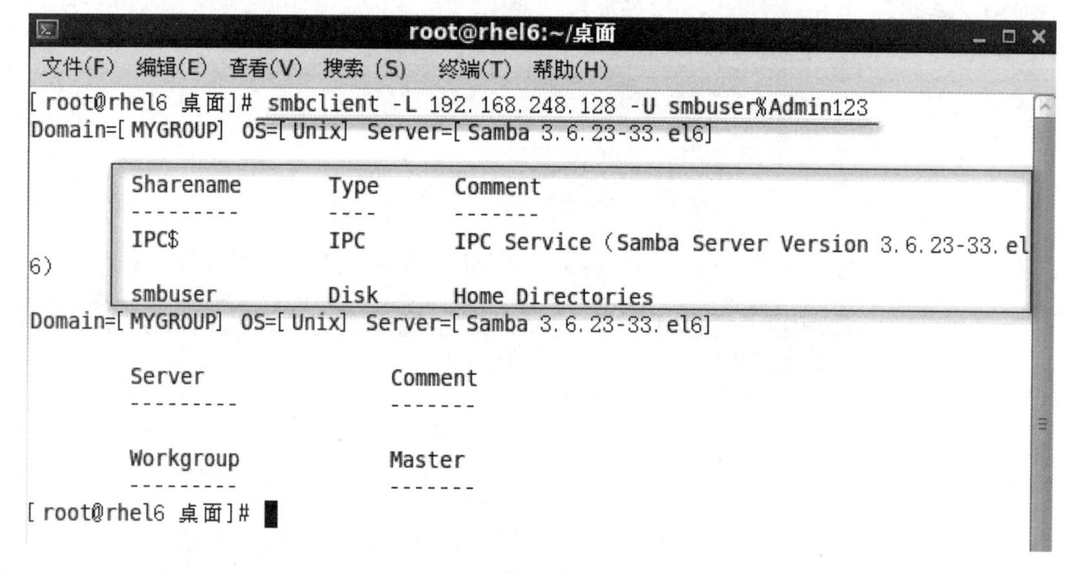

```
root@rhel6:~/桌面
文件(F) 编辑(E) 查看(V) 搜索 (S) 终端(T) 帮助(H)
[root@rhel6 桌面]# smbclient -L 192.168.248.128 -U smbuser%Admin123
Domain=[MYGROUP] OS=[Unix] Server=[Samba 3.6.23-33.el6]

        Sharename       Type      Comment
        ---------       ----      -------
        IPC$            IPC       IPC Service (Samba Server Version 3.6.23-33.el
6)
        smbuser         Disk      Home Directories
Domain=[MYGROUP] OS=[Unix] Server=[Samba 3.6.23-33.el6]

        Server               Comment
        ---------            -------

        Workgroup            Master
        ---------            -------
[root@rhel6 桌面]#
```

图 2-27

```
root@rhel6:~/桌面
文件(F) 编辑(E) 查看(V) 搜索 (S) 终端(T) 帮助(H)
[root@rhel6 桌面]# smbclient -L 192.168.248.128 -U test1%Admin123
Domain=[MYGROUP] OS=[Unix] Server=[Samba 3.6.23-33.el6]

        Sharename       Type      Comment
        ---------       ----      -------
        IPC$            IPC       IPC Service (Samba Server Version 3.6.23-33.el
6)
        smbuser         Disk      Home Directories
Domain=[MYGROUP] OS=[Unix] Server=[Samba 3.6.23-33.el6]

        Server               Comment
        ---------            -------

        Workgroup            Master
        ---------            -------
[root@rhel6 桌面]#
```

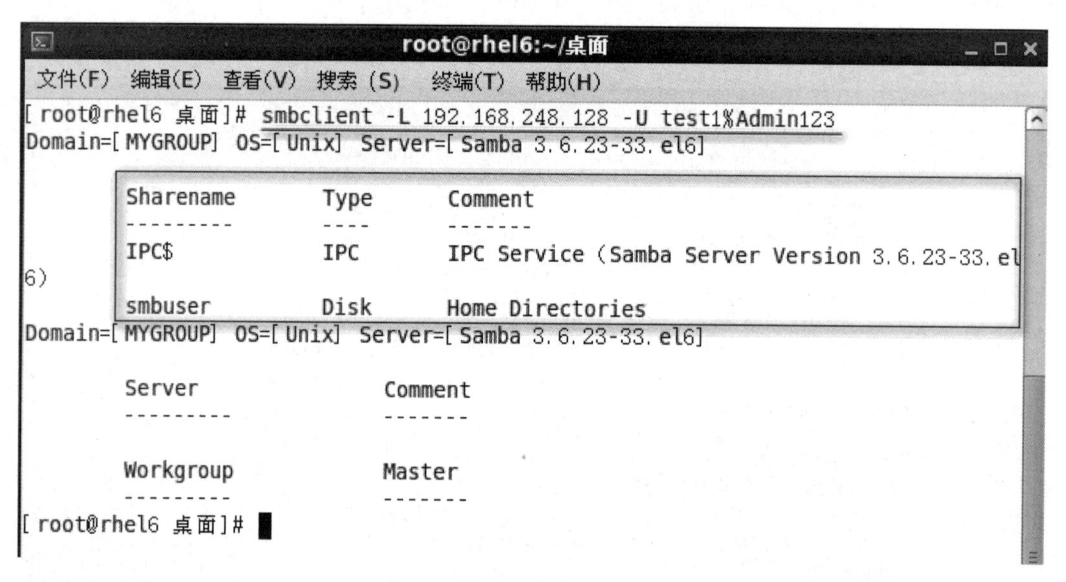

图 2-28

```
root@rhel6:~/桌面
文件(F) 编辑(E) 查看(V) 搜索 (S) 终端(T) 帮助(H)
[root@rhel6 桌面]# smbclient //192.168.248.128/smbuser -U test1%Admin123
Domain=[MYGROUP] OS=[Unix] Server=[Samba 3.6.23-33.el6]
smb: \> pwd
Current directory is \\192.168.248.128\smbuser\
smb: \>
```

图 2-29

步骤 10：实验结束，关闭虚拟机。

★ **任务总结**

通过设置 Samba 用户账号映射，使用虚拟账号访问服务器，避免服务器用户名的暴露，可实现对 Samba 服务器的保护。

★ **任务练习**

一、选择题

1．Samba 服务器的默认安全级别是（　　）。

A．share　　B．user

C．server　　D．domin

2．启动 Samba 服务的命令是（　　）。

A．service smb restart　　B．/etc/samba/smb start

C．service smb stop　　D．service smb start

3．Samba 的用户账号映射文件是（　　）。

A．/etc/smb/ini　　B．/etc/smbd.conf

C．/etc/samba/smbusers　　D．/etc/samba/smb.conf

二、操作题

在 Linux 中的用户“root”与 Windows 中的用户“administrator”和“teacher”之间建立映射。

任务 3　设置主机访问控制

★ **任务情境**

微课 9

Samba 是磐云公司局域网共享文件和打印机的重要服务，为公司日常工作提供便利。目前，Samba 服务器架设在公司信息中心内，由于搭建匆忙，未对 Samba 服务进行安全配置。现在由公司小王负责 Samba 服务的安全管理及相关策略的设置。

具体操作包括配置 Linux 系统、对 Samba 服务进行安全管理和设置主机访问控制。

★ **任务分析**

为了保证公司 Samba 服务器的安全，避免公司内部共享资源的泄露，需要设置主机访问控制，仅公司内部需要使用 Samba 服务的人员，才能够访问 Samba 服务器。

★ **预备知识**

针对某些特定用户使用共享资源权限的控制方法不止一种，这些控制主要是对主机进行控制。例如，可以使用 IPTables 和 PAM。不过 Samba 服务自身也提供主机访问控制功能。

Samba 的访问控制通过 hosts allow 和 hosts deny 两个参数实现。

✧ hosts allow 字段定义允许访问的客户端。

✧ hosts deny 字段定义禁止访问的客户端。

在定义客户端时，可以使用 IP 地址、域名和通配符等多种形式。如果要控制的对象是来自多个网段或域的主机，则网段或域名之间要使用“空格”分割。另外，表示网段时要以“.”结尾，表示域名时要以“.”开头。

示例 1　使用 IP 地址进行访问限制

禁止来自 192.168.0.0/24 网段和 192.168.1.0/24 网段的主机访问此共享目录，但是其中 IP 地址为 192.168.1.200 的这台主机可以被访问。

```
hosts deny = 192.168.0. 192.168.1.
hosts allow = 192.168.1.200
```

说明：在 hosts deny 和 hosts allow 字段同时设置的情况下，如有冲突，此时应以 hosts allow 优先。这意味着上例中 192.168.1.0/24 网段只有 192.168.1.200 主机可以访问。

示例 2　使用域名进行访问限制

禁止.market.com 域内的所有主机访问，且名称为 IT-DCR-SERVER-D 的主机也不能被访问。

```
hosts deny = .market.com  IT-DCR-SERVER-D
```

示例 3　使用通配符进行访问限制

假设 Samba 服务器上有一个共享目录 project，已规定只有主机名为 manager 的客户端才可以访问，其他所有用户禁止访问。

```
hosts deny = ALL
hosts allow = manager
```

特殊情形：对于 project 共享目录禁止所有人访问，只允许 192.168.0.0/24 网段的客户端访问，但又要禁止其中 IP 地址为 192.168.0.1 和 192.168.0.2 的主机访问。

```
hosts deny = ALL
hosts allow = 192.168.0.
hosts deny = 192.168.0.1 192.168.0.2
```

依据 hosts deny 和 hosts allow 语句同时出现且有冲突时的处理规则，上述设置会导致主机 192.168.0.1 和 192.168.0.2 仍然是可以访问的。因此，出现此类情形时，建议改用 EXCEPT 参数来设置。

```
hosts deny = ALL
hosts allow = 192.168.0. EXCEPT 192.168.0.1 192.168.0.2
```

同样，域名的方式也支持 EXCEPT 参数。

host.allow 和 hosts deny 放在主配置文件的不同位置上，其作用范围也是不一样的：写在[global]区域中，表示对 Samba 服务器全局有效；写在共享目录中，则只对该目录生效。

★ 任务实施

步骤 1：启动 CentOS 6.8 虚拟机，进入系统桌面环境，如图 2-30 所示。

步骤 2：在终端输入“ifconfig”查看本地地址，如图 2-31 所示。

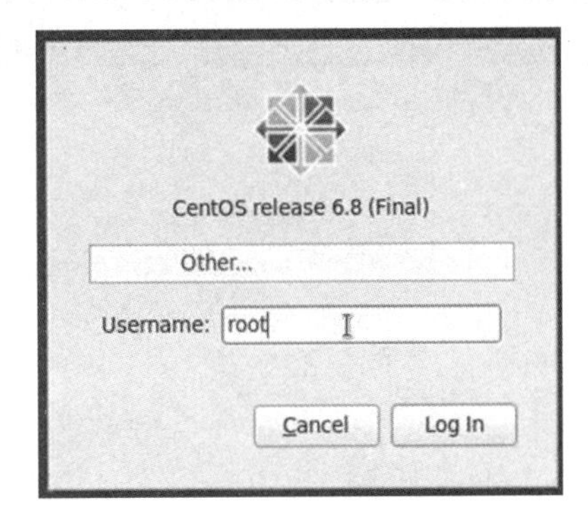

图 2-30

```
root@rhel6:/etc/samba
文件(F) 编辑(E) 查看(V) 搜索 (S) 终端(T) 帮助(H)
[root@rhel6 samba]# ifconfig | more
eth2      Link encap:Ethernet  HWaddr 00:0C:29:16:B0:B7
          inet addr:192.168.248.128  Bcast:192.168.248.255  Mask:255.255.255.0
          inet6 addr: fe80::20c:29ff:fe16:b0b7/64 Scope:Link
          UP BROADCAST RUNNING MULTICAST  MTU:1500  Metric:1
          RX packets:13916 errors:0 dropped:0 overruns:0 frame:0
          TX packets:6864 errors:0 dropped:0 overruns:0 carrier:0
          collisions:0 txqueuelen:1000
          RX bytes:20631599 (19.6 MiB)  TX bytes:415501 (405.7 KiB)

lo        Link encap:Local Loopback
          inet addr:127.0.0.1  Mask:255.0.0.0
          inet6 addr: ::1/128 Scope:Host
          UP LOOPBACK RUNNING  MTU:65536  Metric:1
          RX packets:8 errors:0 dropped:0 overruns:0 frame:0
          TX packets:8 errors:0 dropped:0 overruns:0 carrier:0
          collisions:0 txqueuelen:0
          RX bytes:480 (480.0 b)  TX bytes:480 (480.0 b)

[root@rhel6 samba]#
```

图 2-31

步骤 3：在终端输入“vim /etc/samba/smb.conf”，进行 Samba 服务器配置，如图 2-32 所示。

图 2-32

步骤 4：在配置界面底端添加如下命令行，然后保存并退出，如图 2-33 所示。

```
[public]
Comment= Public Stuff
Path = /public
Writable = yes
Printable = no
Write list = +staff
Hosts deny =192.168.248.禁止192.168.248.0/24网段访问（也可以禁止域）
Hosts allow = 192.168.248.128      允许地址192.168.248.128访问
```

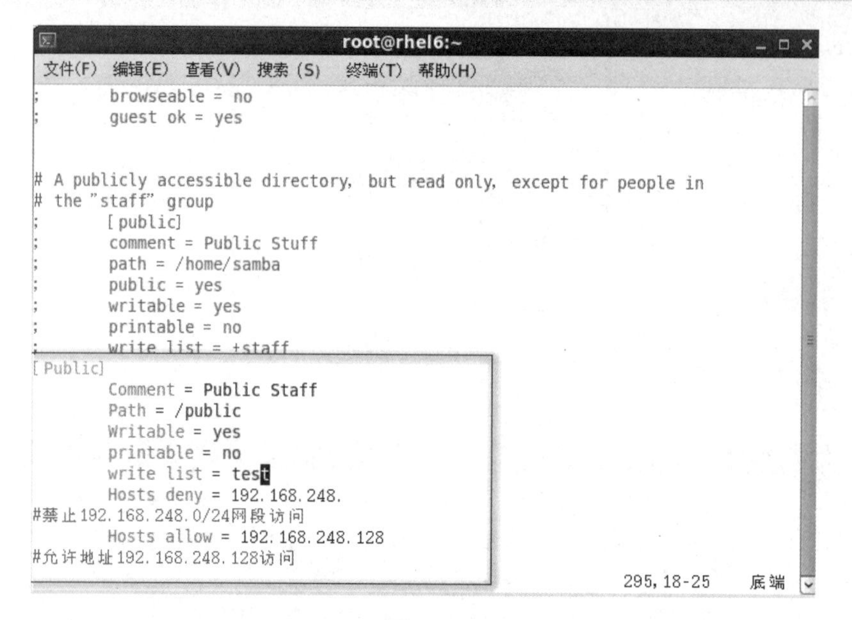

图 2-33

步骤 5：在根目录下创建文件夹 public，在文件夹中创建文件 hello，如图 2-34 所示。

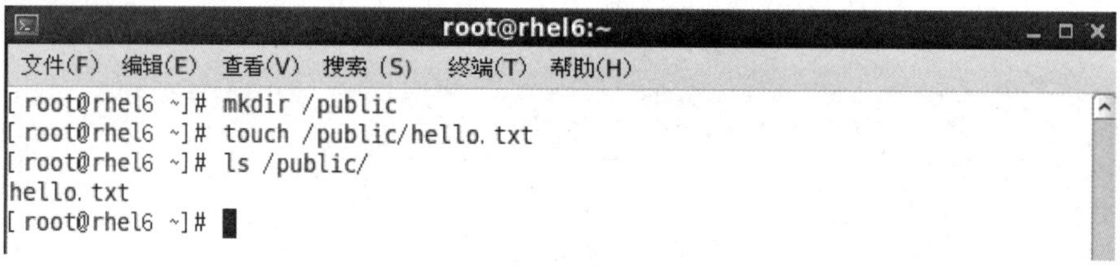

```
root@rhel6:~
文件(F) 编辑(E) 查看(V) 搜索 (S) 终端(T) 帮助(H)
[root@rhel6 ~]# mkdir /public
[root@rhel6 ~]# touch /public/hello.txt
[root@rhel6 ~]# ls /public/
hello.txt
[root@rhel6 ~]#
```

图 2-34

步骤 6：创建一个 SMB 认证用户，如图 2-35 所示。

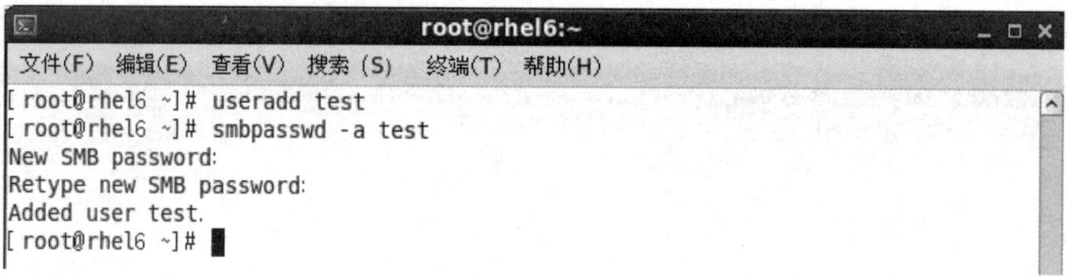

```
root@rhel6:~
文件(F) 编辑(E) 查看(V) 搜索 (S) 终端(T) 帮助(H)
[root@rhel6 ~]# useradd test
[root@rhel6 ~]# smbpasswd -a test
New SMB password:
Retype new SMB password:
Added user test.
[root@rhel6 ~]#
```

图 2-35

步骤 7：在终端输入“service smb restart”重启 SMB 服务，如图 2-36 所示。

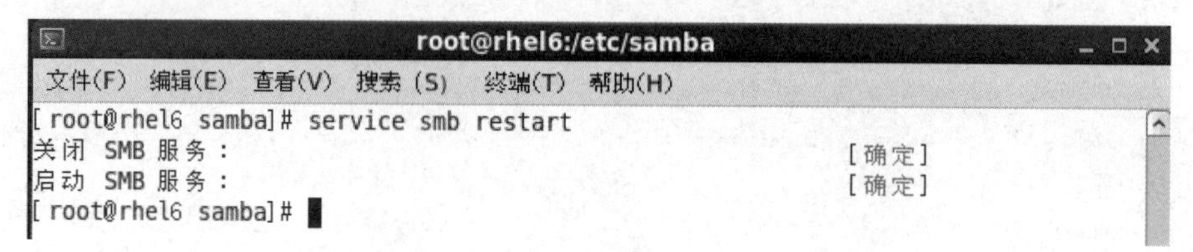

图 2-36

步骤 8：在终端输入“smbclient//192.168.248.128/public -U test%Admin123”（test%Admin123 表示账号和密码），登录到 SMB 服务器中，输入“ls”查看目录下的文件，如图 2-37 所示。

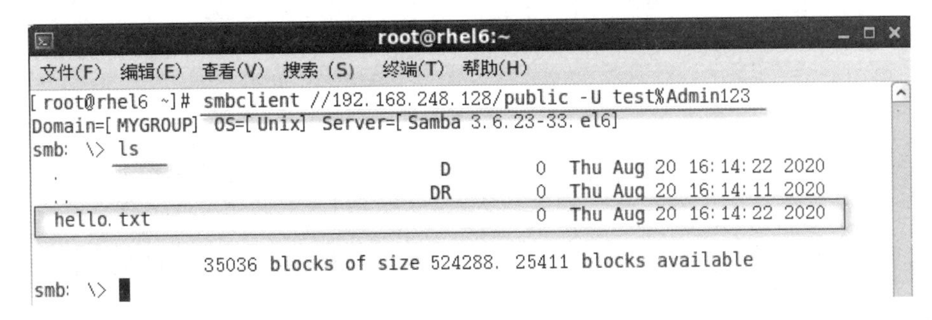

图 2-37

步骤 9：在终端输入“vim /etc/samba/smb.conf”，配置 SMB 服务器，如图 2-38 所示。

```
root@rhel6:~
文件(F) 编辑(E) 查看(V) 搜索(S) 终端(T) 帮助(H)
[root@rhel6 ~]# vim /etc/samba/smb.conf
```

图 2-38

步骤 10：将“hosts allow = 192.168.248.128”命令行删除，然后保存文件并退出，如图 2-39 所示。

```
root@rhel6:~
文件(F) 编辑(E) 查看(V) 搜索(S) 终端(T) 帮助(H)
;       browseable = no
;       guest ok = yes


# A publicly accessible directory, but read only, except for people in
# the "staff" group
;       [public]
;       comment = Public Stuff
;       path = /home/samba
;       public = yes
;       writable = yes
;       printable = no
;       write list = +staff
[Public]
        Comment = Public Staff
        Path = /public
        Writable = yes
        printable = no
        write list = test
        Hosts deny = 192.168.248.
#禁止192.168.248.0/24网段访问
~
~
:wq
```

图 2-39

步骤 11：在终端输入“service smb restart”重启 SMB 服务，如图 2-40 所示。

图 2-40

步骤 12：在终端输入“smbclient //192.168.248.128/public -U test%Admin123”时无法登录，如图 2-41 所示。

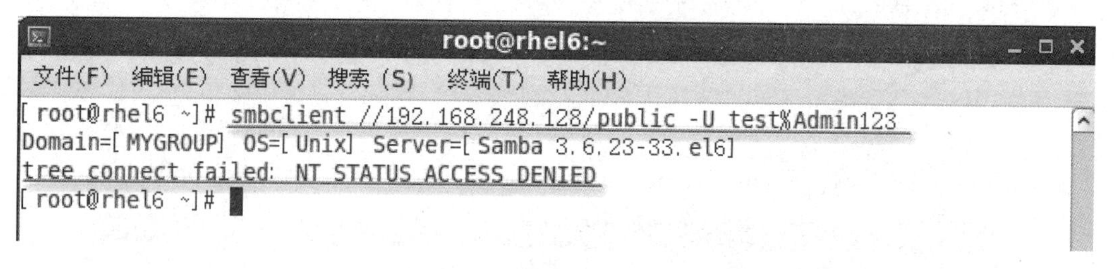

图 2-41

步骤 13：实验结束，关闭虚拟机。

★ 任务总结

使用 Samba 服务自带的主机访问控制功能，通过 hosts allow（配置允许访问的客户端）、hosts deny（配置拒绝访问的客户端）两个参数，可实现仅允许部分主机访问 Samba 服务的目的。

★ 任务练习

一、选择题

1．在 smb.conf 配置文件中，hosts allow=172.17.2. EXCEPT 172.17.2.50 作用是（　　）。

A．表示允许来自 172.17.2.*的主机访问

B．表示允许来自 172.17.2.*的主机访问，但排除 172.17.2.50 主机

C．表示不允许来自 172.17.2.*的主机访问

D．表示不允许来自 172.17.2.*的主机访问，但 172.17.2.50 可以访问

2．在 Samba 配置文件全局配置部分通过 hosts deny 指定客户端，此时客户端（　　）Samba 服务器的共享资源。

A．可以访问　　B．部分可以访问

C．无法访问　　D．不确定

3．以下（　　）可以作为 Samba 服务自带的主机访问控制匹配条件。

A．IP 地址或 IP 网段　　B．域名

C．通配符 ALL　　D．以上都包括

二、简答题（写出下列各项需求对应的访问控制语句）

1．不允许 IP 地址为 192.168.0.20 的客户端访问 Samba 服务器上的 smbtest 目录。

2．只允许 IP 地址为 192.168.0.25 的客户端访问 Samba 服务器上的 smbtest 目录。

3．不允许 192.168.0.0/24 网段，但不包括 192.168.0.99 的客户端访问 Samba 服务器上的 smbtest 目录。

4．只允许 192.168.0.0/24 网段，但不包括 192.168.0.99 的客户端访问 Samba 服务器上的 smbtest 目录。

5．在本例中，IP 地址为 192.168.0.99 的客户端可以访问 Samba 服务器上的 smbtest 目录吗？

```
[smbtest]
  path = /test
  hosts allow = 192.168.0.99
  hosts deny = 192.168.0.99
```

任务 4　用 PAM 实现用户和主机访问控制

★　任务情境

微课 10

Samba 是磐云公司局域网共享文件和打印机的重要服务，为公司日常工作提供便利。目前，Samba 服务器架设在公司信息中心内，由于搭建匆忙，未对 Samba 服务进行安全配置。现在由公司小王负责 Samba 服务的安全管理及相关策略的设置。

具体操作为：配置 Linux 系统，对 Samba 服务进行安全管理，使用 PAM 实现用户和主机访问控制。

★　任务分析

为了保证公司 Samba 服务器的安全，避免公司内部共享资源的泄露，设置主机访问控制可以使用 Samba 服务自带的主机访问控制功能，但是对特定用户在特定客户端进行控制就必须使用 PAM 模块。

★　预备知识

Samba 服务器使用完全独立于系统之外的用户认证，这样的好处是可以提高安全性，但同样也带来了一些麻烦，比如修改用户密码时既要修改该用户登录系统的密码，又要修改登录 Samba 服务器的密码。但通过 PAM 模块所提供的功能可以有效实现系统用户密码与 Samba 服务器密码的自动同步修改。

配置示例：

Samba 的配置文件为/etc/samba/smb.conf。

找到[global]区域，并在其下加入：

```
pam obey restrictions = yes
```

然后在/etc/pam.d/samba 文件中加入：

```
account required pam_access.so accessfile=/etc/mysmblogin
```

在/etc 下新建文件 mysmblogin，然后向其中写入访问控制规则，如：

```
+:user1:172.16.1
-:user2:172.16.1
```

以上控制规则即允许 user1 从 172.16.1.0 网段访问服务器 Samba 服务，拒绝 user2 从 172.16.1.0 网段访问服务器 Samba 服务。其中：

```
+为允许，-为拒绝
：中间是拒绝或允许的用户名：
```

这里拒绝的只能是网段，不能具体到主机 IP。同时，这里的访问控制规则也可以用逗号代替空格，效果是完全一样的。

★ 任务实施

步骤 1：启动 CentOS 6.8 虚拟机，进入系统桌面环境，如图 2-42 所示。

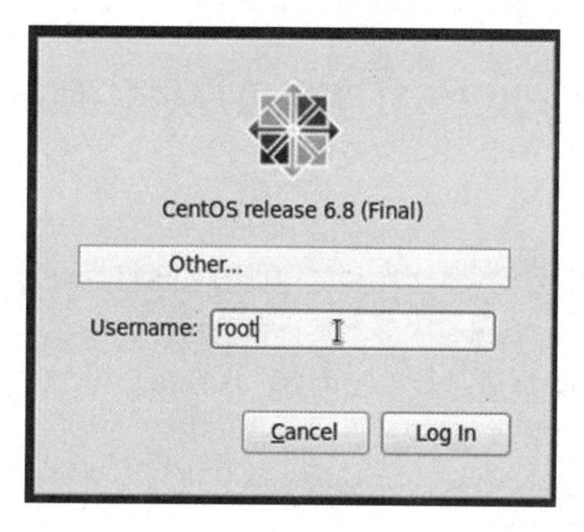

图 2-42

步骤 2：创建文件夹 myshare，进入 SMB 服务配置文件，如图 2-43 和图 2-44 所示。

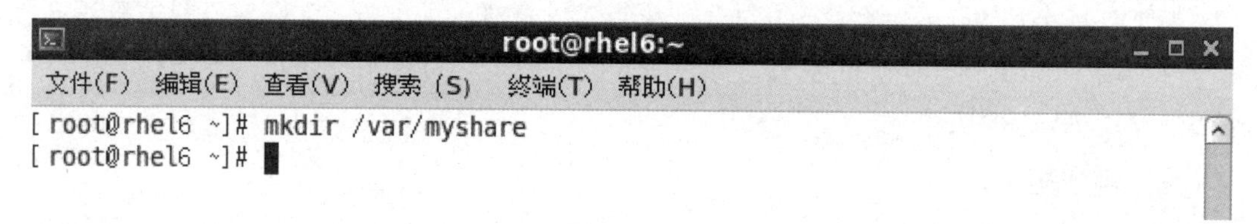

图 2-43

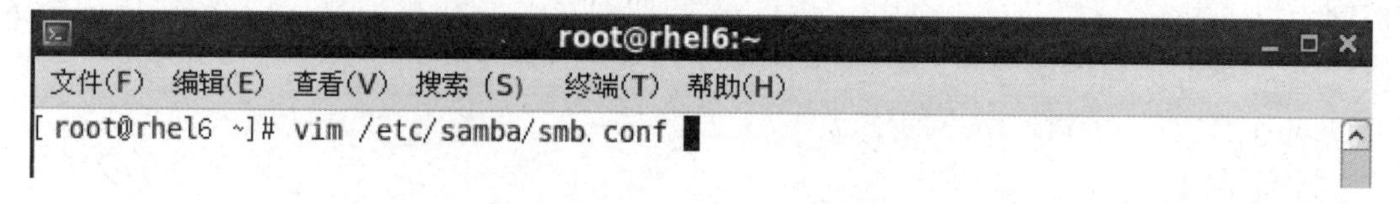

图 2-44

步骤 3：找到[global]区域，添加“obey pam restrictions = yes”命令行，使主配置文件支持 PAM 认证，如图 2-45 所示。

```
#====================== Global Settings ====================================

[global]
        obey pam restrictions = yes
        path=/var/myshare
# ----------------------- Network Related Options -------------------------
-- 插入 --                                                 59,19-26      13%
```

图 2-45

步骤 4：如图 2-46 所示，在主配置文件的文件共享区域底端添加如下命令行：

```
[myshare]
comment=myshare
path=/var/myshare
public=yes
```

```
root@rhel6:~
文件(F) 编辑(E) 查看(V) 搜索(S) 终端(T) 帮助(H)
;       path = /var/lib/samba/profiles
;       browseable = no
;       guest ok = yes


# A publicly accessible directory, but read only, except for people in
# the "staff" group
;       [public]
;       comment = Public Stuff
;       path = /home/samba
;       public = yes
;       writable = yes
;       printable = no
;       write list = +staff

[myshare]
        comment = myshare
        path = /var/myshare
        public =yes
~
```

图 2-46

步骤 5：在 Samba 认证文件/etc/pam.d/samba 中添加“Account required pam_access.so accessfile=/etc/mysmblogin”命令行，保存文件并退出编辑，如图 2-47 和图 2-48 所示。

图 2-47

步骤 6：编辑 SMB 用户登录文件，输入“vim /etc/mysmblogin”命令行，允许 test1 在 172.16.1.0/24 网段访问 myshare 文件夹，禁止 test2 在 172.16.1.0/24 网段访问 myshare 文件夹，如图 2-49 和图 2-50 所示。

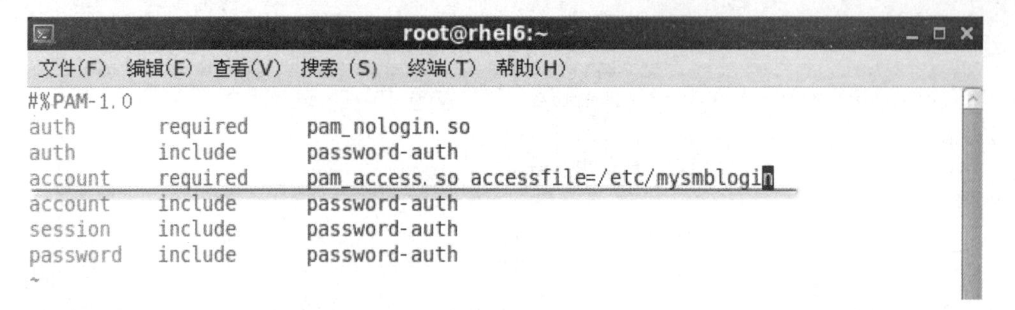

图 2-48

图 2-49

```
root@rhel6:~
文件(F) 编辑(E) 查看(V) 搜索(S) 终端(T) 帮助(H)
+: test1: 172.16.1.
-: test2: 172.16.1.
~
```

图 2-50

步骤 7：创建用户 test1 和 test2，并将用户加入 Samba 账号数据库，如图 2-51 所示。

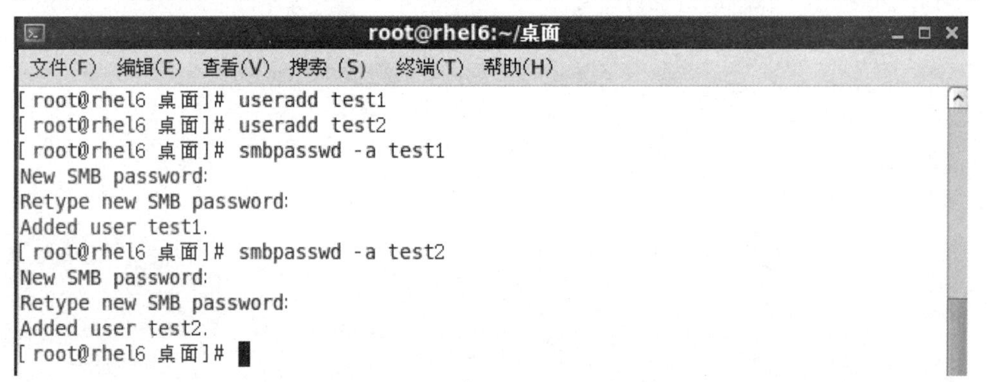

图 2-51

步骤 8：重启 SMB 服务并关闭防火墙，如图 2-52 所示。

```
root@rhel6:~/桌面
文件(F) 编辑(E) 查看(V) 搜索(S) 终端(T) 帮助(H)
[root@rhel6 桌面]# service smb restart
关闭 SMB 服务：                                   [确定]
启动 SMB 服务：                                   [确定]
[root@rhel6 桌面]# service iptables stop
iptables：将链设置为政策 ACCEPT：filter            [确定]
iptables：清除防火墙规则：                         [确定]
iptables：正在卸载模块：                           [确定]
[root@rhel6 桌面]#
```

图 2-52

步骤 9：查看本机地址，如图 2-53 所示。

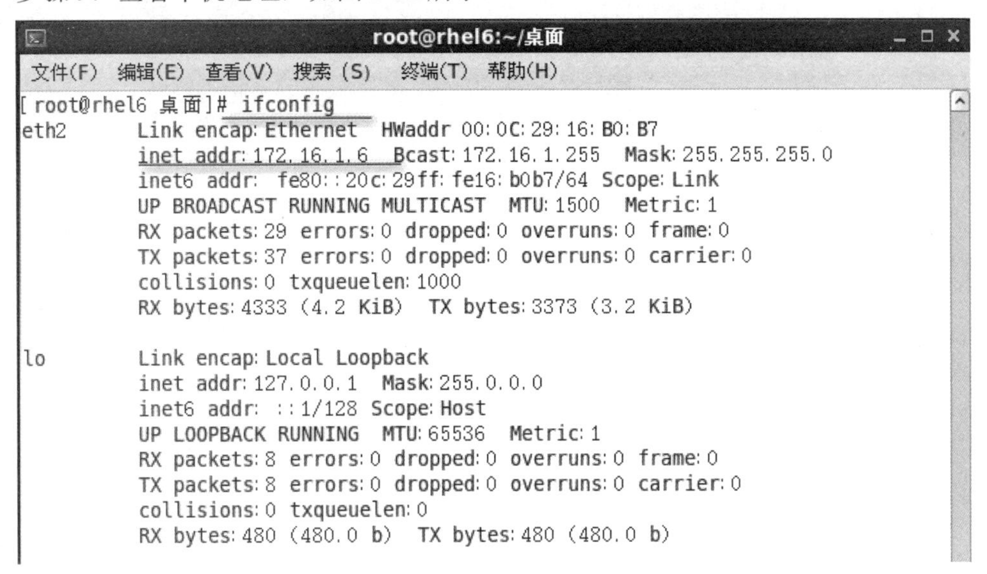

图 2-53

步骤 10：在真机 Windows 系统上进行访问测试。先打开命令指示符，输入“ipconfig”命令，查看本地地址，如图 2-54 所示。

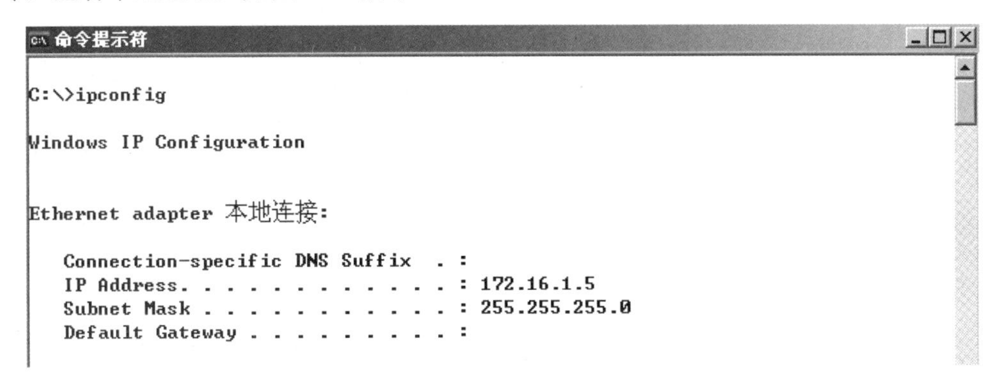

图 2-54

步骤 11：主机控制访问测试。test1 可以访问 SMB，test2 无法访问，如图 2-55～图 2-57 所示。

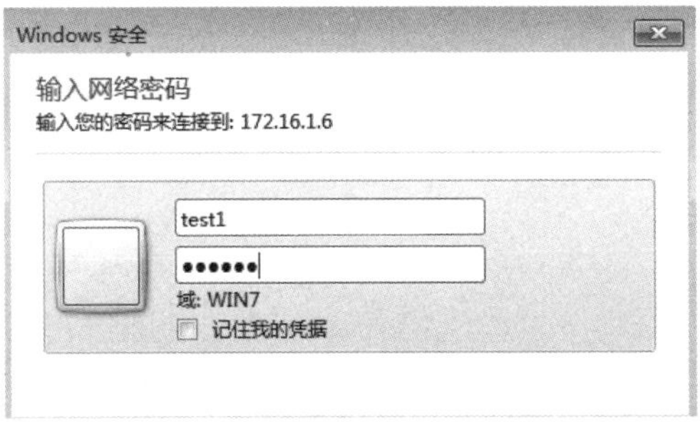

Windows 安全

输入网络密码

输入您的密码来连接到: 172.16.1.6

test1

••••••

域: WIN7

记住我的凭据

图 2-55

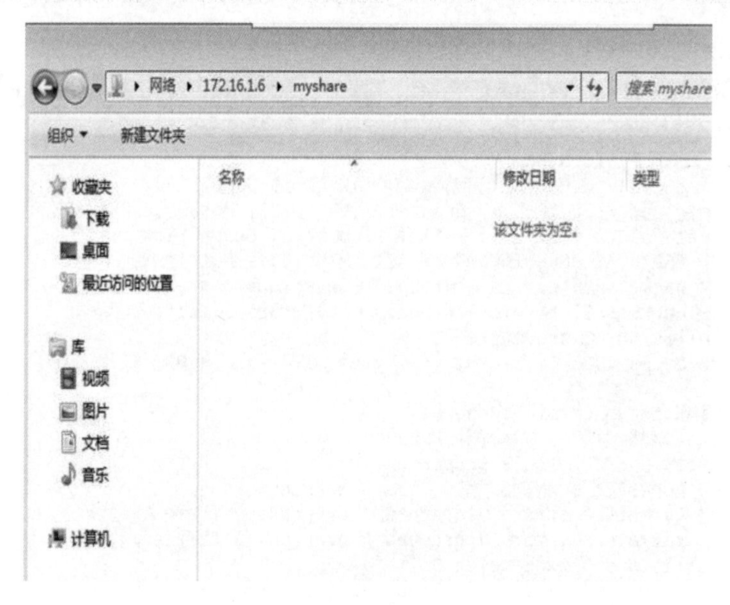

图 2-56

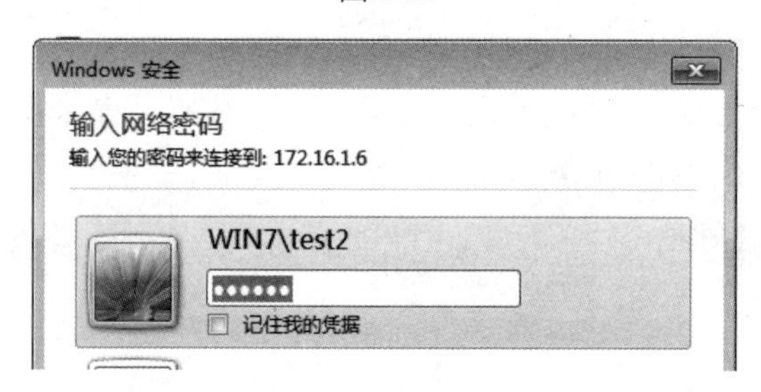

图 2-57

步骤 12：实验结束，关闭虚拟机。

★ 任务总结

Samba 服务可以通过 hosts allow、hosts deny 命令对访问的客户端进行控制，也可以使用 valid users 命令对访问用户进行控制，但如果希望对特定用户在特定客户端进行控制就必须使用 PAM 模块。

★ 任务练习

一、选择题

1．Samba 结合 PAM 认证模块，可以实现 Samba 基于用户的访问控制，假设 accessfile=/etc/mysmblogin，内容如下：

```
+:hehe:192.168.1.
-:test:192.168.1.
```

其结果是（　　）。

A．test 用户可以从 192.168.1.0/24 网段访问，hehe 用户不可以访问

B．hehe 用户可以从 192.168.1.0/24 网段访问，test 用户不可以访问

C．hehe 和 test 用户都可以从 192.168.1.0/24 网段访问

D．hehe 和 test 用户都不可以从 192.168.1.0/24 网段访问

2．PAM 实现 Smaba 服务的用户访问控制文件，内容正确的是（　　）。

A．`+:user1:192.168.256`

B．`-:user2:172.16.1.2`

C．`-:user2:172.16.1`

D．`+:user1:192.168.1.2`

二、操作题

某 Samba 服务器上存在/var/myshare 目录，用户需要访问该目录。请将其设置为共享，并配置目录共享权限进行访问验证。具体要求如下：用户 st02 可以在网段 192.168.1.0/24 中的任何一台主机上访问该共享目录，权限位读写；用户 update 则不能在网段 192.168.1.0/24 中的任何一台主机上访问该共享目录。

任务 5　为 Samba 用户建立独立配置文件

★　任务情境

微课 11

Samba 是磐云公司局域网共享文件和打印机的重要服务，为公司日常工作提供便利。目前，Samba 服务器架设在公司信息中心内，由于搭建时匆忙，未对 Samba 服务进行安全配置。现在由公司小王负责 Samba 服务的安全管理及相关策略的设置。

具体操作为：配置 Linux 系统，对 Samba 服务进行安全管理，为用户建立独立文件夹。

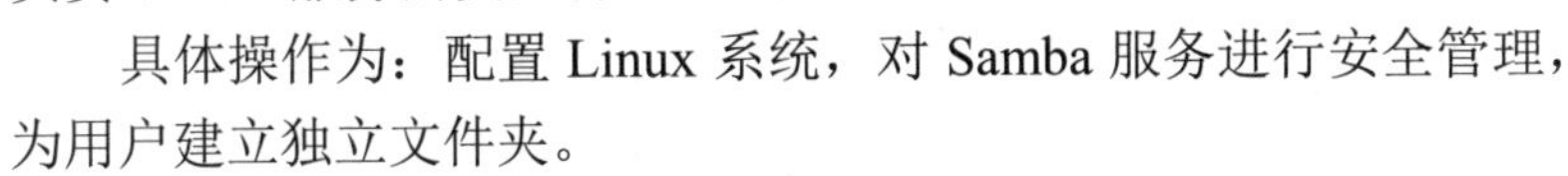

★　任务分析

公司不同的部门使用同一个 Samba 服务器，部门之间的资源共享需要隔离，所以需要为不同的部门建立各自的文件夹，达到各部门的员工只能访问本部门共享文件夹的目的。

★　预备知识

主配置文件的设置是对所有用户生效的，例如，为某共享目录设置 browseable = yes，则该共享目录对所有用户都显示。这种统一的设置无法满足企业的特殊需求，比如，希望 market 共享目录对其他人都显示，只对用户 mary 隐藏。

1．修改主配置文件

在主配置文件的[global]区域中添加下面这条语句：

```
config file = /etc/samba/%U.smb.conf
```

设置之后，Samba 服务器将读取独立配置文件“/etc/samba/%U.smb.conf”的内容，其中“%U”代表当前登录的用户。

2．为 mary 用户建立独立配置文件

将 samba 配置文件复制一份，复制的文件命名为 mary.smb.conf。

```
cp /etc/samba/smb.conf /etc/samba/mary.smb.conf
```

3．修改独立配置文件

编辑用户 mary 的独立配置文件 mary.smb.conf，在 market 共享目录中添加语句“browseable = no”。

配置目录	/etc/samba/
主配置文件	/etc/samba/smb.conf
[global]	samba 服务器的全局设置

创建一个单独的配置文件时，可以直接复制/etc/samba/smb.conf 这个文件并改名就可以了，如果为单个用户建立配置文件，命名时一定要包含用户名。

★ 任务实施

步骤 1：启动 CentOS 6.8 虚拟机，进入系统桌面环境，如图 2-58 所示。

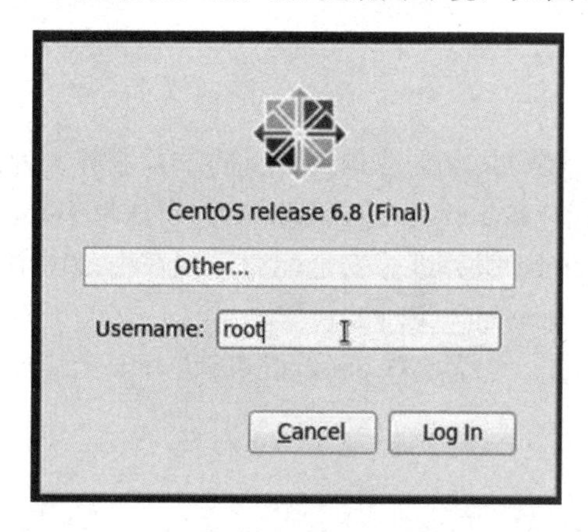

图 2-58

步骤 2：创建用户 test1、test2，并加入 SMB 服务的用户中，如图 2-59 所示。

root@rhel6:~/桌面

文件(F) 编辑(E) 查看(V) 搜索(S) 终端(T) 帮助(H)

```
[root@rhel6 桌面]# useradd test1
[root@rhel6 桌面]# useradd test2
[root@rhel6 桌面]# smbpasswd -a test1
New SMB password:
Retype new SMB password:
Added user test1.
[root@rhel6 桌面]# smbpasswd -a test2
New SMB password:
Retype new SMB password:
Added user test2.
[root@rhel6 桌面]#
```

图 2-59

步骤 3：创建文件夹，命令如图 2-60 和图 2-61 所示。

图 2-60

图 2-61

步骤 4：打开 SMB 服务器配置文件，如图 2-62 所示。

图 2-62

步骤 5：找到[global]区域，并添加如图 2-63 所示语句。

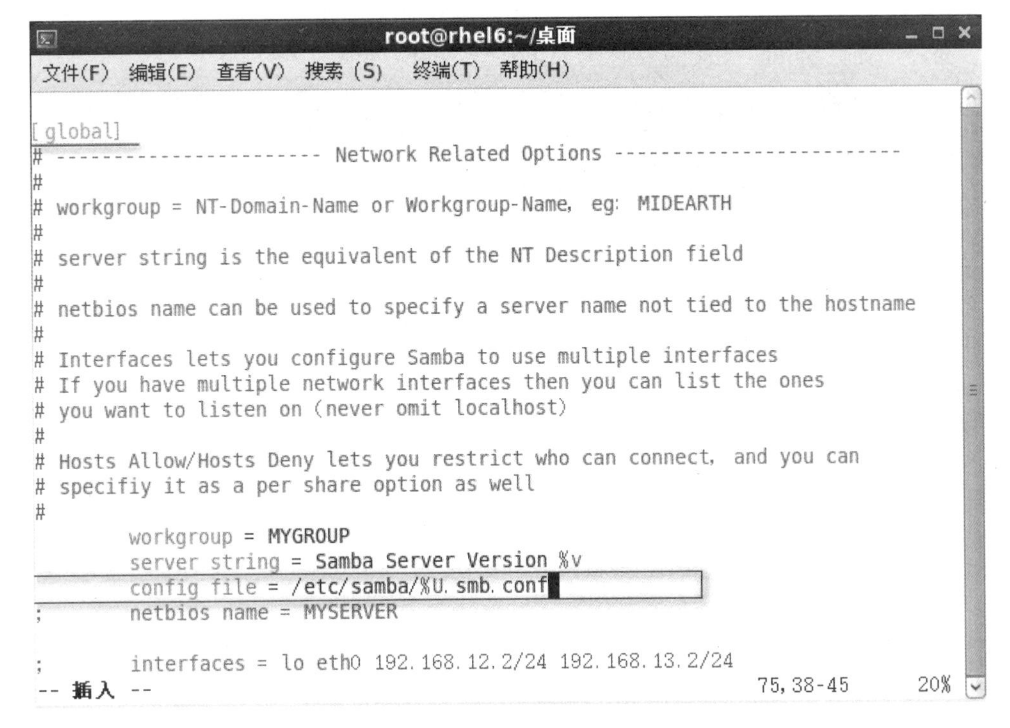

图 2-63

步骤 6：在文件底端添加如图 2-64 所示语句后并退出编辑状态。

root@rhel6:~/桌面
文件(F) 编辑(E) 查看(V) 搜索 (S) 终端(T) 帮助(H)
; path = /var/lib/samba/profiles
; browseable = no
; guest ok = yes
A publicly accessible directory, but read only, except for people in
the "staff" group
; [public]
; comment = Public Stuff
; path = /home/samba
; public = yes
; writable = yes
; printable = no
; write list = +staff
[sales]
comment = sales
path = /cmpdata/sales
valid users = @sales
write list = test2
read only = no
printable = yes
browseable = no
:wq

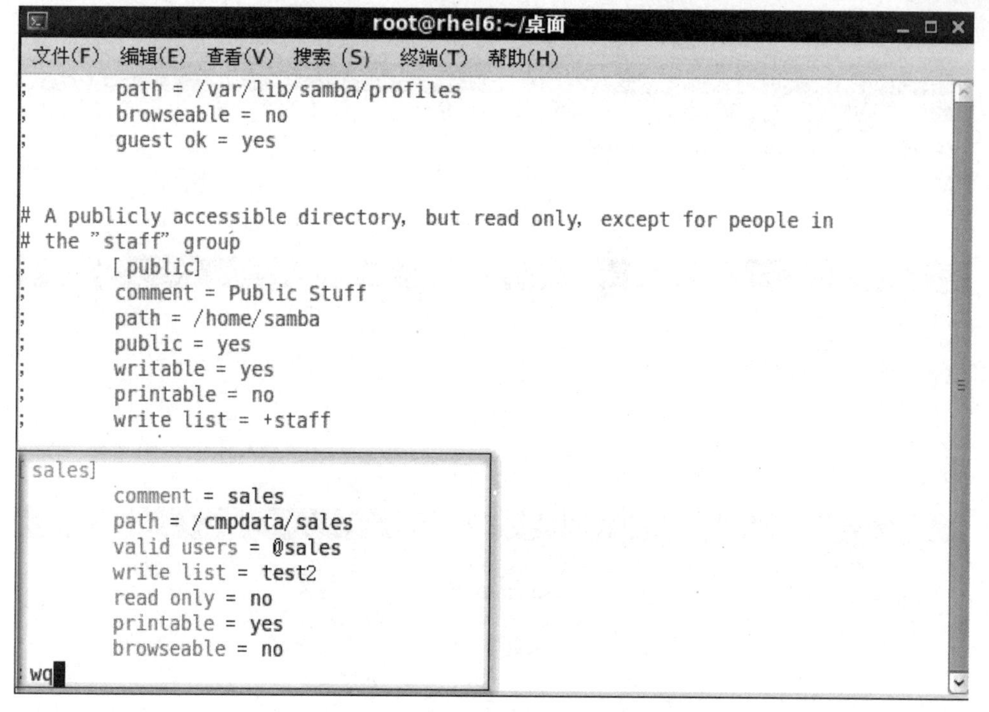

图 2-64

步骤 7：复制 Samba 主配置文件为 test2.smb.conf，如图 2-65 所示。

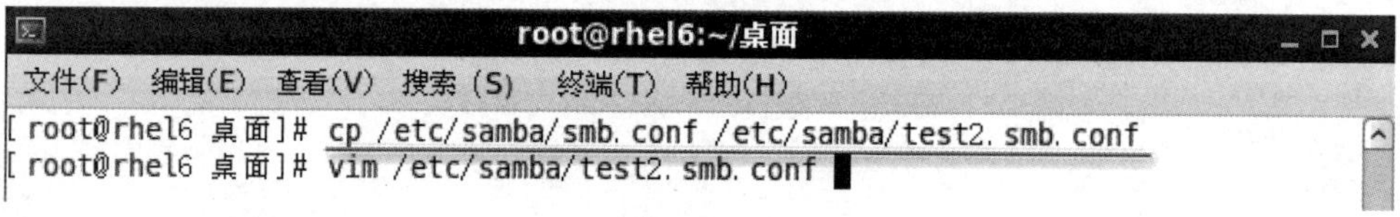

root@rhel6:~/桌面
文件(F) 编辑(E) 查看(V) 搜索 (S) 终端(T) 帮助(H)
[root@rhel6 桌面]# cp /etc/samba/smb.conf /etc/samba/test2.smb.conf
[root@rhel6 桌面]# vim /etc/samba/test2.smb.conf

图 2-65

步骤 8：在 test2.smb.conf 文件中，将“browseable = no”语句删除，保存文件并退出编辑状态，如图 2-66 所示。

[sales]
comment = sales
path = /cmpdata/sales
valid users = @sales
write list = test2
read only = no
printable = yes
296,2-9 底端

图 2-66

步骤 9：重启 SMB 服务器，命令如图 2-67 所示。

图 2-67

步骤 10：访问测试，查看 SMB 服务器的 IP 地址为 192.168.248.128，命令如图 2-68 所示。

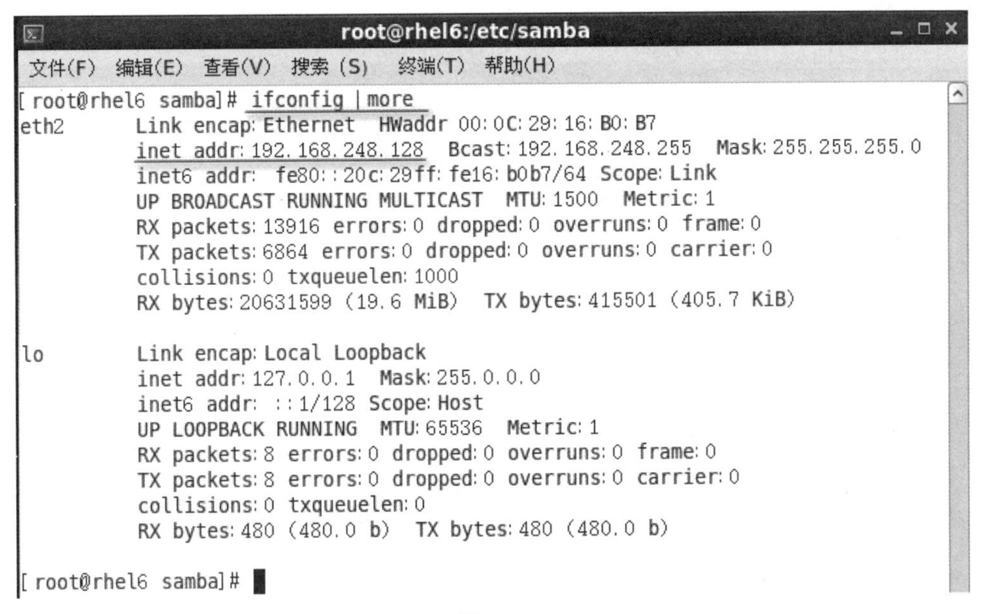

图 2-68

test1 用户使用命令“smbclient -L 192.168.248.128 -U test1%Admin123”访问，看不到 sales 共享目录。如图 2-69 所示。

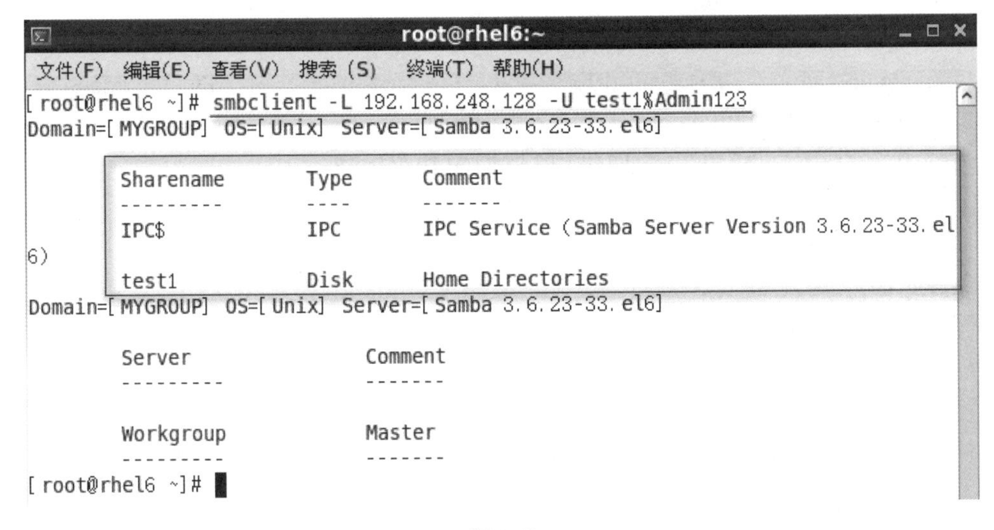

图 2-69

Test2 用户使用命令“smbclient -L 192.168.248.128 -U test2%Admin123”访问，可以看到 sales 共享目录，如图 2-70 所示。

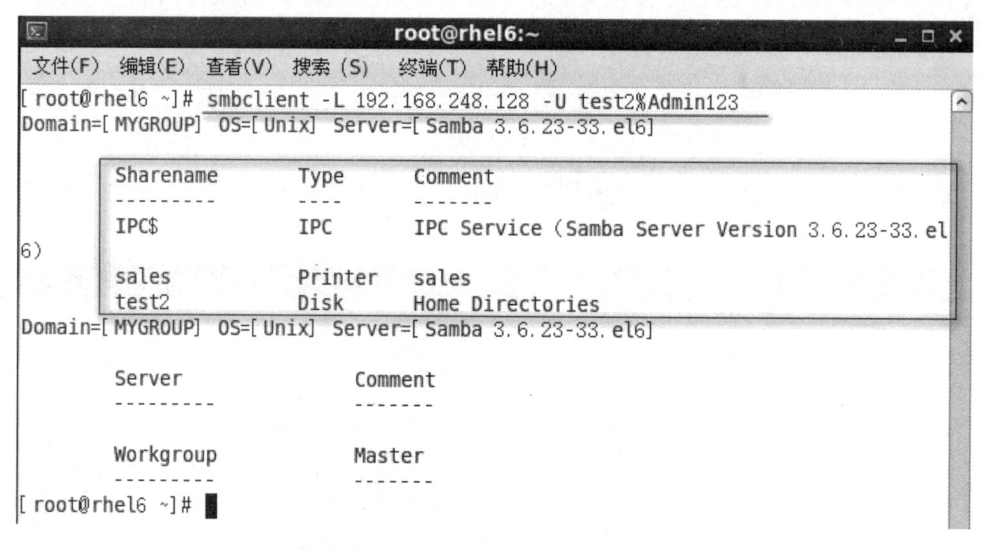

图 2-70

步骤 11：实验结束，关闭虚拟机。

★ 任务总结

通过建立各部门隔离文件夹，可实现各部门之间的共享资源完全隔离的效果，这不仅方便了各部门资源的统一管理，还保护了各部门资源的安全性。

★ 任务练习

一、选择题

1. nmbd 进程提供 NetBIOS 名称服务，以满足基于 Common Internet File System（CIFS）协议的共享访问环境。Samba 通过 nmb 服务启动 nmbd 进程，该进程默认使用的端口是（　　）。

A. udp 135　　B. udp 137　　C. tcp139　　D. tcp 445

2. Samba 服务由 smbd 和 nmbd 两个守护进程组成，smbd 服务进程为客户端提供共享文件与打印机服务，smbd 默认监听的端口是 TCP 协议的（　　）。

A. tcp 139　　B. tcp 445

C. tcp 139 和 tcp 445　　D. udp 139 和 udp 445

二、操作题

配置 Samba 服务器，在 Samba 服务器上创建一个共享目录 rules，只有 rgb 用户可以浏览并访问该目录，其他用户都不可以浏览和访问该目录（通过为 rgb 用户单独建立一个配置文件，并且让 rgb 访问的时候能够读取这个单独的配置文件即可）。

项目 2　Vsftp 服务的安全配置

➢　项目描述

磐云公司现有一台 Linux 服务器，已安装 CentOS 6.8 操作系统。公司希望将其部署为 FTP 文件服务器，为公司内部用户提供文件的上传和下载服务。另外，出于用户和数据安全考虑，要求对 FTP 服务器进行必要的安全设置。

➢　项目分析

工程师小王与团队成员共同讨论，认为对于这台服务器应该先安装 FTP 服务器，然后配置 FTP 虚拟用户、设置主机访问控制、设置用户访问控制、配置 FTP 服务器的资源限制等方面进行配置，从而完成本项目。

任务 1　构建公司 FTP 文件服务器

★　**任务情境**

磐云公司从事信息技术服务，公司设有财务部、人事部、市场部、技术部、产品部等部门。为方便公司电子化办公，提高工作效率，计划搭建 FTP 服务器，为员工提供相关文档的上传和下载服务。小王作为负责 FTP 服务的维护人员，需要对公司的 FTP 服务器进行相关配置。

微课 12

具体要求如下：准备一台 Linux 服务器，安装 Vsftpd 软件包，实现公司员工通过授权登录 FTP 服务器，可以上传、下载数据，本地用户登录禁锢在 FTP 根目录。

★　**任务分析**

Linux 系统下的 Vsftpd 服务默认是匿名访问，本任务需要禁用匿名访问，同时用户要能够上传数据，需要考虑 vsftp 配置文件权限设置及文件夹自身权限。

★　**预备知识**

1．**FTP 服务基础知识**

（1）FTP 协议概述。

FTP（File Transfer Protocol）即文件传输协议，是一种基于 TCP 的协议，采用客户/服务器模式。

FTP 是用于在两台计算机之间传输文件的协议，是 Internet 中应用非常广泛的服务之一。它可根据实际需要设置各用户的使用权限，同时还具有跨平台的特性，即在 UNIX、Linux 和 Windows 等操作系统中都可实现 FTP 客户端和服务器进行跨平台文件的传输。因此，FTP 服务是网络中经常采用的资源共享方式之一。通过 FTP 协议，用户可以在 FTP 服务器中进行文件的上传或下载等操作。

（2）FTP 的连接模式。

FTP 服务需要使用两个端口：一个是控制连接端口（默认为 TCP 21 端口），专用于在客户机与服务器之间传递指令；另一个是数据传输端口（端口号的选择依赖于控制连接上的命令），专用于在客户机与服务器之间建立数据传输通道，进行上传、下载数据的操作。

对于 FTP 服务器而言，FTP 的连接模式有两种：主动模式和被动模式，如图 2-71 所示。

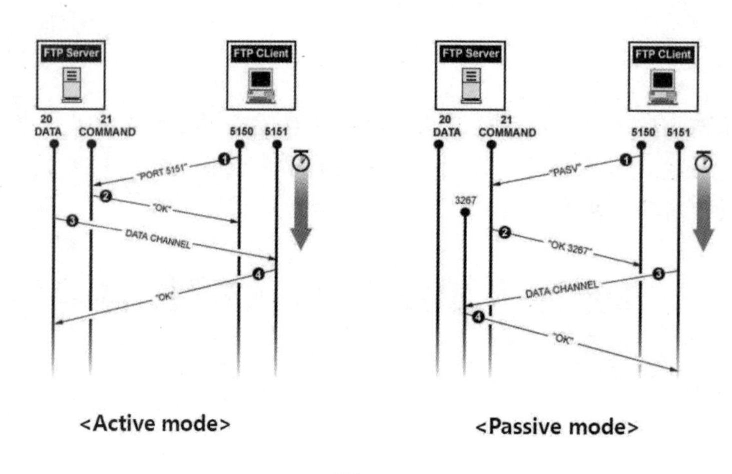

图 2-71

主动模式，即 Port 模式，是由 FTP 服务器主动连接至客户机建立数据链路。如图 2-71 左侧所示，FTP 客户机首先和 FTP 服务器的 TCP 21 端口建立连接，通过这个通道发送命令。当客户机需要传输数据时，首先在这个通道上发送 PORT 命令。PORT 命令包含了客户机将使用什么端口进行传输数据的信息。之后 FTP 服务器通过自己的 TCP 20 端口主动连接至客户机的这个指定端口来传输数据。

被动模式，即 PASV 模式，是 FTP 服务器告诉给客户端自己使用的数据连接端口，然后等待客户机来连接从而建立数据链路。被动模式建立控制连接的过程与主动模式类似，但连接建立后发送的不是 PORT 命令，而是 PASV 命令，如图 2-71 右侧所示。FTP 服务器收到 PASV 命令后，随机打开一个空闲的高端端口（数字大于 1024）作为数据传输端口，之后服务器被动地等待客户端连接至指定端口进行数据的传输。

总之，在 FTP 客户机连接服务器的整个过程中，控制通道是一直保持连接的，而数据通道是在每次数据传输之前临时建立的。被动模式下要求服务器开放一个随机端口传输数据，而主动模式只需要服务器开放 20 号端口。在企业生产环境中，FTP 服务器一般被设置为被动模式（FTP 服务器事先定义好客户机需要连接的数据端口号，并为这些数据端口在 FTP 服务器的防火墙策略中添加白名单）。

思考：为什么 FTP 主动模式不适合生产环境使用？

2．FTP 服务器软件

在 Windows 系统中，常见的 FTP 服务器软件包括 FileZilla Sener、Serv-U、IIS 等；而在 Linux 系统中，Vsftpd 是目前在 Linux/UNIX 领域应用十分广泛的一款 FTP 服务软件。

Vsftpd 服务的名称来源于“Very Secure FTP Daemon”，该软件针对安全性做了大量的设计。除了安全性以外，Vsftpd 在速度和稳定性方面的表现也相当突出，大约可以支持 15000 个用户并发连接。

3．Vsftpd 服务支持的用户类型

（1）匿名用户。

匿名用户有 anonymous 和 ftp，提供任意密码（包括空密码）都可以通过服务器的验证，一般用于提供公共文件的下载。

（2）本地用户。

直接使用本地的系统用户，其账号名称、密码等信息保存在 passwd、shadow 文件中。

（3）虚拟用户。

使用独立的账号/密码数据文件，将 FTP 账户与系统账户的关联性降至最低，可以为系统提供更好的安全性。

4．Vsftpd 配置文件的主要语句

（1）进程类别优化语句。

listen=YES/NO，设置独立进程控制 Vsftpd。

（2）登录和访问控制选项优化语句。

① anonymous_enable=YES/NO，允许/禁止匿名用户登录。

② banned_email_file=/etc/vsftpd/vsftpd.banned_emails，允许/禁止邮件的使用的存放路径和目录。

配合使用语句：deny_email_enable=YES/NO，允许/禁止匿名用户使用邮件作为密码。

③ banner_file=/etc/vsftpd/banner_file，在文件 banner_file 添加欢迎词。

④ cmds_allowed=HELP,DIR,QUIT，列出被允许使用的 FTP 命令。

⑤ ftpd_banner=welcome to ftp server，和③相似，是屏幕欢迎词。

⑥ local_enable=YES/NO，允许/禁止本地用户登录。

⑦ pam_service_name=vsftpd，使用 PAM 模块进行 FTP 客户端的验证。

⑧ userlist_deny=YES/NO，允许/禁止文件列表 user_list 的用户访问 FTP 服务器。

配合使用语句：userlist_file=/etc/vsftpd/user_list，用户列表文件。

配合使用语句：userlist_enable=YES/NO，激活/失效第 8 条的功能。

⑨ tcp_wrappers=YES/NO，启用/不启用 tcp_wrappers 控制服务访问的功能。

（3）匿名用户选项的优化语句。

① anon_mkdir_write_enable=YES/NO，允许/禁止匿名用户创建目录、删除文件。

② anon_root=/path/to/file，设置匿名用户的根目录，默认路径是/var/ftp/（可自行修改）。

③ anon_upload_enable=YES/NO，允许/禁止匿名用户上传。

④ anon_world_readable_only=YES/NO，禁止/允许匿名用户浏览目录和下载。

⑤ ftp_username=anonftpuser，把匿名用户绑定到系统用户名。

⑥ no_anon_password=YES/NO，不需要/需要匿名用户的登录密码。

（4）本地用户选项的优化语句。

① chmod_enable=YES/NO，允许/禁止本地用户修改文件权限。

② chroot_list_enable=YES/NO，启用/不启用禁锢本地用户在家目录。

③ chroot_list_file=/path/to/file，建立禁锢用户列表文件，一行一个用户。

④ guest_enable=YES/NO，激活/不激活虚拟用户。

⑤ guest_username=系统实体用户，把虚拟用户绑定在某个实体用户上。

⑥ local_root=/path/to/file，指定或修改本地用户的根目录。

⑦ local_umask=具体权位数字，设置本地用户新建文件的权限。

⑧ user_config_dir=/path/to/file，激活虚拟用户的主配置文件。

（5）目录选项的优化语句。

text_userdb_names=YES/NO，启用/禁用用户的名称取代用户的 UID。

（6）文件传输选项优化语句。

① chown_uploads=YES/NO，启用/禁用修改匿名用户上传文件的权限。

配合使用语句：chown_username=账户，指定匿名用户上传文件的所有者。

② write_enable=YES/NO，启用/禁止用户的写权限。

③ max_clients=数字，设置 FTP 服务器同一时刻最大的连接数。

④ max_per_ip=数字，设置每个 IP 地址的最大连接数。

（7）网络选项的优化语句。

① anon_max_rate=数字，设置匿名用户最大的下载速率（单位字节）。

② local_max_rate=数字，设置本地用户最大的下载速率。

更多 vsftpd.conf 文件配置语句参考/usr/share/man/man5/vsftpd.conf.5.gz 文件。

★ 任务实施

步骤 1：安装并测试默认 Vsftpd 设置。

（1）登录 CentOS 6.8，如图 2-72 所示。

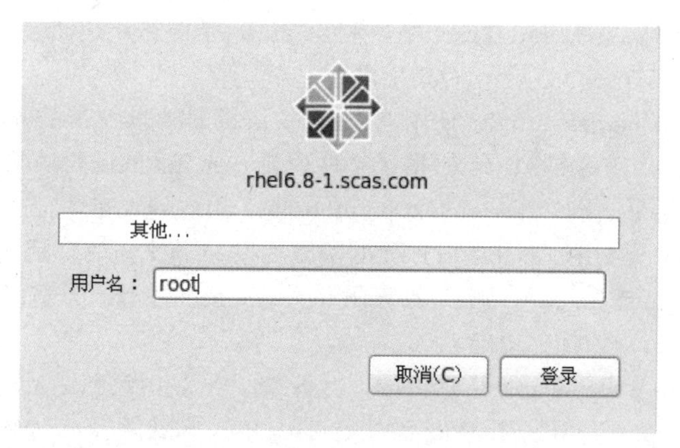

图 2-72

（2）挂载系统 ISO 文件，查看并安装 Vsftpd 软件包，如图 2-73 所示。

（3）启动 Vsftpd 服务，如图 2-74 所示。

（4）查看默认配置文件，如图 2-75 所示。

（5）为便于测试，暂时关闭防火墙和 SELinux，如图 2-76 所示。

（6）验证匿名访问效果，如图 2-77 所示。

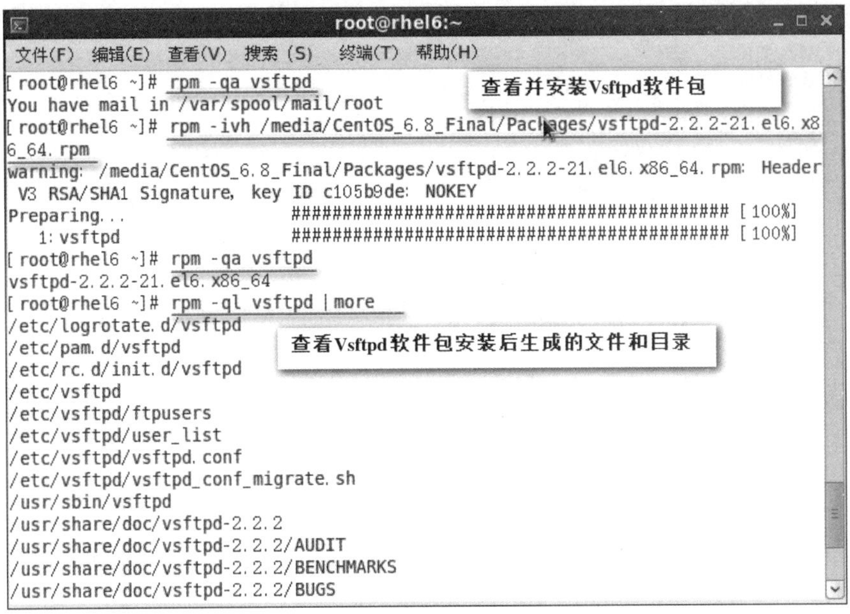

```
root@rhel6:~
文件(F) 编辑(E) 查看(V) 搜索(S) 终端(T) 帮助(H)
[root@rhel6 ~]# rpm -qa vsftpd
You have mail in /var/spool/mail/root
[root@rhel6 ~]# rpm -ivh /media/CentOS_6.8_Final/Packages/vsftpd-2.2.2-21.el6.x8
6_64.rpm
warning: /media/CentOS_6.8_Final/Packages/vsftpd-2.2.2-21.el6.x86_64.rpm: Header
 V3 RSA/SHA1 Signature, key ID c105b9de: NOKEY
Preparing...                ########################################### [100%]
   1:vsftpd                 ########################################### [100%]
[root@rhel6 ~]# rpm -qa vsftpd
vsftpd-2.2.2-21.el6.x86_64
[root@rhel6 ~]# rpm -ql vsftpd |more
/etc/logrotate.d/vsftpd
/etc/pam.d/vsftpd
/etc/rc.d/init.d/vsftpd
/etc/vsftpd
/etc/vsftpd/ftpusers
/etc/vsftpd/user_list
/etc/vsftpd/vsftpd.conf
/etc/vsftpd/vsftpd_conf_migrate.sh
/usr/sbin/vsftpd
/usr/share/doc/vsftpd-2.2.2
/usr/share/doc/vsftpd-2.2.2/AUDIT
/usr/share/doc/vsftpd-2.2.2/BENCHMARKS
/usr/share/doc/vsftpd-2.2.2/BUGS
```

查看并安装Vsftpd软件包

查看Vsftpd软件包安装后生成的文件和目录

图 2-73

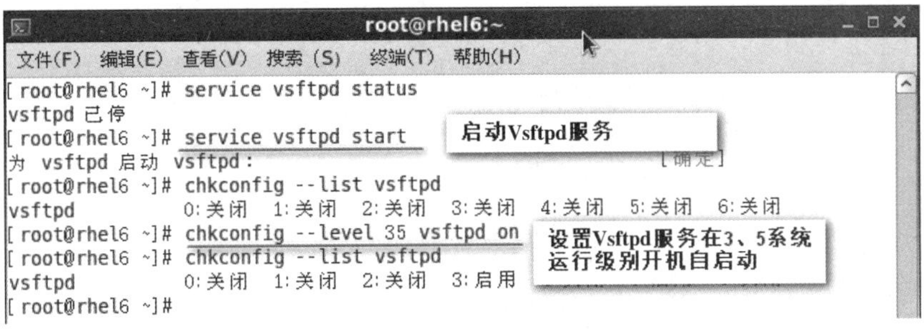

```
root@rhel6:~
文件(F) 编辑(E) 查看(V) 搜索(S) 终端(T) 帮助(H)
[root@rhel6 ~]# service vsftpd status
vsftpd 已停
[root@rhel6 ~]# service vsftpd start
为 vsftpd 启动 vsftpd：                                    [确定]
[root@rhel6 ~]# chkconfig --list vsftpd
vsftpd          0:关闭  1:关闭  2:关闭  3:关闭  4:关闭  5:关闭  6:关闭
[root@rhel6 ~]# chkconfig --level 35 vsftpd on
[root@rhel6 ~]# chkconfig --list vsftpd
vsftpd          0:关闭  1:关闭  2:关闭  3:启用
[root@rhel6 ~]#
```

启动Vsftpd服务

设置Vsftpd服务在3、5系统运行级别开机自启动

图 2-74

```
root@rhel6:~
文件(F) 编辑(E) 查看(V) 搜索(S) 终端(T) 帮助(H)
# Example config file /etc/vsftpd/vsftpd.conf
#
# The default compiled in settings are fairly paranoid. This sample file
# loosens things up a bit, to make the ftp daemon more usable.
# Please see vsftpd.conf.5 for all compiled in defaults.
#
# READ THIS: This example file is NOT an exhaustive list of vsftpd options.
# Please read the vsftpd.conf.5 manual page to get a full idea of vsftpd's
# capabilities.
#
# Allow anonymous FTP? (Beware - allowed by default if you comment this out).
anonymous_enable=YES
#
# Uncomment this to allow local users to log in.
local_enable=YES
#
# Uncomment this to enable any form of FTP write command.
write_enable=YES
#
# Default umask for local users is 077. You may wish to change this to 022,
# if your users expect that (022 is used by most other ftpd's)
local_umask=022
#
                                                    1,1           顶端
```

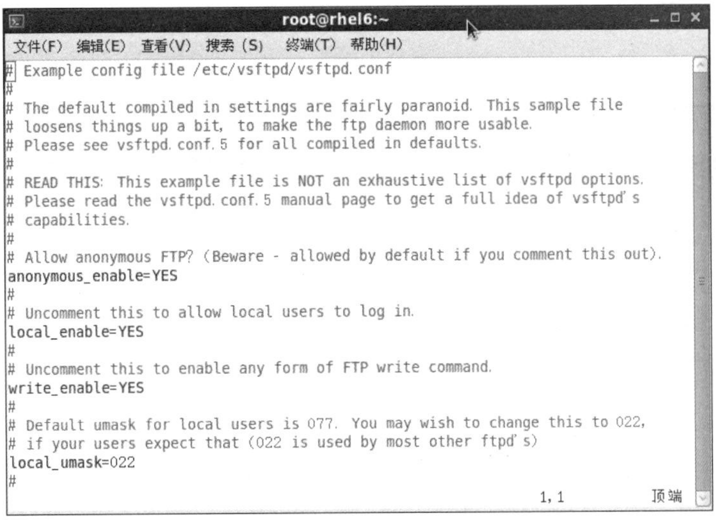

图 2-75

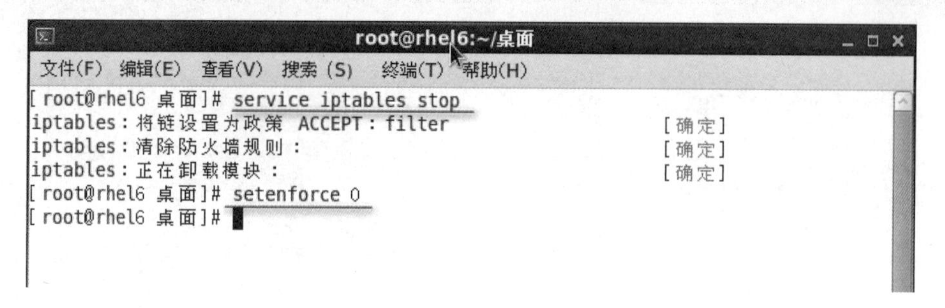

图 2-76

图 2-77

步骤 2：允许员工通过账号登录 FTP 服务器进行上传、下载操作。

（1）创建上传目录，设置权限，如图 2-78 所示。

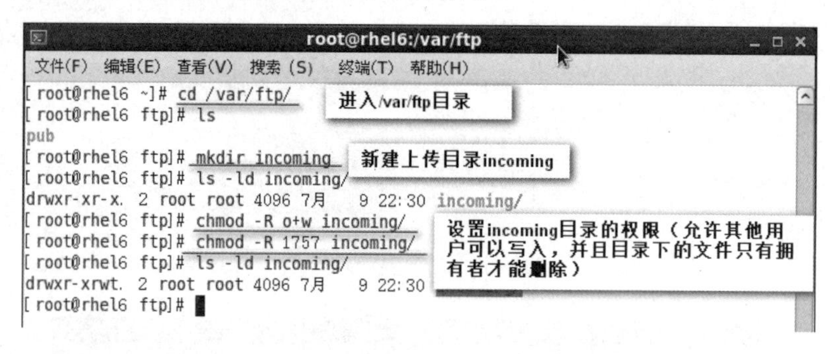

图 2-78

（2）添加 FTP 用户和用户组，如图 2-79 所示。

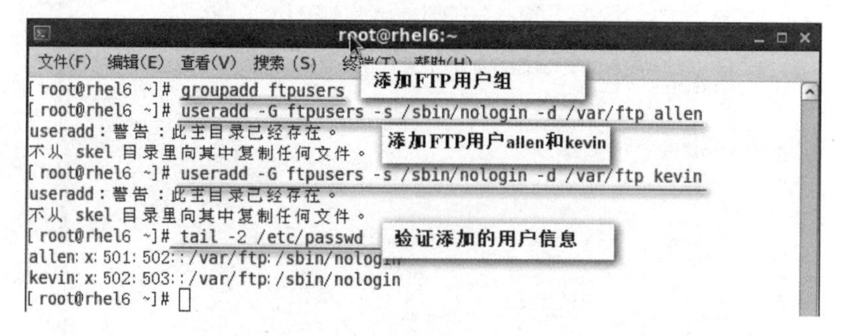

图 2-79

（3）禁止匿名访问，如图 2-80 所示。

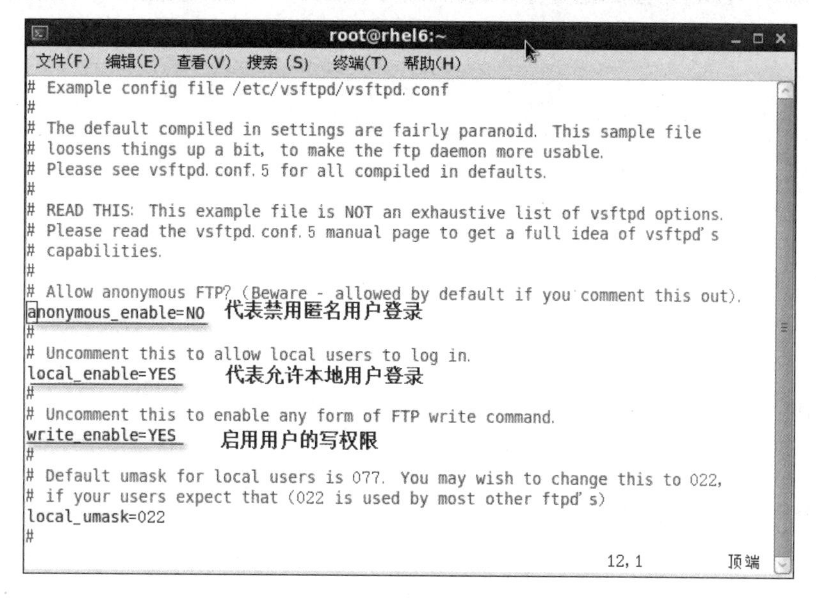

图 2-80

（4）重启服务并验证，如图 2-81 和图 2-82 所示。

图 2-81

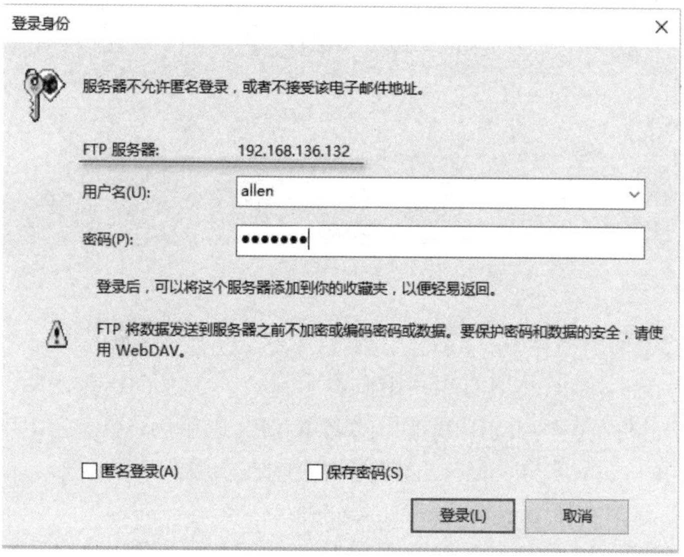

图 2-82

（5）创建“项目规划”文件夹，如图 2-83 所示。

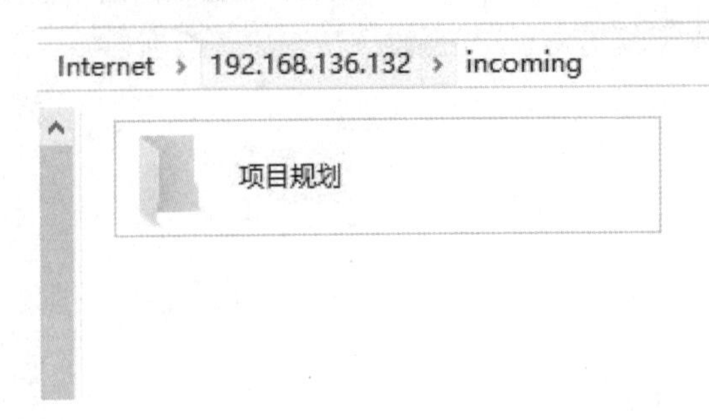

图 2-83

用户能够“创建文件夹”，表明具有数据写入的权限。

（6）尝试命令行访问，如图 2-84 所示。

```
C:\Windows\system32\cmd.exe - ftp 192.168.136.132

C:\Users\Allen>ftp 192.168.136.132
连接到 192.168.136.132。
220 (vsFTPd 2.2.2)
200 Always in UTF8 mode.
用户(192.168.136.132:(none)): allen
331 Please specify the password.
密码:
230 Login successful.
ftp> ls
200 PORT command successful. Consider using PASV.
150 Here comes the directory listing.
incoming
pub
226 Directory send OK.
ftp: 收到 18 字节，用时 0.00秒 18000.00千字节/秒。
ftp> cd incoming
250 Directory successfully changed.
ftp> mkdir folder2019
257 "/var/ftp/incoming/folder2019" created
ftp> cd /       allen用户可以跳出FTP默认主目录
250 Directory successfully changed.
ftp> ls
200 PORT command successful. Consider using PASV.
150 Here comes the directory listing.
bin
boot
dev
etc
```

图 2-84

步骤 3：禁锢本地用户在 ftp 主目录，如图 2-85 所示。

Chroot_local_user //是否将所有用户限制在主目录，YES 为启用，NO 为禁用。

chroot_list_enable //是否启动限制用户的名单 YES 为启用，NO 为禁用。

chroot_list_file=/etc/vsftpd/chroot_list //是否限制在主目录下的用户名单，至于是限制名单还是排除名单，这取决于 chroot_local_user 的值。

添加 allen 用户至 chroot_list 文件，重启 Vsftpd 服务，如图 2-86 所示。

再次验证 FTP 用户能否跳出 FTP 主目录，如图 2-87 所示。

```
root@rhel6:~
文件(F) 编辑(E) 查看(V) 搜索(S) 终端(T) 帮助(H)
#ascii_download_enable=YES
#
# You may fully customise the login banner string:
#ftpd_banner=Welcome to blah FTP service.
#
# You may specify a file of disallowed anonymous e-mail addresses. Apparently
# useful for combatting certain DoS attacks.
#deny_email_enable=YES
# (default follows)
#banned_email_file=/etc/vsftpd/banned_emails
#
# You may specify an explicit list of local users to chroot() to their home
# directory. If chroot_local_user is YES, then this list becomes a list of
# users to NOT chroot().
chroot_local_user=YES
chroot_list_enable=YES
# (default follows)
chroot_list_file=/etc/vsftpd/chroot_list
#
# You may activate the "-R" option to the builtin ls. This is disabled by
# default to avoid remote users being able to cause excessive I/O on large
# sites. However, some broken FTP clients such as "ncftp" and "mirror" assume
# the presence of the "-R" option, so there is a strong case for enabling it.
                                                        100,1          84%
```

图 2-85

```
root@rhel6:~
文件(F) 编辑(E) 查看(V) 搜索(S) 终端(T) 帮助(H)
[root@rhel6 ~]# vim /etc/vsftpd/vsftpd.conf
[root@rhel6 ~]# vim /etc/vsftpd/chroot_list
[root@rhel6 ~]# cat /etc/vsftpd/chroot_list
allen
[root@rhel6 ~]# service vsftpd restart
关闭 vsftpd:                                              [确定]
为 vsftpd 启动 vsftpd:                                    [确定]
[root@rhel6 ~]# 
```

图 2-86

```
C:\Windows\system32\cmd.exe - ftp 192.168.136.132
C:\Users\Allen>ftp 192.168.136.132
连接到 192.168.136.132。
220 (vsFTPd 2.2.2)
200 Always in UTF8 mode.
用户(192.168.136.132:(none)): kevin
331 Please specify the password.
密码:
230 Login successful.
ftp> cd /
250 Directory successfully changed.
ftp> ls
200 PORT command successful. Consider using PASV.
150 Here comes the directory listing.
incoming
pub                      kevin切换到根目录，内容没变化
226 Directory send OK.
ftp: 收到 18 字节，用时 0.00秒 18000.00千字节/秒。
ftp> quit
221 Goodbye.

C:\Users\Allen>ftp 192.168.136.132
连接到 192.168.136.132。
220 (vsFTPd 2.2.2)
200 Always in UTF8 mode.
用户(192.168.136.132:(none)): allen
331 Please specify the password.
密码:
230 Login successful.
ftp> cd /
250 Directory successfully changed.
ftp> ls
200 PORT command successful. Consider using PASV.
150 Here comes the directory listing.
bin
boot                 allen用户切换到根目录，内容发生变化
dev
```

图 2-87

实验结束，关闭虚拟机。

★ **任务总结**

通过本任务的学习，我们能够搭建一台 FTP 服务器，为员工提供相关文档的上传和下载服务。

★ **任务练习**

一、选择题

1．关于 FTP 协议，下面的描述中不正确的是（　　）。

A．FTP 协议使用多个端口号　　B．FTP 可以上传文件，也可以下载文件

C．FTP 报文通过 UDP 报文传送　　D．FTP 是应用层协议

2．下列选项中，关于 FTP 的说法不正确的是（　　）。

A．FTP 采用了客户机/服务器模式

B．客户机和服务器之间利用 TCP 连接

C．目前大多数 FTP 匿名服务允许用户上传和下载文件

D．目前大多数提供公共资料的 FTP 服务器都提供匿名 FTP 服务

3．FTP 的端口为（　　）。

A．21 端口为数据端口　　B．20 端口为控制端口

C．21 端口为控制端口　　D．20 端口为数据端口

4．从 FTP 服务器上下载学习资源，FTP 服务器的 IP 为 10.150.2.41，在浏览器地址栏中应输入（　　）。

A．http://10.150.2.41　　B．10.150.2.41

C．http://ftp://10.150.2.41　　D．ftp://10.150.2.41

5．常见 FTP 客户端软件不包含（　　）。

A．FlashFXP　　B．CuteFTP　　C．FlashGet　　D．资源浏览器

二、简答题

1．FTP 文件服务器和文件共享服务器有什么异同？

2．FTP 服务器的主、被动模式有什么区别？各适用于什么场景？

任务 2　FTP 虚拟用户配置

★ **任务情境**

微课 13

磐云公司为了宣传最新的产品信息，计划搭建 FTP 服务器，为客户提供相关文档的下载。对所有互联网用户开放共享目录，允许下载产品信息，但禁止数据上传。公司的合作伙伴能够使用 FTP 服务器进行上传和下载，但不可以删除数据。小王作为负责 FTP 服务的维护人

员，需要对公司的 FTP 服务进行一些安全管理。具体操作为：配置 Linux 系统，对 Vsftpd 进行安全管理，在 FTP 服务器中配置虚拟用户。

★　**任务分析**

要想达到多个用户同时访问某一个目录，且各用户对同一目录的文件又有着不同的访问权限，只能通过 Vsftpd 中的虚拟用户来进行设定，普通的用户无法达到这样的效果。

★　**预备知识**

Vsftpd 的服务进程	命令
Vsftpd 的配置文件	/etc/vsftpd/vsftpd.conf
Vsftpd 的用户文件	/etc/vsftpd/ftpusers

虚拟用户的特点是只能访问服务器为其提供的 FTP 服务，而不能访问系统的其他资源。所以，如果想让用户对 FTP 服务器站内具有写权限，但又不允许访问系统其他资源，这时可以使用虚拟用户来提高系统的安全性。在 Vsftpd 中，认证这些虚拟用户使用的是单独的口令库文件（pam_userdb），由可插入认证模块（PAM）认证。这种方式更加安全，并且配置更加灵活。

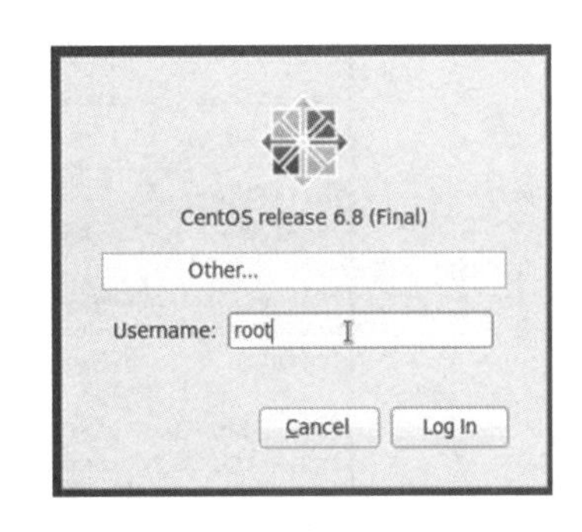

图 2-88

★　**任务实施**

步骤 1：打开 CentOS 6.8 虚拟机，进入系统桌面环境，如图 2-88 所示。

步骤 2：在桌面空白处单击鼠标右键，在弹出的快捷菜单中选择“Open in Terminal”选项，如图 2-89 所示，打开终端。

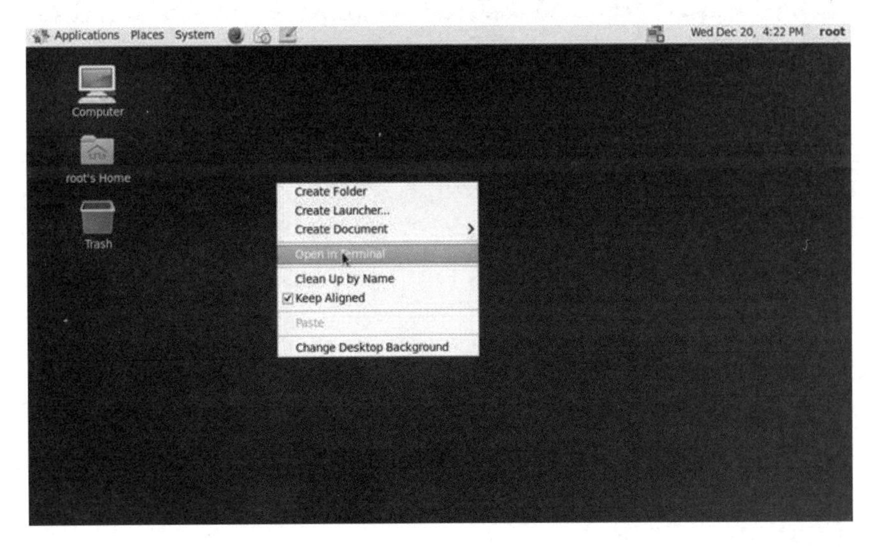

图 2-89

步骤 3：使用命令“rpm -qa | grep vsftpd”查看是否安装了 Vsftpd 服务，如图 2-90 所示。

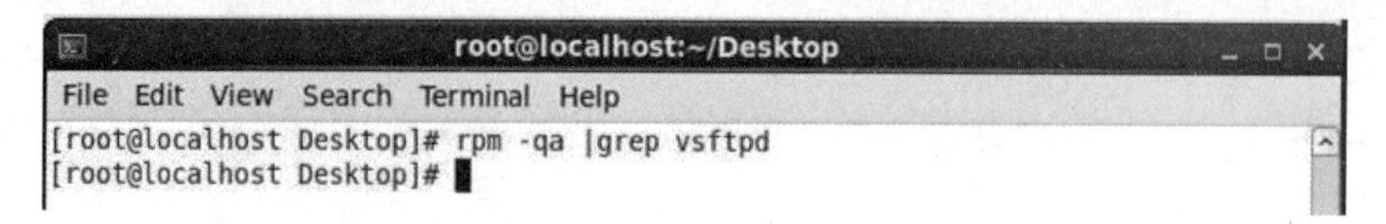

图 2-90

步骤 4：使用命令“yum install vsftpd*”安装 Vsftpd 服务，如图 2-91 和图 2-92 所示。

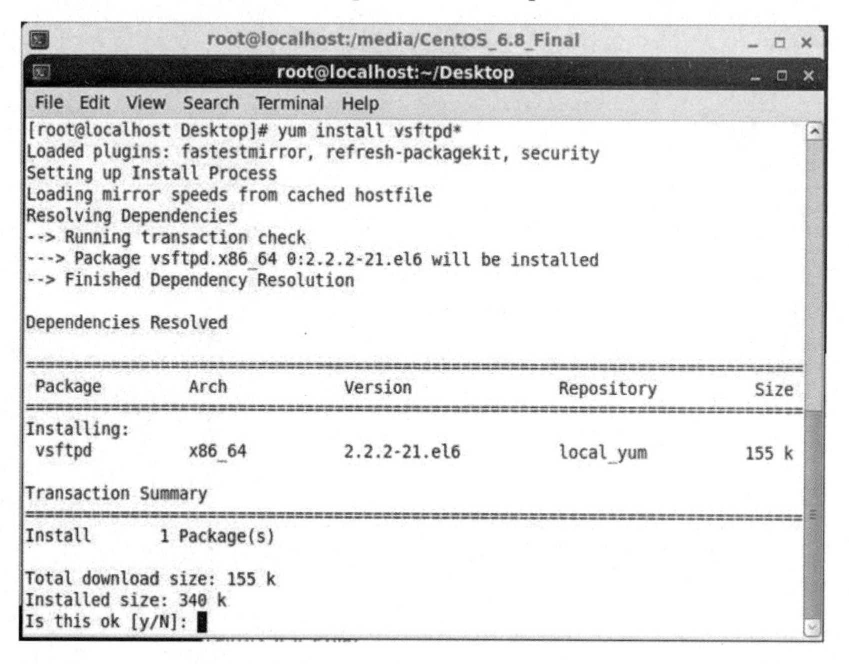

图 2-91

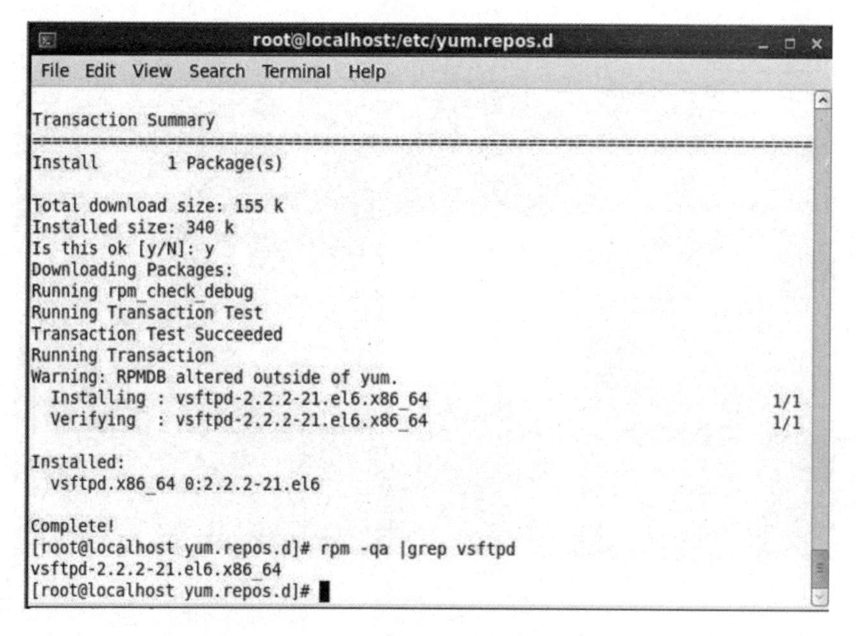

图 2-92

步骤 5：配置虚拟用户。检查服务器 SELinux 是否开启，如果开启，关闭 SELinux 服务器，如图 2-93 所示。

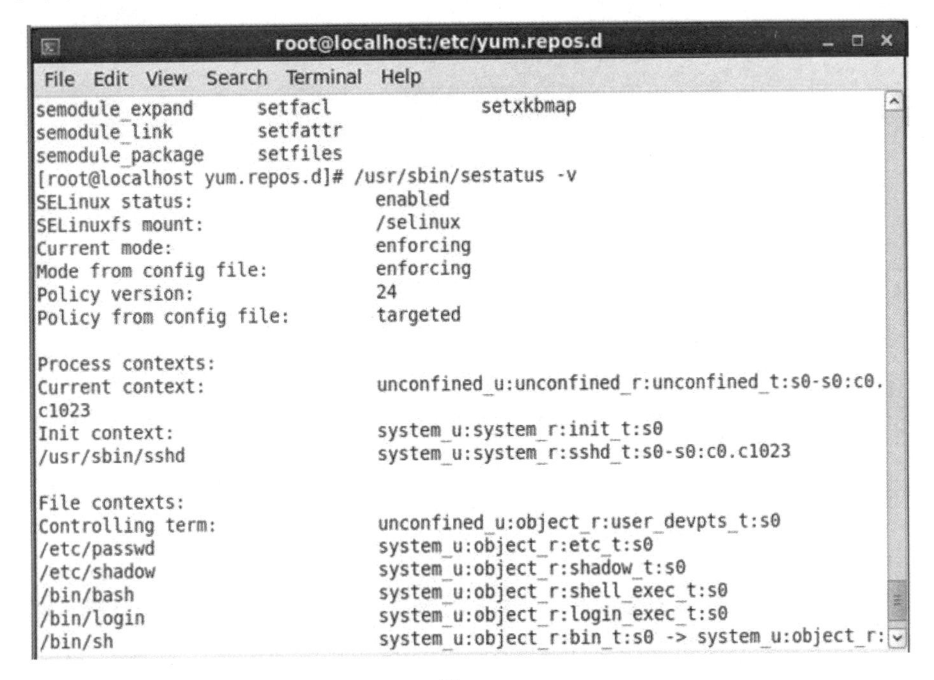

```
root@localhost:/etc/yum.repos.d
File Edit View Search Terminal Help
semodule_expand       setfacl              setxkbmap
semodule_link         setfattr
semodule_package      setfiles
[root@localhost yum.repos.d]# /usr/sbin/sestatus -v
SELinux status:                 enabled
SELinuxfs mount:                /selinux
Current mode:                   enforcing
Mode from config file:          enforcing
Policy version:                 24
Policy from config file:        targeted

Process contexts:
Current context:                unconfined_u:unconfined_r:unconfined_t:s0-s0:c0.
c1023
Init context:                   system_u:system_r:init_t:s0
/usr/sbin/sshd                  system_u:system_r:sshd_t:s0-s0:c0.c1023

File contexts:
Controlling term:               unconfined_u:object_r:user_devpts_t:s0
/etc/passwd                     system_u:object_r:etc_t:s0
/etc/shadow                     system_u:object_r:shadow_t:s0
/bin/bash                       system_u:object_r:shell_exec_t:s0
/bin/login                      system_u:object_r:login_exec_t:s0
/bin/sh                         system_u:object_r:bin_t:s0 -> system_u:object_r:
```

图 2-93

“SELinux status:　enabled”表示目前 SELinux 服务器为开启状态，使用命令 setenforce 0 临时关闭 SELinux 服务器，如图 2-94 所示。

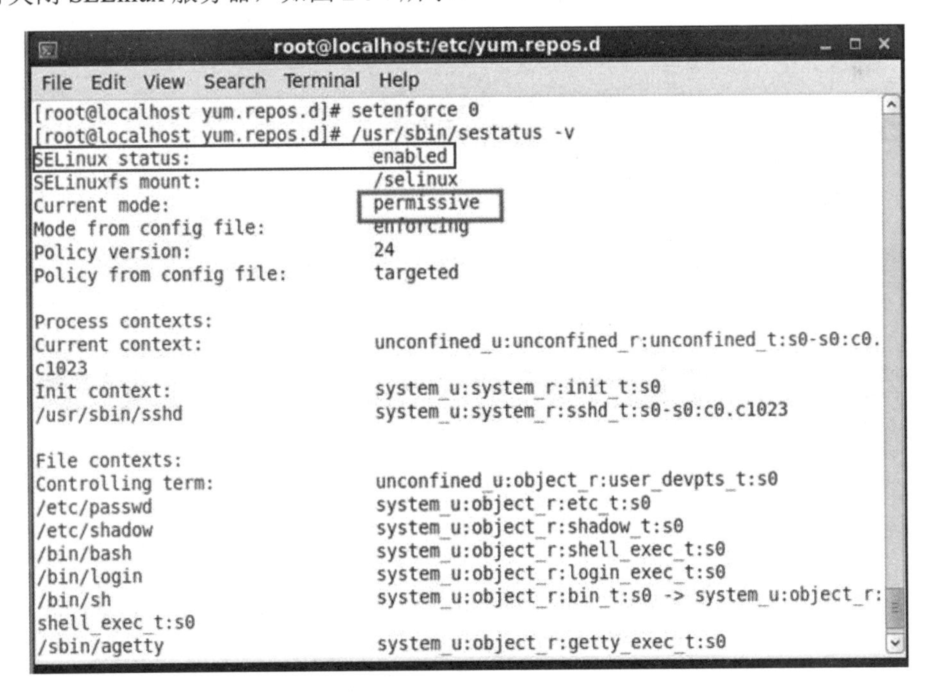

```
root@localhost:/etc/yum.repos.d
File Edit View Search Terminal Help
[root@localhost yum.repos.d]# setenforce 0
[root@localhost yum.repos.d]# /usr/sbin/sestatus -v
SELinux status:                 enabled
SELinuxfs mount:                /selinux
Current mode:                   permissive
Mode from config file:          enforcing
Policy version:                 24
Policy from config file:        targeted

Process contexts:
Current context:                unconfined_u:unconfined_r:unconfined_t:s0-s0:c0.
c1023
Init context:                   system_u:system_r:init_t:s0
/usr/sbin/sshd                  system_u:system_r:sshd_t:s0-s0:c0.c1023

File contexts:
Controlling term:               unconfined_u:object_r:user_devpts_t:s0
/etc/passwd                     system_u:object_r:etc_t:s0
/etc/shadow                     system_u:object_r:shadow_t:s0
/bin/bash                       system_u:object_r:shell_exec_t:s0
/bin/login                      system_u:object_r:login_exec_t:s0
/bin/sh                         system_u:object_r:bin_t:s0 -> system_u:object_r:
shell_exec_t:s0
/sbin/agetty                    system_u:object_r:getty_exec_t:s0
```

图 2-94

步骤 6：修改/etc/selinux/config 文件，将“SELINUX=enforcing”改为“SELINUX=disabled”，下次重启主机时将会永久生效，如图 2-95 所示。

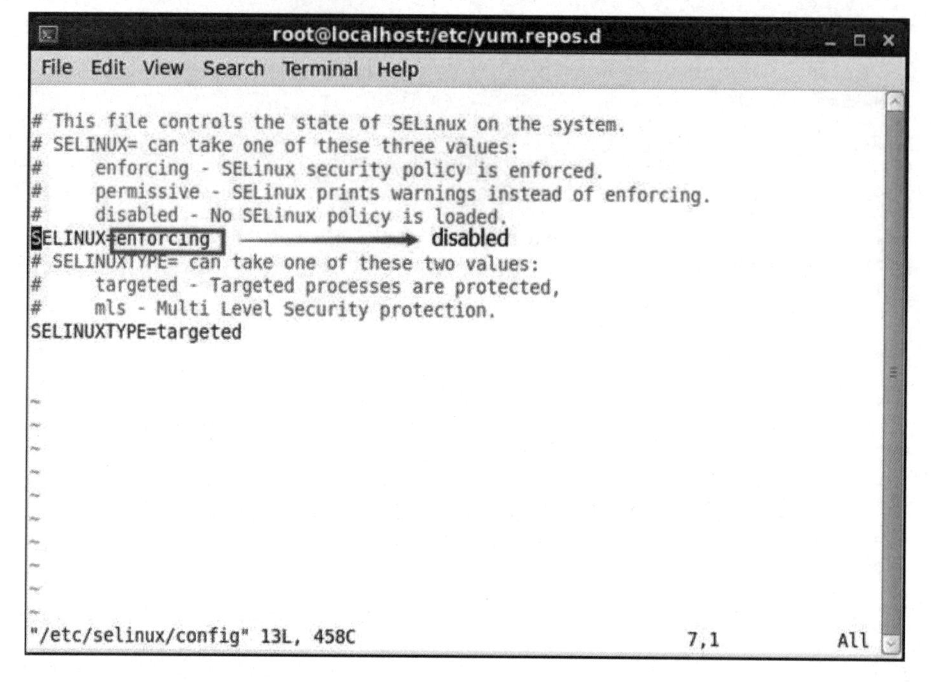

图 2-95

步骤 7：创建虚拟用户文本文件，添加虚拟用户名和密码，切换到/etc/vsftpd 目录下，使用 touch 命令创建 vuser.txt 文件，如图 2-96 所示。

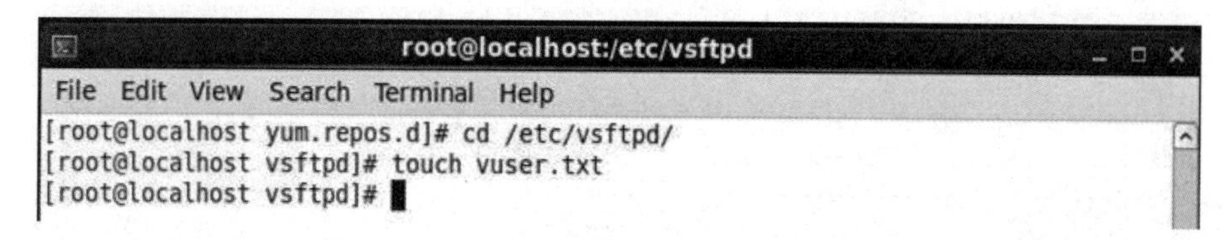

图 2-96

编辑/etc/vsftpd/vuser.txt 文件，奇数行是用户名，偶数是密码。如图 2-97 所示，第 1 行“luckyman”是用户名，第 2 行“123456”是密码。

图 2-97

步骤 8：生成虚拟数据库文件（如果 db_load 没有安装，利用命令“yum install db4-utils db4-devel db4-*”安装后才能使用，本实验系统中已经安装），如图 2-98 所示。

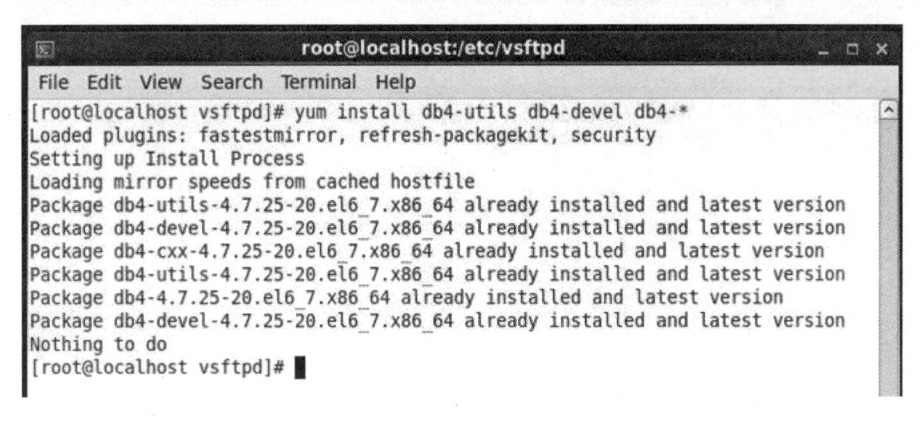

图 2-98

使用命令 db_load 生成数据库文件，如图 2-99 所示。

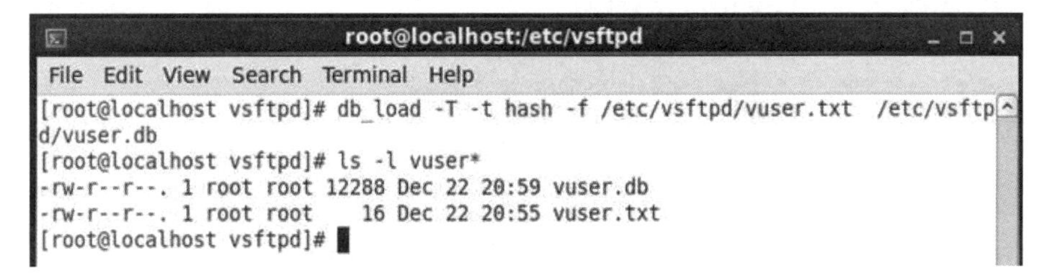

图 2-99

步骤 9：配置 PAM 文件，目的是对客户端进行验证。编辑/etc/pam.d/vsftpd 文件，用“#”注释该文件其他行，再添加如图 2-100 所示的最后两行，保存文件并退出编辑状态。

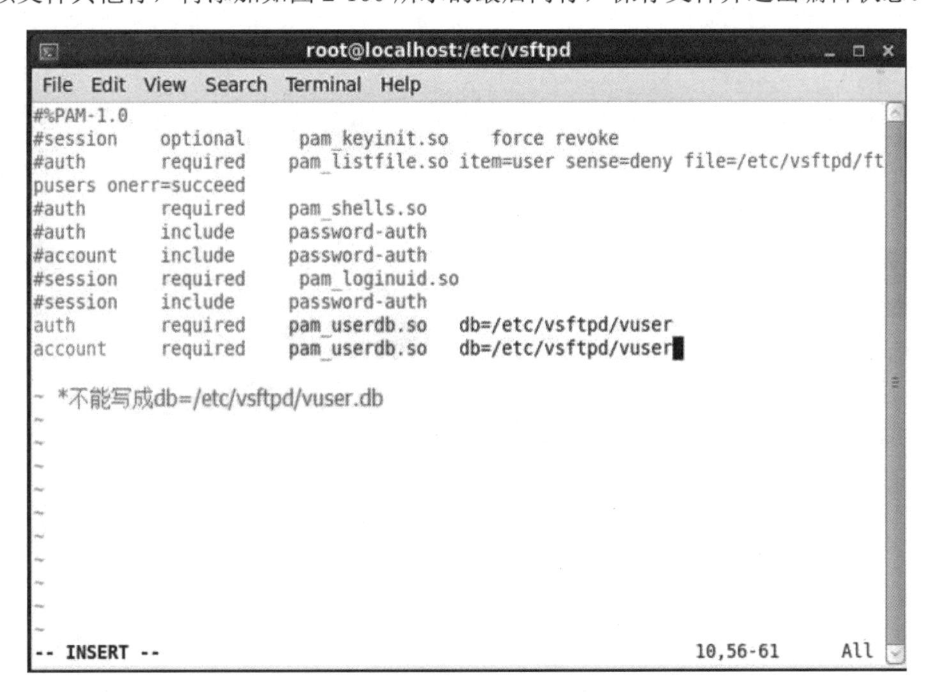

图 2-100

步骤 10：修改虚拟数据库文件 vuser.db 的权限为 700，如图 2-101 所示。

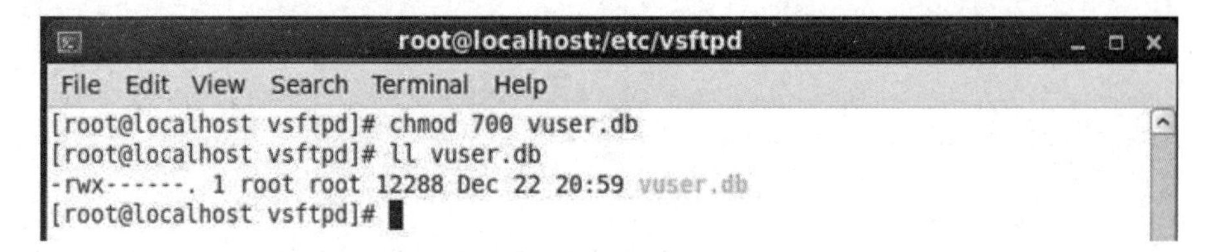

图 2-101

步骤 11：增加一个系统用户 vuser，用它来对应所有虚拟用户，虚拟用户使用系统用户来访问 FTP 服务器，如图 2-102 所示。

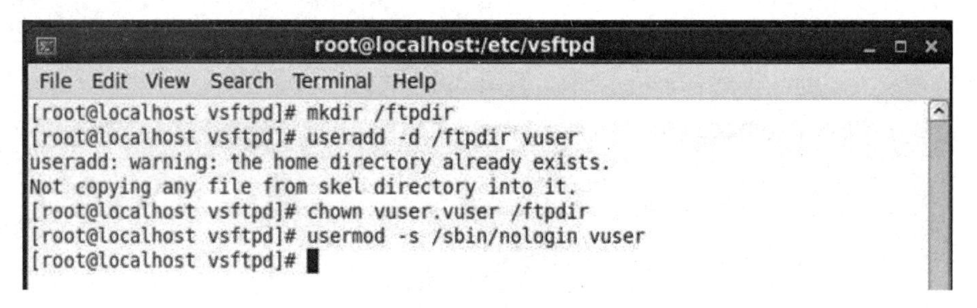

图 2-102

步骤 12：修改 vsftpd.conf 配置文件，使虚拟用户可以访问 Vsftpd 服务器，增加以下参数（注意："=" 两边不能有空格），并设置虚拟用户的主配置文件，如图 2-103 所示。

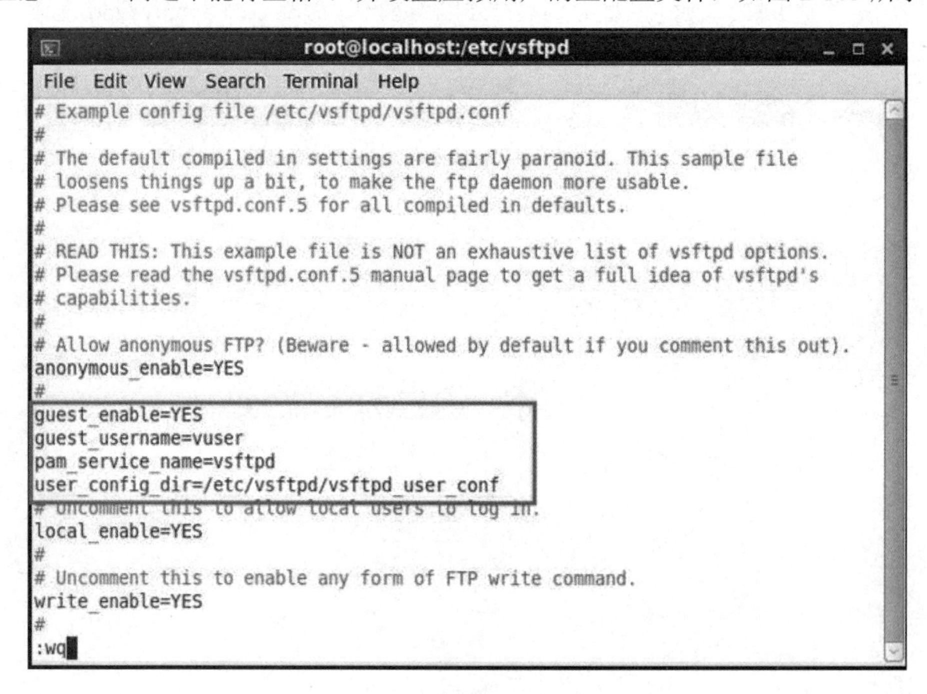

图 2-103

guest_enable=YES，激活虚拟账户。

guest_username=vuser，把虚拟账户绑定为系统账户 vuser。

pam_service_name=vsftpd，使用 PAM 验证。

user_config_dir=/etc/vsftpd/vsftpd_user_conf，设置虚拟用户的主配置文件，建立 vsftpd_user_conf，如图 2-104 所示。

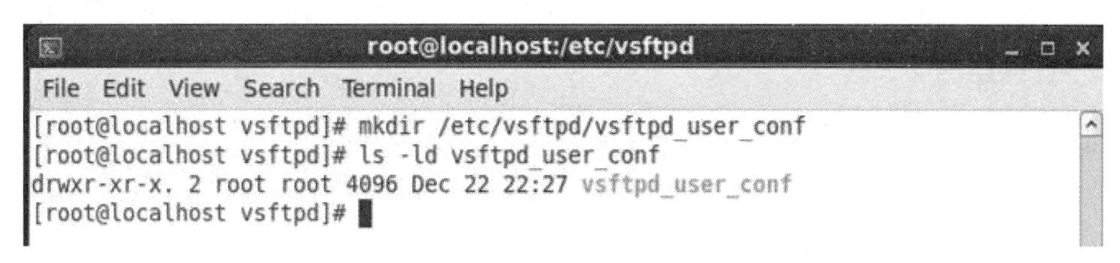

图 2-104

设置虚拟用户配置文件，与虚拟账户同名，如图 2-105 所示。

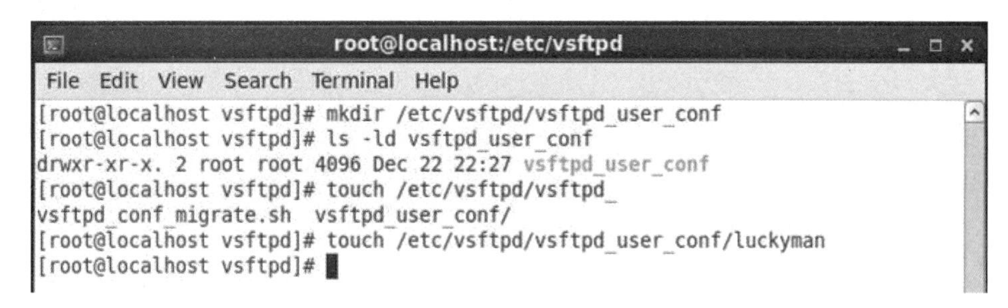

图 2-105

步骤 13：使用 vi 命令编辑虚拟用户 luckyman 的配置文件 luckyman，使虚拟用户 luckyman 获得相应的权限，如图 2-106 所示。

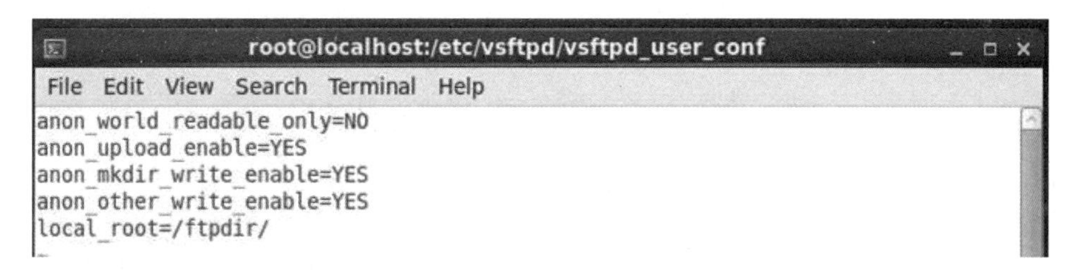

图 2-106

anon_world_readable_only=NO，浏览 FTP 目录和下载。

anon_upload_enable=YES，允许上传。

anon_mkdir_write_enable=YES，建立和删除目录。

anon_other_write_enable=YES，改名和删除文件。

local_root=/ftpdir/，指定虚拟用户在系统用户下的路径。

然后，使用已配置的虚拟用户名和口令访问 FTP 服务器，若能够正常登录说明虚拟用户配置成功。值得注意的是，Vsftpd 服务器配置了虚拟用户，便不再支持本地用户，以本地用户登录将会失败。

实验结束，关闭虚拟机。

★ **任务总结**

使用 Vsftpd 虚拟用户，不仅可以实现多个用户同时访问某一个目录，而且可以赋予不同用户在同一目录下有着不同的权限，同时用户仅能访问 FTP 目录，从而有效地保护 Linux 主机的安全。

★ **任务练习**

一、选择题

1．对 Vsftpd 虚拟用户文本文件描述正确的是（　　）。

A．奇数行为密码，偶数行为用户名　　B．奇数行为用户名，偶数行为密码

C．奇数行为密码，偶数行为用户名　　D．奇数行为用户名，偶数行为密码

2．将虚拟账号密码文件转换为数据库文件命令是 db_load，其用到的参数不包括（　　）。

A．-T　　B．-f　　C．-m　　D．-t

3．限制虚拟用户的家目录的配置是（　　）。

A．local_root=/ftpdir/　　B．chroot_local_user=YES

C．chroot_list_enable=YES　　D．chroot_list_file=/path/to/file

二、简答题

简述 FTP 虚拟用户的作用并说出它的应用场景。

任务 3　主机访问控制

★ **任务情境**

磐云公司为了宣传最新的产品信息，计划搭建 FTP 服务器，为客户提供相关文件的下载服务——对所有互联网用户开放共享目录、允许下载产品信息、禁止上传数据，公司的合作伙伴能够使用 FTP 服务器进行上传和下载，但不可以删除数据。小王作为负责 FTP 服务的维护人员，需要对公司的 FTP 服务器进行安全管理。

微课 14

配置 Linux 系统，对 Vsftpd 进行安全管理，配置主机控制访问。

★ **任务分析**

为了保证公司 Vsftpd 服务器的安全性和避免公司内部共享资源的泄露，需要设置主机访问控制，使得仅有公司内部需要使用 Vsftpd 服务的主机才能够访问 Vsftpd 服务器。

★ **预备知识**

1．TCP_Wrappers 简介

TCP_Wrappers 是一个工作在应用层的安全工具，只能对某些特定的应用或者服务起到

一定的防护作用。例如，对于ssh、Telnet、FTP等服务的请求，都会先受到TCP_Wrappers的拦截。

2．TCP_Wrappers **工作原理**

TCP_Wrappers是一个工作在第4层（传输层）的安全工具，对有状态连接的特定服务进行安全检测并实现访问控制，凡是包含有libwrap.so库文件的程序就可以受TCP_Wrappers的安全控制，它的主要功能就是控制谁可以访问，常见的程序有Rpcbind、Vsftpd、sshD，Telnet。TCP_Wrappers有一个TCP的守护进程叫作Tcpd。以Telnet为例，每当有Telnet的连接请求时，Tcpd即会截获请求，先读取系统管理员所设置的访问控制文件，如果合乎要求则会把这次连接原封不动地转给真正的Telnet进程，由Telnet完成后续工作；如果这次连接发起的IP与访问控制文件中设置的不符合，则会中断连接请求，拒绝提供Telnet服务。

思考：如何判断某个服务是否支持TCP_Wrappers?

3．TCP_Wrappers **配置**

这里主要涉及两个配置文件/etc/hosts.allow和/etc/hosts.deny。/usr/sbin/tcpd进程会根据这两个文件判断是否对访问请求提供服务；/usr/sbin/tcpd 进程先检查文件/etc/hosts.allow，如果请求访问的主机名或IP包含在此文件中，则允许访问。如果请求访问的主机名或IP不包含在/etc/hosts.allow中，那么Tcpd进程就检查/etc/hosts.deny，看请求访问的主机名或IP有没有被包含在hosts.deny文件中，如果包含，那么访问就被拒绝；如果既不包含在/etc/hosts.allow中，又不包含在/etc/hosts.deny中，那么此访问也会被允许。

TCP_Wrappers的工作流程如图2-107所示。

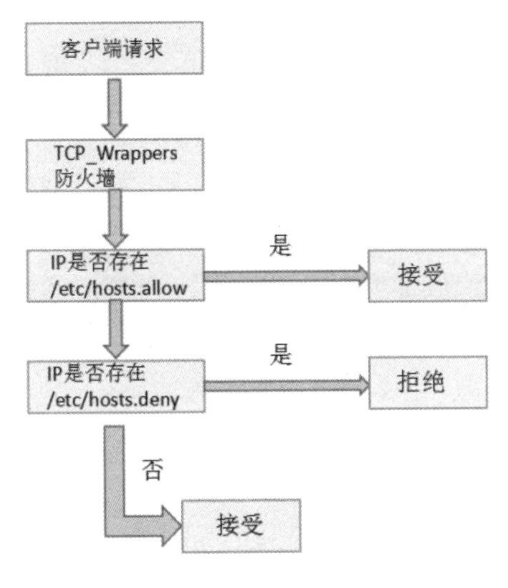

图2-107

★　任务实施

步骤1：启动并登录Linux虚拟机，如图2-108所示。

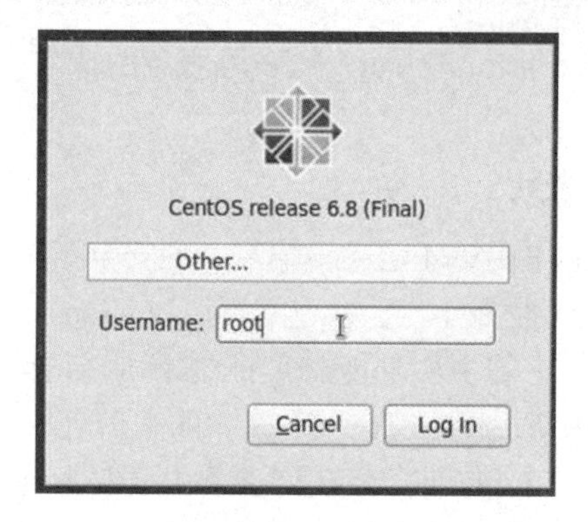

图 2-108

步骤 2：进入 CentOS 6.8 虚拟机，查看本机地址，在终端输入 ifconfig 命令，如图 2-109 所示。

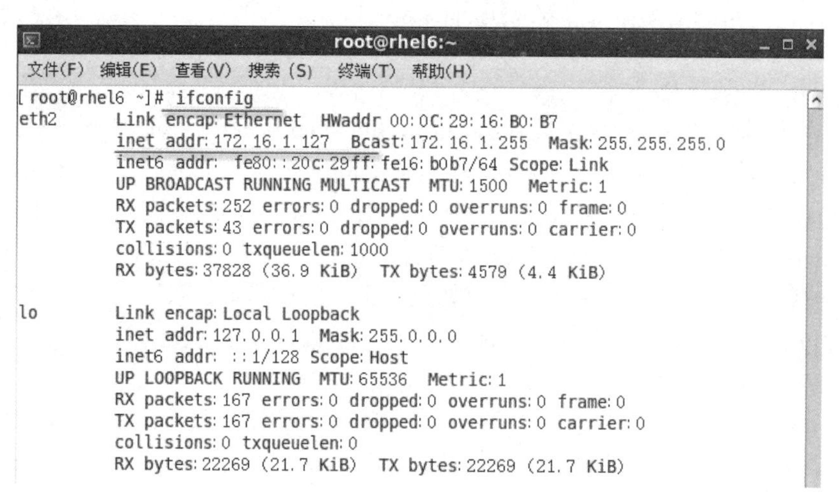

图 2-109

步骤 3：选择一台系统为 Windows 7 的虚拟机登录，打开命令指示符查看本机地址，在命令指示符中输入“ipconfig”命令，如图 2-110 所示。

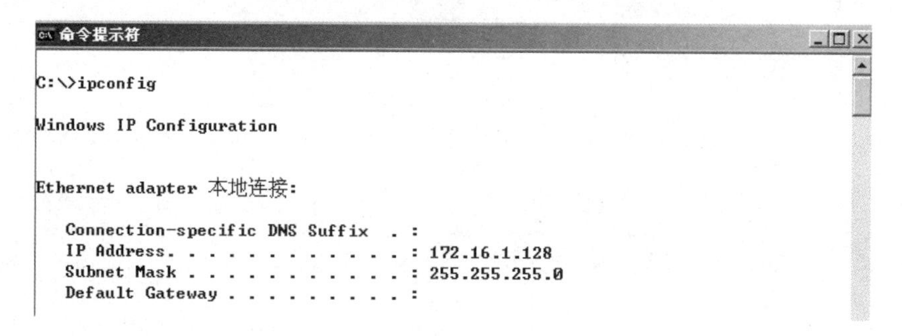

图 2-110

步骤 4：打开另一台系统 Windows 7 的虚拟机进行登录，打开命令指示符查看本机地址，在命令指示符中输入“ipconfig”，如图 2-111 所示。

```
C:\>ipconfig

Windows IP Configuration


Ethernet adapter 本地连接:

   Connection-specific DNS Suffix  . :
   IP Address. . . . . . . . . . . . : 172.16.1.129
   Subnet Mask . . . . . . . . . . . : 255.255.255.0
   Default Gateway . . . . . . . . . :
```

图 2-111

步骤 5：修改/etc/hosts.allow 文件中定义的允许访问的地址（默认情况下该文件为空）。在 hosts.allow 文件中添加 Vsftpd: 172.16.1.128（此地址为允许访问 FTP 的地址），如图 2-112 所示。

```
#
# hosts.allow   This file contains access rules which are used to
#               allow or deny connections to network services that
#               either use the tcp_wrappers library or that have been
#               started through a tcp_wrappers-enabled xinetd.
#
#               See 'man 5 hosts_options' and 'man 5 hosts_access'
#               for information on rule syntax.
#               See 'man tcpd' for information on tcp_wrappers
#
Vsftpd: 172.16.1.128
"/etc/hosts.allow" 11L, 390C                           11,1          全部
```

图 2-112

步骤 6：使用 vim 命令编辑文件/etc/hosts.deny，在 hosts.deny 文件中添加 vsftpd:all 语句（禁止 172.16.1.128 以外的所有地址访问 FTP 服务器），如图 2-113 所示。

步骤 7：修改 FTP 服务器的配置文件，在终端输入 vi /etc/vsftpd/vsftpd.conf，如图 2-114 所示。

步骤 8：在 vsftpd.conf 文件中将 local_enable=YES 改为 local_enable=NO，关闭本地登录，开启匿名登录，保存文件并退出编辑状态，如图 2-115 所示。

步骤 9：使用命令 service vsftpd restart，重启 Vsftpd 服务，如图 2-116 所示。

步骤 10：关闭防火墙，指令为 service iptables stop，如图 2-117 所示。

步骤 11：使用 IP 地址为 172.16.1.128 的虚拟机访问 FTP 服务器，发现可以匿名访问 FTP 服务器，如图 2-118 所示。

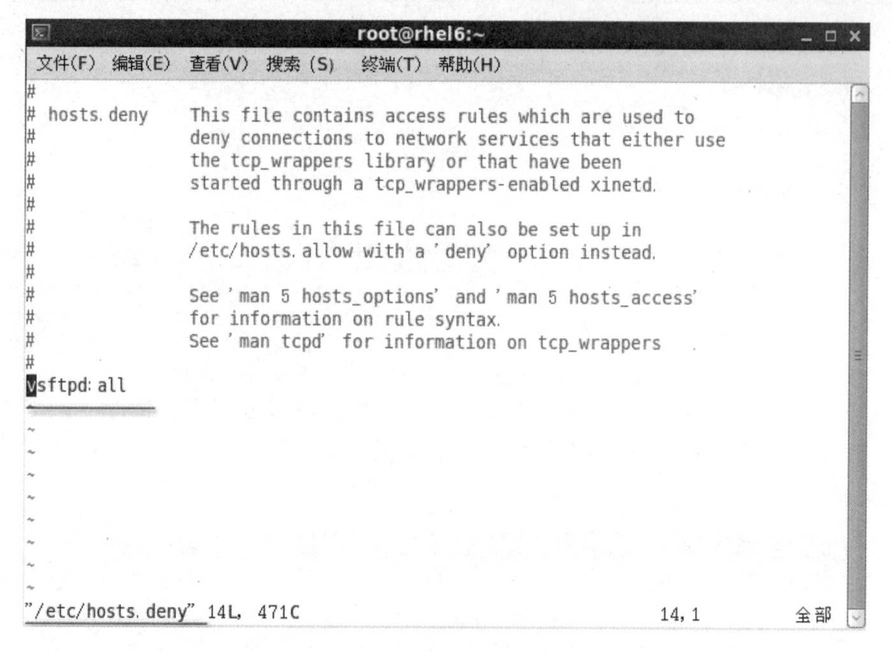

图 2-113

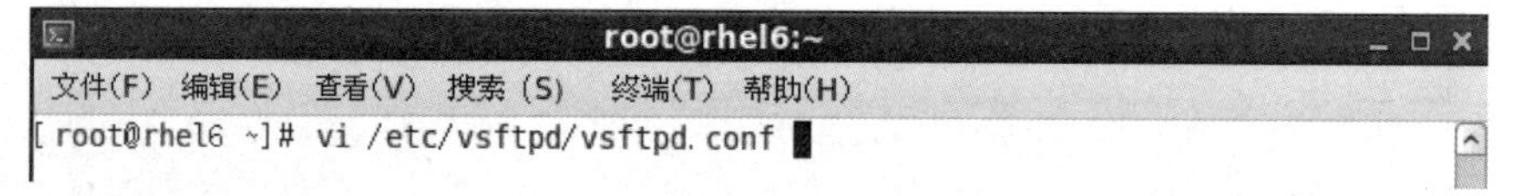

图 2-114

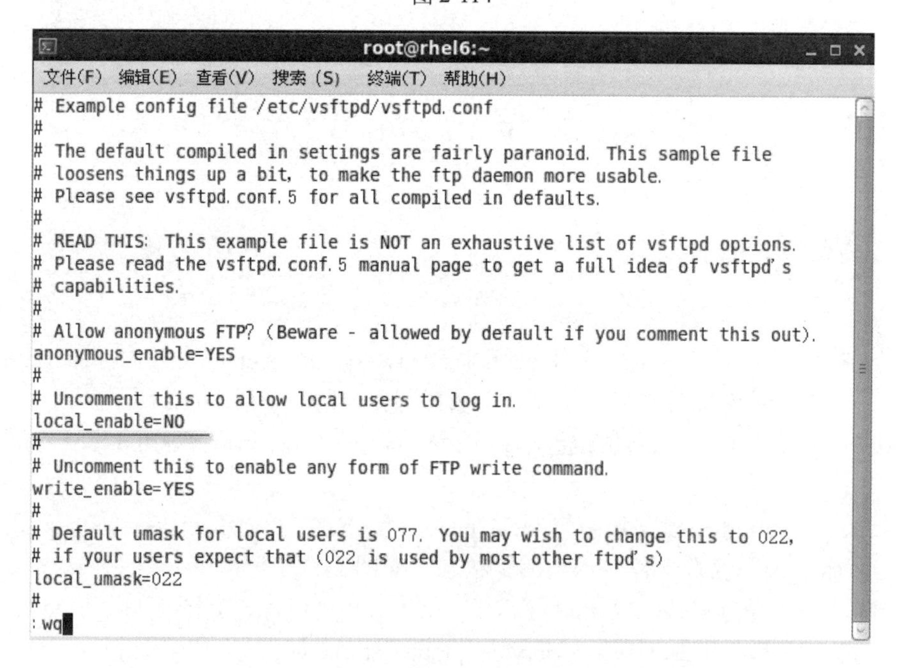

图 2-115

图 2-116

图 2-117

图 2-118

步骤 12：使用 IP 地址为 172.16.1.129 的虚拟机访问 FTP 服务器，发现无法匿名访问 FTP 服务器，如图 2-119 所示。

实验结束，关闭虚拟机。

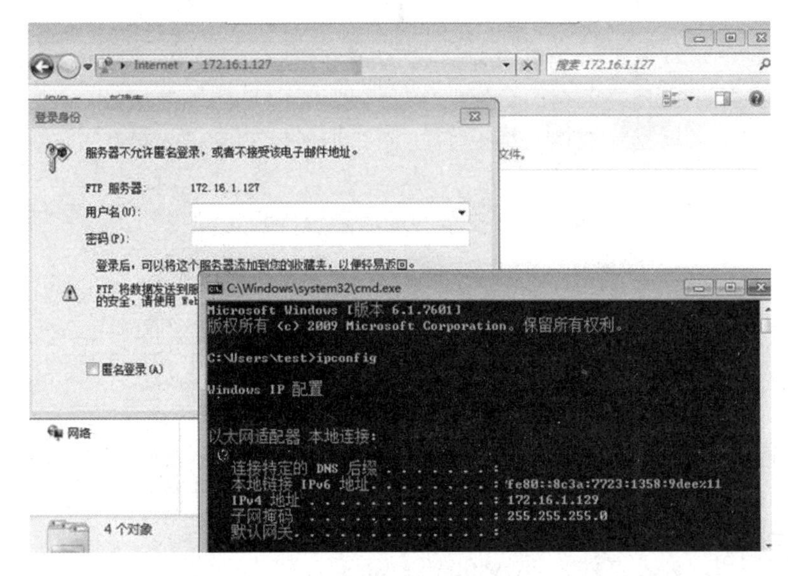

图 2-119

★ **任务总结**

通过修改/etc/hosts.allow、/etc/hosts.deny 配置文件，可分别定义允许访问 FTP 服务器的地址与禁止访问 FTP 服务器的地址，最终可实现对主机的访问控制。

★ **任务练习**

一、选择题

1. TCP_Wrappers 工具提供了 UNIX/Linux 平台上的网络系统安全性保障，许多系统服务都支持 TCP_Wrappers。管理员在配置全规则时，一般需要修改配置（　　）。（多选题）

A．/etc/hosts　　B．/etc/hosts.allow

C．/etc/hosts.conf　　D．/etc/hosts.deny

2．TCP_Wrappers 的工作进程是（　　）。

A．xinetd.d　　B．sshD　　C．Vsftpd　　D．Tcpd

3．以下哪些服务不支持 TCP_Wrappers？（　　）

A．Rpcbind　　B．Vsftpd　　C．Httpd　　D．Telnet

二、操作题

实现通过修改 TCP_Wrappers 配置文件，允许 192.168.136.0/24 网段所有主机（除 192.168.136.100之外）访问FTP服务器。

任务 4　用户访问控制

★ **任务情境**

微课 15

磐云公司为了宣传最新的产品信息，计划搭建 FTP 服务器，为客户提供相关文档的下载服务——对所有互联网用户开放共享目录，允许下载产品信息，禁止上传。公司的合作伙伴能够使用 FTP 服务器进行上传和下载，但不可以删除数据。小王作为 FTP 服务器的维护人员，需要对公司的 FTP 进行一些安全管理。

配置 Linux 系统，对 Vsftpd 进行安全管理，配置用户访问控制。

★ **任务分析**

为了保证公司 FTP 服务器的安全性，避免公司内部共享资源的泄露。我们不仅可以设置主机访问控制，还可以设置用户访问控制——仅有公司内部需要使用 Vsftpd 服务的用户，才能够访问 FTP 服务器。

★ **预备知识**

Vsftpd 服务器的用户访问控制分为两类：

一类是传统用户列表文件“/etc/vsftpd/ftpusers”，默认存放黑名单，就是说其中的用户都没有登录 FTP 服务器的权限。系统默认建立 ftpusers 文件，用来禁止高权限的本地用户（如 root）登录 FTP 服务器，以提高系统安全性。

另一类是改进的用户列表文件“/etc/vsftpd/user_list”，要想让该文件生效，必须将主配置文件中的 userlist_enable 选项设置为 YES。该文件具有对 Vsftpd 服务器更灵活的用户访问控制。其中列出的用户能否登录 FTP 服务器，由主配置文件的 userlist_deny 选项的值来决定。默认 userlist_deny=YES，即此文件默认用来存放黑名单。

如果要设置该文件为白名单，则需要在主配置文件中做出如下更改。

```
userlist_enable=YES
userlist_deny=NO
```

出于安全考虑，黑名单的优先级更高。这意味着用户只要出现在任何一个黑名单中，就会被拒绝登录 Vsftpd 服务器，即使该用户也出现在白名单中。

★　**任务实施**

步骤 1：单击启动“Log In”按钮，启动实验虚拟机，如图 2-120 所示。

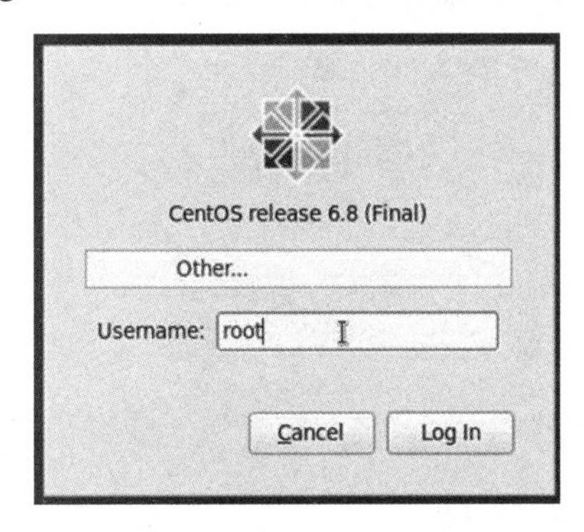

图 2-120

步骤 2：在桌面空白处单击鼠标右键，在弹出的快捷菜单中选择“Open in Terminal”选项，如图 2-121 所示，打开终端。

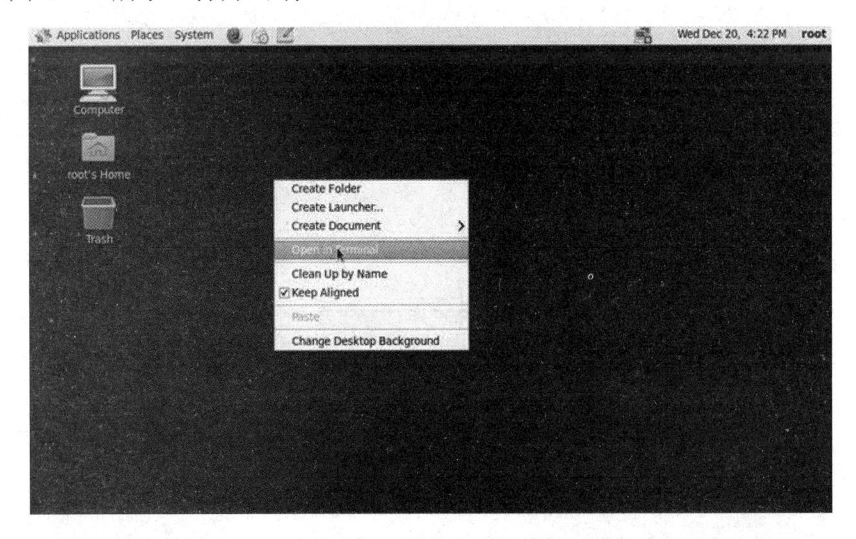

图 2-121

步骤 3：使用 useradd 命令，添加用户 test，并锁定 test 用户的主目录为/home/test，同时为 test 设置密码为 123456，如图 2-122 所示。

步骤 4：关闭 test 用户的登录权限，使其不能通过 ssh 登录，只能通过 Vsftpd 的调用登录，如图 2-123 所示。

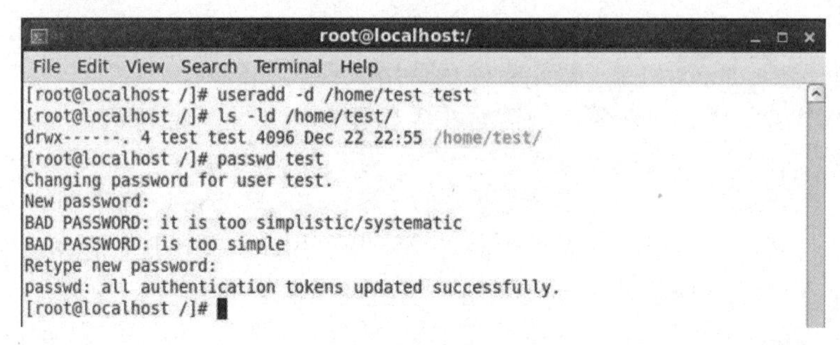

图 2-122

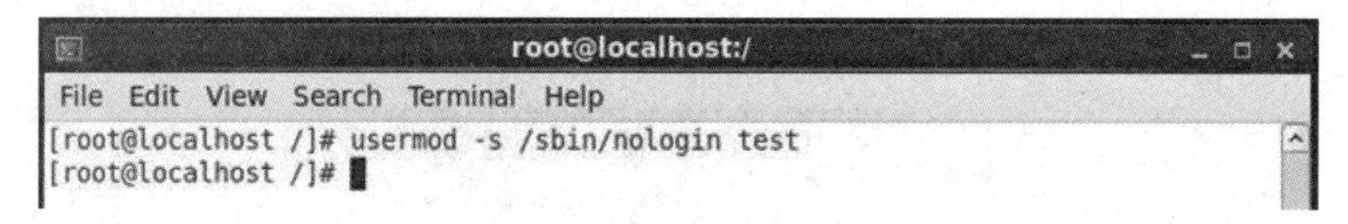

图 2-123

创建用户 useradd 的参数说明如下。

```
-c        描述
-d        家目录
-u        uid号
-g        私有组
-G        把该用户附加到其他组
-s        shell环境变量，若值为“/sbin/nologin”表示该用户无法登录到本地系统
```

步骤 5：修改配置文件/etc/vsftpd/chroot_list，使被限制的用户只能访问/home/test，不能访问其他路径，如图 2-124 所示。

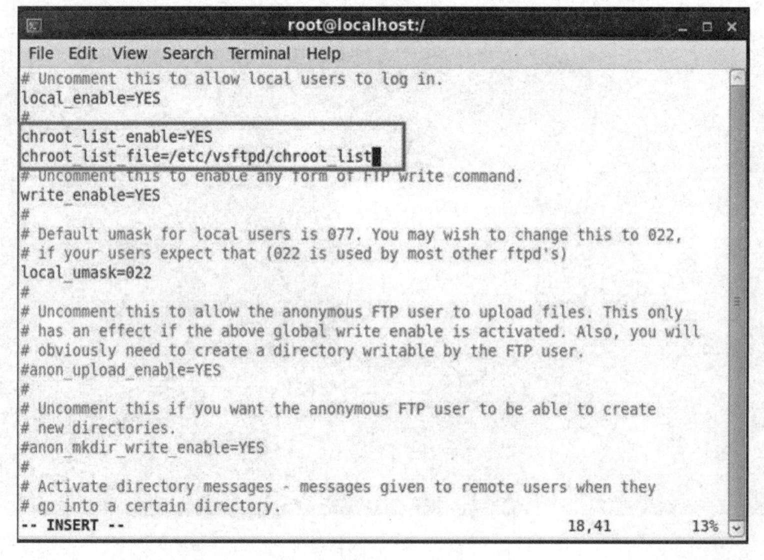

图 2-124

步骤 6：默认情况下，chroot_list 文件不存在，可以手动建立，然后使用 cut 命令将 /etc/passwd 中所有系统用户加入进来（cut 命令是切去某一列，-d 是每列的分隔符，-f 是切去第几列，然后重定向到 chroot 文件），如图 2-125 所示。

```
root@localhost:/etc/vsftpd
File Edit View Search Terminal Help
[root@localhost /]# cd /etc/vsftpd/
[root@localhost vsftpd]# touch chroot_list ①
[root@localhost vsftpd]# ls -ls chroot_list
0 -rw-r--r--. 1 root root 0 Dec 22 23:21 chroot_list
[root@localhost vsftpd]# cut -d : -f 1 /etc/passwd>>/etc/vsftpd/chroot_list ②
[root@localhost vsftpd]# cat chroot_list
root
bin
daemon
adm
lp
sync
shutdown
halt
mail
uucp
operator
games
gopher
ftp
nobody
dbus
usbmuxd
rpc
```

图 2-125

步骤 7：修改 ftpusers 配置文件（ftpuser 文件中的用户不能登录 FTP 服务），如图 2-126 所示。

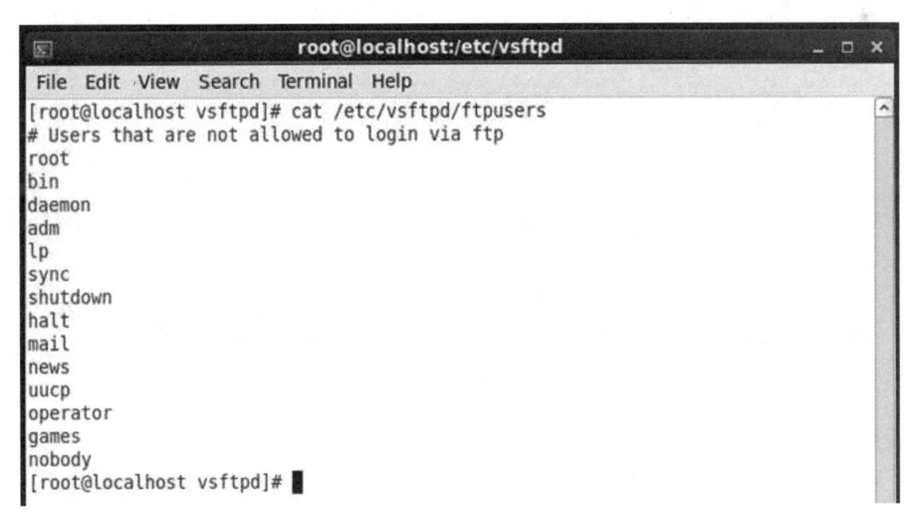

图 2-126

步骤 8：把之前创建的 test 账号添加到 ftpusers 文件。

echo test >> /etc/vsftpd/ftpusers，然后重启 Vsftpd 服务，使用 test 账户登录测试，如图 2-127 所示。

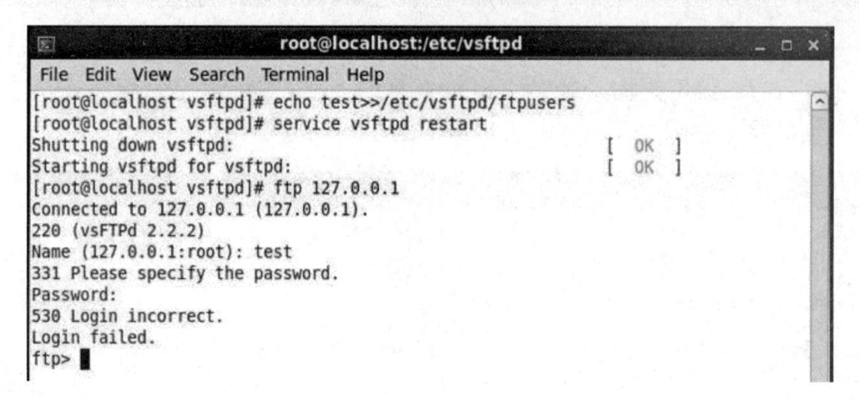

图 2-127

步骤 9：当需要某个用户登录 FTP 服务器时，要用到 FTP 用户策略，即 user_list 文件设置，只有 user_list 中存在的用户才能登录系统，把用户 test 加入 user_list 后再次进行测试。如图 2-128 所示，在 userlist_enable=YES 文件后面添加如下两条命令。

```
userlist_deny=NO
userlist_file=/etc/vsftpd/user_list
```

之后重启服务。

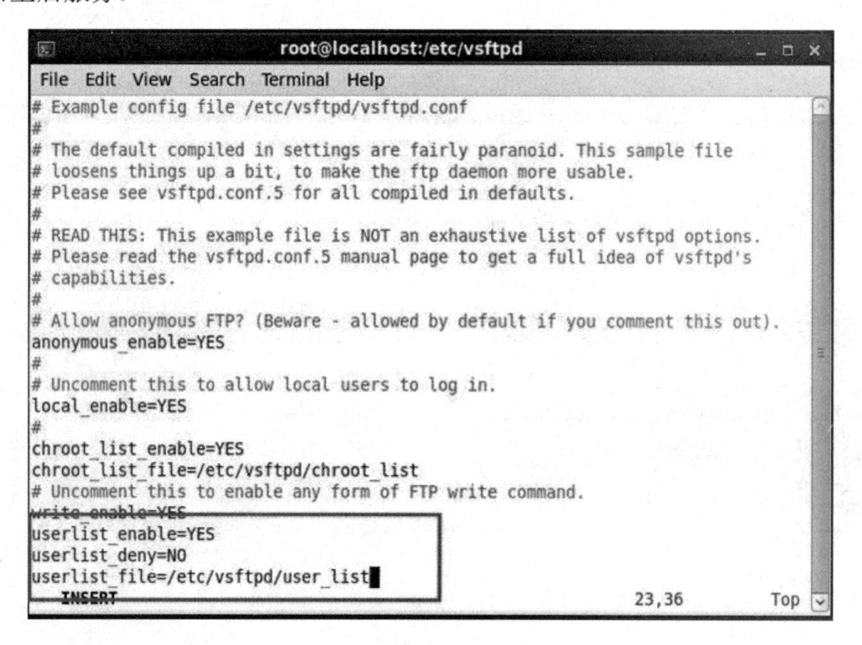

图 2-128

实验结束，关闭虚拟机。

★ 任务总结

Vsftpd 对用户的访问控制是由/etc/vsftpd/user_list 和/etc/vsftpd/ftpusers 实现的。/etc/vsftpd/ftpusers 文件是专门用于定义不允许登录 FTP 的用户。

★　**任务练习**

一、选择题

1．/etc/vsftpd/ftpusers 文件中出现的用户（　　）。

A．可以访问 FTP 服务器

B．不可以访问 FTP 服务器

C．无法确定

D．能访问，但权限受限制

2．关于文件/etc/vsftpd/user_list 内容描述正确的是（　　）。（多选题）

A．当 userlist_deny=YES，决不允许该文件内的用户访问 FTP 服务器

B．当 userlist_deny=YES，仅允许该文件内的用户访问 FTP 服务器

C．当 userlist_deny=NO，仅允许该文件内的用户访问 FTP 服务器

D．当 userlist_deny=NO，决不允许该文件内的用户访问 FTP 服务器

3．某公司的网络管理员小王，利用 Vsftpd 服务安装了一台 FTP 服务器，用于存放公司的产品资料。根据公司的管理规定，只允许产品部门的用户访问这台 FTP 服务器。为了达到这个目的，小王可以（　　）。

A．在/etc/vsftpd/vsftpd.conf 中设置 userlist_deny=YES，将/etc/vsftpd/ftpusers 修改为只包含产品部门的用户

B．在/etc/vsftpd/vsftpd.conf 中设置 userlist_deny=NO，将/etc/vsftpd/ftpusers 修改为只包含产品部门的用户

C．在/etc/vsftpd/vsftpd.conf 中设置 userlist_deny=YES，将/etc/vsftpd/user_list 修改为只包含产品部门的用户

D．在/etc/vsftpd/vsftpd.conf 中设置 userlist_deny=NO，将/etc/vsftpd/user_list 修改为只包含产品部门的用户

二、简答题

实现 FTP 用户访问控制的配置文件有哪些？这些配置文件使用时有什么差异？

任务 5　配置 FTP 服务器的资源限制

★　**任务情境**

磐云公司为了宣传最新的产品信息，计划搭建 FTP 服务器，为客户提供相关文档的下载服务。对所有互联网用户开放共享目录，允许下载产品信息，禁止上传操作。公司的合作伙伴能够使用 FTP 服务器进行上传和下载，但不可以删除数据。小王作为 FTP 服务的维护人员，需要对公司的 FTP 服务器进行安全管理。具体操作如下：配置 Linux 系统，对 Vsftpd 进行安全管理，进行资源限制，设置最大连接数量。

微课 16

★ 任务分析

为了保证服务器的性能，需要根据用户的等级，限制客户端的连接数，合理分配服务器资源。避免 FTP 服务器压力过大。

★ 预备知识

基于不同的操作系统有不同的 FTP 应用程序，而所有这些应用程序都遵守同一种协议，这样用户就可以将文件传送给其他用户，或者从其他的用户环境中获得文件。

与大多数 Internet 服务一样，FTP 也是一个客户机/服务器服务。用户通过一个支持 FTP 协议的客户机程序，连接到在远程主机上的 FTP 服务器程序。用户通过客户机程序向服务器程序发出命令，服务器程序执行用户所发出的命令，并将执行的结果返回到客户机。例如，用户发出一条命令，要求服务器向用户传送某一个文件，服务器会响应这条命令，将指定文件送至用户的机器上。客户机程序代表用户接收到这个文件，将其存放在用户目录中。

★ 任务实施

步骤 1：启动实验虚拟机，如图 2-129 所示。

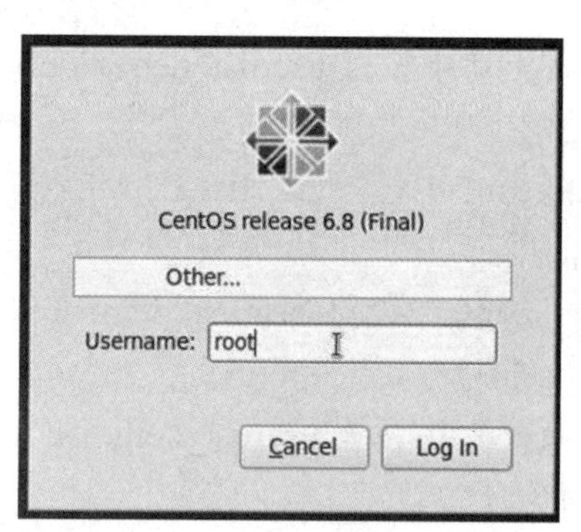

图 2-129

步骤 2：在终端输入“ifconfig”命令，查询本地地址，如图 2-130 所示。

```
root@rhel6:~
文件(F) 编辑(E) 查看(V) 搜索(S) 终端(T) 帮助(H)
[root@rhel6 ~]# ifconfig
eth2      Link encap:Ethernet  HWaddr 00:0C:29:16:B0:B7
          inet addr:172.16.1.117  Bcast:172.16.1.255  Mask:255.255.255.0
          inet6 addr: fe80::20c:29ff:fe16:b0b7/64 Scope:Link
          UP BROADCAST RUNNING MULTICAST  MTU:1500  Metric:1
          RX packets:354 errors:0 dropped:0 overruns:0 frame:0
          TX packets:45 errors:0 dropped:0 overruns:0 carrier:0
          collisions:0 txqueuelen:1000
          RX bytes:54671 (53.3 KiB)  TX bytes:4981 (4.8 KiB)

lo        Link encap:Local Loopback
          inet addr:127.0.0.1  Mask:255.0.0.0
          inet6 addr: ::1/128 Scope:Host
          UP LOOPBACK RUNNING  MTU:65536  Metric:1
          RX packets:167 errors:0 dropped:0 overruns:0 frame:0
          TX packets:167 errors:0 dropped:0 overruns:0 carrier:0
          collisions:0 txqueuelen:0
          RX bytes:22269 (21.7 KiB)  TX bytes:22269 (21.7 KiB)
```

图 2-130

步骤 3：配置 FTP 服务器。输入“vim /etc/vsftpd/vsftpd.conf”命令，进入 FTP 服务配置文件，如图 2-131 所示。

图 2-131

步骤 4：在配置文件中将 local_enable=YES 改为 local_enable=NO，如图 2-132 所示。

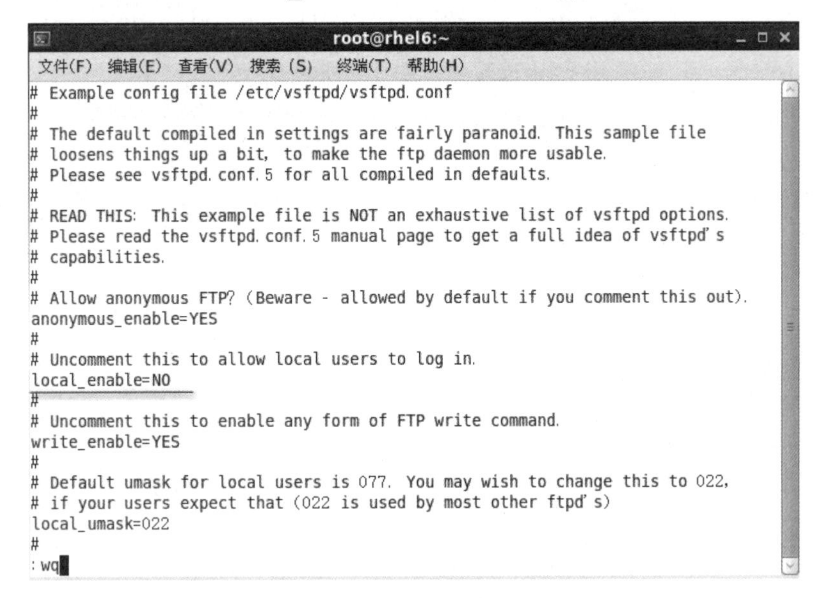

图 2-132

在配置文件最下方添加如下指令，如图 2-133 所示。

max_clients=1	FTP服务器最大允许客户连接数为1，当参数为0时表示不限制。
max_per_ip=1	FTP服务器对同一IP允许的最大客户端连接数为1。
local_max_rate=800000	本地用户最大传输速率为781KB/s。
anon_max_rate=400000	匿名用户最大传输速率为390KB/s。

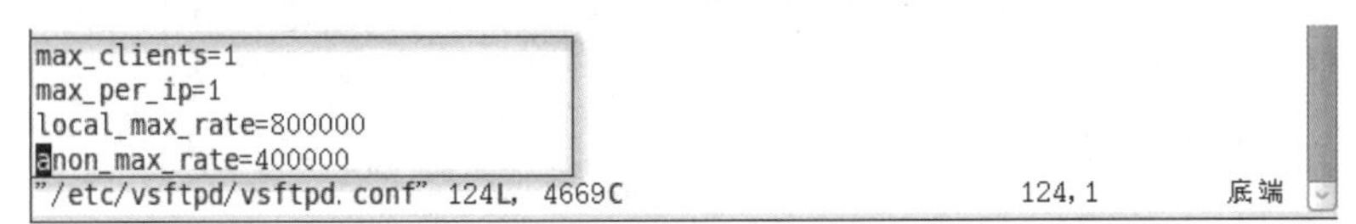

图 2-133

步骤 5：在终端输入“service vsftpd restart”命令，重启 FTP 服务，如图 2-134 所示。

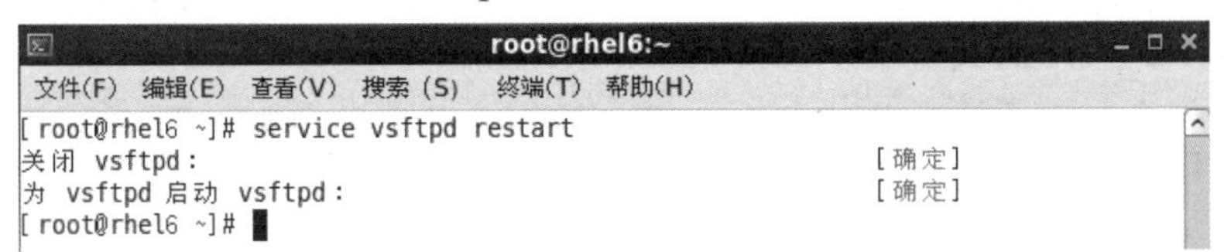

图 2-134

步骤 6：在终端输入“service iptables stop”命令，如图 2-135 所示。

图 2-135

步骤 7：打开其中一台 Windows 7 虚拟机进行登录，在地址栏中输入 FTP 服务器地址（如 ftp://172.16.1.117），发现可以匿名登录，如图 2-136 所示。

图 2-136

步骤 8：打开另一台 Windows7 虚拟机进行登录，在地址栏中输入 FTP 服务器地址（如 ftp://172.16.1.117），发现无法匿名登录，如图 2-137 所示。

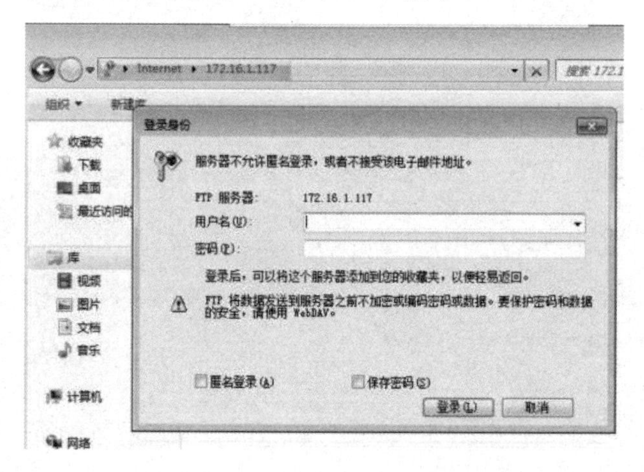

图 2-137

步骤 9：配置 FTP 服务器。输入“vim /etc/vsftpd/vsftpd.conf”命令进入 FTP 服务配置文件。将 FTP 服务器最大允许客户连接数设置为 2，如图 2-138 所示。

图 2-138

步骤 10：在终端输入“service vsftpd restart”命令，重启 FTP 服务，如图 2-139 所示。

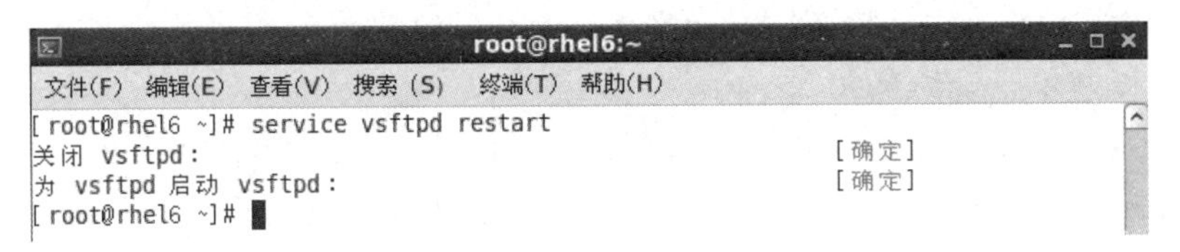

图 2-139

步骤 11：打开其中一台 Windows 7 虚拟机，在地址栏中输入 FTP 服务器地址（如 ftp://172.16.1.117），发现可以匿名登录，如图 2-140 所示。

图 2-140

步骤 12：打开另一台 Windows 7 虚拟机，在地址栏中输入 FTP 服务器地址（如 ftp://172.16.1.117），发现也可以匿名登录，如图 2-141 所示。

图 2-141

实验结束，关闭虚拟机。

★　任务总结

通过设置 FTP 服务的最大连接数，可实现对 FTP 服务器资源的合理分配。

★　任务练习

一、选择题

1．下列描述不正确的是（　　）。

A．max_per_ip=3，设置每个 IP 最少打开三个连接

B．max_per_ip，设置每个用户允许连接的最大连接数

C．max_clients，设置允许同时连接服务器的最大客户端数

D．max_clients=3，设置同时允许 3 个客户端连接

2．下列描述不正确的是（　　）。

A．anon_max_rate=20000，设置匿名用户每条连接最大上传或下载速率约为 20kb/s

B．anon_max_rate=20000，设置匿名用户每条连接最大上传或下载速率约为 20Mb/s

C．anon_max_rate，设置匿名用户每条连接最大上传或下载速率

D．local_max_rate，设置本地用户每条连接最大上传或下载速率

二、操作题

设置客户端对 FTP 服务器中的资源使用限制，要求如下：

1．FTP 服务器允许的最大客户端连接数为 1000。

2．针对同一 IP 允许的最大客户端连接数为 50。

3．本地用户的最大传输速率为 5Mb/s。

4．匿名用户的最大传输速率为 1Mb/s。

项目 3　Bind 服务的安全配置

➢　**项目描述**

磐云公司申请了新域名，现公司要求既要实现 DNS 服务器的基本配置，还要实现其安全配置。

➢　**项目分析**

工程师小王与团队成员共同讨论，认为首先需进行 DNS 查询方式的配置，然后配置允许递归查询的地址为指定的 IP 地址，最后再进行安全配置。

任务 1　为公司新域名配置 DNS 的查询方式

★　**任务情境**

磐云公司申请了新域名，但是公司只对 DNS 服务器进行了简单部署，只能在本地区域起缓存作用。小王是公司 IT 管理员，负责 DNS 服务器的后续安全配置工作，现在的任务是在 Linux 系统中为新域名的 DNS 服务器进行安全配置。在这之前，首先需要配置的是 DNS 的查询方式。

微课 17

★　**任务分析**

作为公司 DNS 缓存服务器，需要完成最基本的配置——正向解析与反向解析，再配置允许递归查询的地址为指定的 IP 地址，配置完成后关闭防火墙，使用 nslookup 测试任务完

成情况。

★　预备知识

1．DNS 服务器的类型

DNS 服务器的类型包括本地 DNS 服务器、根 DNS 服务器和授权 DNS 服务器。

2．DNS 服务的工作过程

当 DNS 客户机需要查询程序中使用的名称时，它会通过本地 DNS 服务器来解析该名称。客户机发送的每条查询消息都包括 3 条信息，以指定服务器需要回答的问题。

- 指定的 DNS 域名：表示为完全合格的域名（FQDN）。
- 指定的查询类型：可根据类型指定资源记录，或作为查询操作的专门类型。
- 指定 DNS 域名的类别。

对于 DNS 服务器，它始终应指定为 Internet 类别。例如，指定的名称可以是计算机完全合格的域名，如 im.qq.com，并且指定的查询类型用于通过该名称搜索地址资源记录。

3．DNS 的查询方式

DNS 的查询方式有两种：递归查询和迭代查询。

（1）递归查询

DNS 查询以各种不同的方式进行解析。客户机有时也可通过使用以前查询获得的缓存信息就地应答查询。DNS 服务器可使用其自身的资源记录信息缓存来应答查询，也可代表请求客户机来查询或联系其他 DNS 服务器，以完全解析该名称，并随后将应答返回至客户机。这个过程称为递归查询。

（2）迭代查询

客户机也可尝试联系其他的 DNS 服务器来解析名称。如果客户机这么做，它会使用基于服务器应答的独立和附加的查询，该过程称作迭代。DNS 服务器之间的交互查询就是迭代查询。

迭代查询的工作方式为：当服务器使用迭代查询时能够使其他服务器返回一个最佳的查询点提示或主机地址，若此最佳的查询点中包含需要查询的主机地址，则返回主机地址信息，若此时服务器不能够直接查询到主机地址，则是按照提示的指引依次查询，直到服务器给出的提示中包含所需要查询的主机地址为止。一般情况下，每次指引都会更靠近根域名服务器（向上），查寻到根域名服务器后，则会再次根据提示向下查找。

★　任务实施

作为公司 DNS 缓存服务器，需要完成最基本的配置即正向解析与反向解析，在此基础上再进行相关安全配置。

步骤 1：打开虚拟机，进入 CentOS 6.8 系统，如图 2-142 所示。

步骤 2：在终端输入“ifconfig”命令查看本机 IP 地址等信息，如图 2-143 所示。

步骤 3：将本机 IP 地址改为步骤 2 中查看到的 DHCP 服务器分配的地址，如图 2-144 所示。

步骤 4：在终端输入“vim /etc/named.conf”，进入 DNS 服务器配置文件，将 DNS 服务器中本地地址改为 any，保存文件并退出编辑状态，如图 2-145 所示。

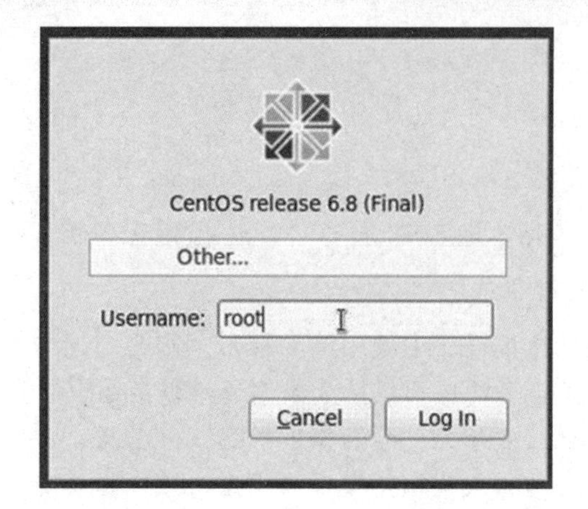

图 2-142

```
[root@localhost ~]# ifconfig
eth0      Link encap:Ethernet  HWaddr 00:0C:29:91:FA:D5
          inet addr:192.168.84.130  Bcast:192.168.84.255  Mask:255.255.255.0
          inet6 addr: fe80::20c:29ff:fe91:fad5/64 Scope:Link
          UP BROADCAST RUNNING MULTICAST  MTU:1500  Metric:1
          RX packets:22990 errors:0 dropped:0 overruns:0 frame:0
          TX packets:10476 errors:0 dropped:0 overruns:0 carrier:0
          collisions:0 txqueuelen:1000
          RX bytes:32234365 (30.7 MiB)  TX bytes:635406 (620.5 KiB)

lo        Link encap:Local Loopback
          inet addr:127.0.0.1  Mask:255.0.0.0
          inet6 addr: ::1/128 Scope:Host
          UP LOOPBACK RUNNING  MTU:65536  Metric:1
          RX packets:80 errors:0 dropped:0 overruns:0 frame:0
          TX packets:80 errors:0 dropped:0 overruns:0 carrier:0
          collisions:0 txqueuelen:0
          RX bytes:8620 (8.4 KiB)  TX bytes:8620 (8.4 KiB)
```

图 2-143

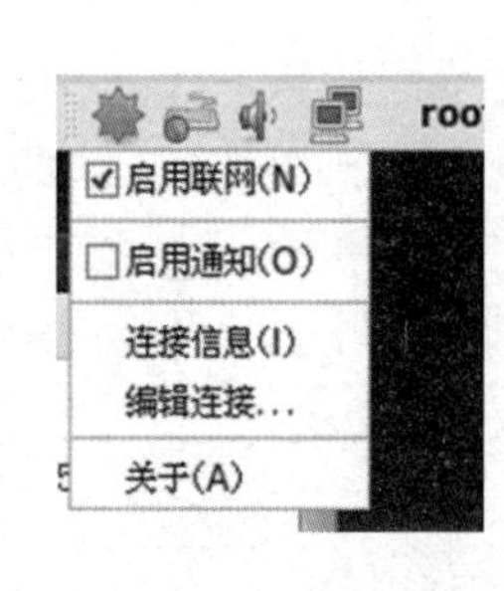

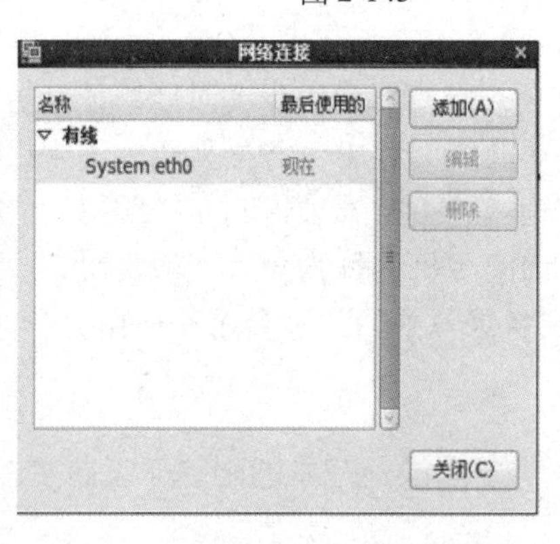

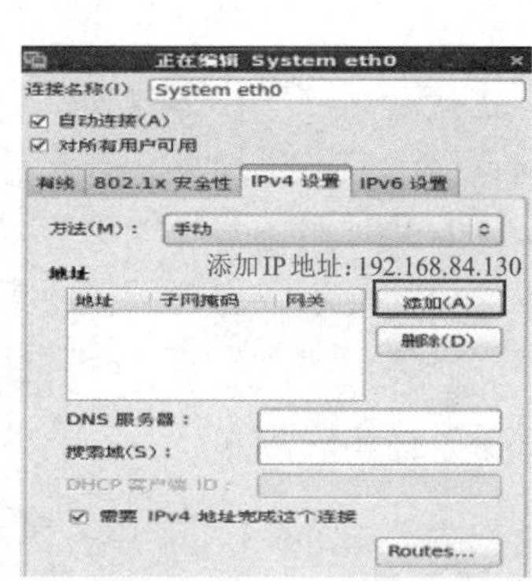

图 2-144

步骤 5：进入 DNS 正反区域配置文件（可以在终端进入），在文件中添加正反域名解析文件，如图 2-146 所示。

步骤 6：准备配置正反区域解析：在文件夹下从 named 模板中复制并创建正反区域解析文件，如图 2-147 所示。

```
[root@localhost ~]# vi /etc/named.conf


options {
        listen-on port 53 { any; };
        listen-on-v6 port 53 { any; };
        directory       "/var/named";
        dump-file       "/var/named/data/cache_dump.db";
        statistics-file "/var/named/data/named_stats.txt";
        memstatistics-file "/var/named/data/named_mem_stats.txt";
        allow-query     { any; };
        recursion yes;

        dnssec-enable yes;
        dnssec-validation yes;

        /* Path to ISC DLV key */
        bindkeys-file "/etc/named.iscdlv.key";

        managed-keys-directory "/var/named/dynamic";
};
```

图 2-145

```
[root@localhost ~]# vi /etc/named.rfc1912.zones

zone "test.com" IN {
        type master;
        file "test.com";
        allow-update { none; };
};

zone "84.168.192.in-addr.arpa" IN {
        type master;
        file "test.zone";
        allow-update { none; };
};
```

图 2-146

```
[root@localhost ~]# cd /var/named/
[root@localhost named]# cp named.localhost test.com
[root@localhost named]# cp named.loopback test.zone
```

图 2-147

步骤 7：配置正反向解析文件：输入“vi test.com”并将文件内容修改，如图 2-148 所示。

步骤 8：将 test.com 和 test.zone 的拥有者改为 named，如图 2-149 所示。

步骤 9：输入“service named restart”将服务重启，如图 2-150 所示。

```
[root@localhost named]# vi test.com
$TTL 1D
@       IN SOA  dns.test.com. root. (
                                        0       ; serial
                                        1D      ; refresh
                                        1H      ; retry
                                        1W      ; expire
                                        3H )    ; minimum
        IN NS   dns.test.com.
dns     IN A    192.168.84.130
~

$TTL 1D
@       IN SOA  dns.test.com.   root. (
                                        0       ; serial
                                        1D      ; refresh
                                        1H      ; retry
                                        1W      ; expire
                                        3H )    ; minimum
        IN NS   dns.test.com.
130     IN PTR  dns.test.com.
~
~
~
```

正向

反向

图 2-148

```
[root@localhost named]# chown root:named test.com test.zone
[root@localhost nam
总用量 40
drwxr-x---. 7 root  named 4096 3月   6 18:53 chroot
drwxrwx---. 2 named named 4096 3月   6 19:10 data
drwxrwx---. 2 named named 4096 3月   6 19:10 dynamic
-rw-r-----. 1 root  named 3289 4月  11 2017 named.ca
-rw-r-----. 1 root  named  152 12月 15 2009 named.empty
-rw-r-----. 1 root  named  152 6月  21 2007 named.localhost
-rw-r-----. 1 root  named  168 12月 15 2009 named.loopback
drwxrwx---. 2 named named 4096 1月  22 20:57 slaves
-rw-r-----. 1 root  named  171 3月   6 20:32 test.com
-rw-r-----. 1 root  named  174 3月   6 20:35 test.zone
```

修改test.com和test.zone这2个文件的拥有者为named

图 2-149

```
[root@localhost named]# service named restart
停止 named:.                                [确定]
启动 named:                                 [确定]
```

图 2-150

步骤 10：验证服务是否配置成功。输入“nslookup dns.test.com”和“nslookup 192.168.84.130”，如图 2-151 所示。

步骤 11：编辑 test.com 和 test.zone 文件，添加新的内容，如图 2-152 所示。

步骤 12：编辑 named.conf 文件，添加语句 allow-recursion {192.168.84.0/24;}，如图 2-153 所示。

```
[root@localhost named]# nslookup dns.test.com
Server:         192.168.84.130
Address:        192.168.84.130#53

Name:   dns.test.com
Address: 192.168.84.130

[root@localhost named]# nslookup 192.168.84.130
Server:         192.168.84.130
Address:        192.168.84.130#53

130.84.168.192.in-addr.arpa     name = dns.test.com.
```

图 2-151

```
[root@localhost named]# vi test.com
$TTL 1D
@       IN SOA  dns.test.com. root. (
                                        0       ; serial
                                        1D      ; refresh
                                        1H      ; retry
                                        1W      ; expire
                                        3H )    ; minimum
        IN NS   dns.test.com.
dns     IN A    192.168.84.130
www     IN A    192.168.84.131
~
~
$TTL 1D
@       IN SOA  dns.test.com.   root. (
                                        0       ; serial
                                        1D      ; refresh
                                        1H      ; retry
                                        1W      ; expire
                                        3H )    ; minimum
        IN NS   dns.test.com.
130     IN PTR  dns.test.com.
131     IN PTR  www.test.com.
~
~
```

图 2-152

```
[root@localhost named]# vi /etc/named.conf
```

```
options {
        listen-on port 53 { any; };
        listen-on-v6 port 53 { any; };
        directory       "/var/named";
        dump-file       "/var/named/data/cache_dump.db";
        statistics-file "/var/named/data/named_stats.txt";
        memstatistics-file "/var/named/data/named_mem_stats.txt";
        allow-query     { any; };
        recursion yes;
        allow-recursion { 192.168.84.0/24; };

        dnssec-enable yes;
        dnssec-validation yes;
```

图 2-153

步骤 13：输入命令“service named restart”，将 named 服务重启，如图 2-154 所示。

```
[root@localhost named]# service named restart
停止 named：                                              [确定]
启动 named：                                              [确定]
```

图 2-154

步骤 14：输入命令“service iptables stop”，关闭 Linux 防火墙，如图 2-155 所示。

```
[root@localhost named]# service iptables stop
iptables：将链设置为政策 ACCEPT：filter                   [确定]
iptables：清除防火墙规则：                                [确定]
iptables：正在卸载模块：                                  [确定]
```

图 2-155

步骤 15：打开虚拟机 Windows 7，将 DNS 地址改为 192.168.84.130，如图 2-156 所示。

```
Ethernet adapter 本地连接:

        Connection-specific DNS Suffix  . :
        Description . . . . . . . . . . . : VMware Accelerated AMD PCNet Adapter

        Physical Address. . . . . . . . . : 00-0C-29-DA-66-F7
        Dhcp Enabled. . . . . . . . . . . : No
        IP Address. . . . . . . . . . . . : 192.168.84.120
        Subnet Mask . . . . . . . . . . . : 255.255.255.0
        Default Gateway . . . . . . . . . : 192.168.84.254
        DNS Servers . . . . . . . . . . . : 192.168.84.130

C:\Documents and Settings\Administrator>
```

图 2-156

步骤 16：进行测试，在 Windows 7 上输入“nslookup 192.168.84.131”和“nslookup www.test.com”，如图 2-157 所示。

```
C:  Users  test>nslookup 192.168.84.131
服务器：dns.test.com
Address:192.168.84.130

名称：www.test.com
Address:192.168.84.131

C:\Users\test>nslookup www.test.com
服务器：dns.test.com
Address:192.168.84.130

名称：www.test.com
Address:192.168.84.131
```

图 2-157

实验结束，关闭虚拟机。

★　**任务总结**

本任务通过配置 DNS 的正向解析与反向解析，实现了通过域名查询服务器 IP 地址、通过服务器 IP 地址查询到域名，为新域名的 DNS 服务器实现了基本安全配置。

★　**任务练习**

一、选择题

1. DNS 的全称是（　　）。
   A. 主机域名　　B. 域名系统
   C. 服务器域名　　D. 缓存域名
2. 下列不属于 DNS 服务器类型的是（　　）。
   A. 本地 DNS 服务器　　B. 根 DNS 服务器
   C. 授权 DNS 服务器　　D. 辅助 DNS 服务器
3. 下列哪一项是 DNS 的查询方式？（　　）
   A. 简单查询　　B. 复杂查询
   C. 递归查询　　D. 辅助查询

二、简答题

1. 如何配置 DNS 服务器的迭代查询？
2. 除了基本 DNS 查询外，DNS 服务还应具备什么功能？

任务 2　限制区域传输

★　**任务情境**

磐云公司申请了新域名，但是公司只对 DNS 服务器进行了简单部署，只设置了本地区域。小王是磐云公司的 IT 管理员，负责 DNS 服务器的后续安全配置工作。小王已经完成了配置 DNS 的查询方式，实现了通过域名查询服务器 IP 地址、通过服务器 IP 地址查询到域名。小王现在的任务是在 Linux 系统中对 DNS 服务器进行进一步的安全配置——为了防止黑客对 DNS 服务器的攻击，通过区域传输来限制域名服务器之间的区域传送。

微课 18

★　**任务分析**

为了防止黑客对 DNS 服务器的攻击，通过区域传输来限制域名服务器之间的区域传送。具体操作：首先需要配置正反区域解析，然后配置区域传输来限制域名服务器之间的区域传送。

★　**预备知识**

1. 区域传输

DNS 服务器有两种类型，一种是主 DNS 服务器，另一种是辅助 DNS 服务器（也称为从 DNS 服务器)。在一个区域中主 DNS 服务器从自己本机的数据文件中读取该区域的 DNS 数据信息,而辅助 DNS 服务器则从区域的权威 DNS 服务器中读取该区域的 DNS 数据信息。当一个辅助 DNS 服务器启动时，它需要与主 DNS 服务器通信并加载数据信息，这就是区域传输。DNS 服务器之间传输时使用 TCP 协议，而客户端与 DNS 服务器之间传输时用的是 UDP 协议。DNS 区域传输使用的端口为 TCP 53。

2．DNS 主从复制及区域传输的关系

DNS 主从复制，就是将主 DNS 服务器的解析库复制传送至从 DNS 服务器，进而从服务器可以进行正向、反向解析。从服务器向主服务器查询更新数据，保证数据一致性，此为区域传输。也可以说，DNS 区域传输，就是 DNS 主从复制的实现方法，DNS 主从复制是 DNS 区域传送的表现形式。

3．DNS 区域传输的方式

DNS 区域传输有两种方式：完全区域传输（axfr)、增量区域传输（ixfr)。

完全区域传输（axfr)：当一个新的 DNS 服务器添加到区域中并配置为从 DNS 服务器时，它会执行完全区域传输，在主 DNS 服务器上获取完整的资源记录副本。

增量区域传输(ixfr)：为了保证数据同步，主域名服务器有更新时也会及时通知从 DNS 服务器从而进行更新，即增量区域传输。

4．DNS 服务的安全性

通过区域传输可提高 DNS 服务的安全性。在默认情况下，DNS 服务器只允许将区域信息传输到区域的名称服务器（NS）资源记录中列出的服务器。这是一种安全配置，但为了提高安全性，应将此设置更改为允许区域传输到指定 IP 地址的选项。若此设置更改为允许区域传输到任何服务器，则可能会将 DNS 数据公开给试图占用网络的攻击者。

★ 任务实施

作为公司 DNS 缓存服务器，除了最基本的配置以外，还要进行相关安全配置，如限制区域传输来提高 DNS 服务的安全性。

步骤 1：打开虚拟机进入 CentOS 6.8 系统，在终端输入“ifconfig”命令查看主机 IP 地址和 DHCP 服务器分配的地址等信息，如图 2-158 所示。

```
[root@localhost ~]# ifconfig
eth0      Link encap:Ethernet  HWaddr 00:0C:29:91:FA:D5
          inet addr:192.168.84.130  Bcast:192.168.84.255  Mask:255.255.255.0
          inet6 addr: fe80::20c:29ff:fe91:fad5/64 Scope:Link
          UP BROADCAST RUNNING MULTICAST  MTU:1500  Metric:1
          RX packets:22990 errors:0 dropped:0 overruns:0 frame:0
          TX packets:10476 errors:0 dropped:0 overruns:0 carrier:0
          collisions:0 txqueuelen:1000
          RX bytes:32234365 (30.7 MiB)  TX bytes:635406 (620.5 KiB)

lo        Link encap:Local Loopback
          inet addr:127.0.0.1  Mask:255.0.0.0
          inet6 addr: ::1/128 Scope:Host
          UP LOOPBACK RUNNING  MTU:65536  Metric:1
          RX packets:80 errors:0 dropped:0 overruns:0 frame:0
          TX packets:80 errors:0 dropped:0 overruns:0 carrier:0
          collisions:0 txqueuelen:0
          RX bytes:8620 (8.4 KiB)  TX bytes:8620 (8.4 KiB)
```

图 2-158

步骤 2：将主机 IP 地址手动改为上一步中查看到的 DHCP 服务器分配的地址。如图 2-159 所示。

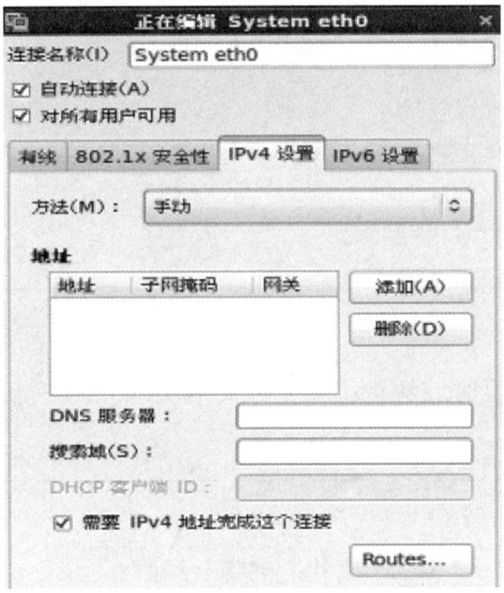

正在编辑 System eth0
连接名称(I)　System eth0
☑ 自动连接(A)
☑ 对所有用户可用
有线　802.1x 安全性　IPv4 设置　IPv6 设置
方法(M)：手动
地址
地址　子网掩码　网关　添加(A)　删除(D)
DNS 服务器：
搜索域(S)：
DHCP 客户端 ID：
☑ 需要 IPv4 地址完成这个连接
Routes...

图 2-159

步骤 3：在终端输入“vi/etc/named.conf”命令，进入 DNS 服务器配置文件，将 DNS 服务器的本地地址改为 any，保存文件并退出编辑，如图 2-160 所示。

```
[root@localhost ~]# vi /etc/named.conf


options {
        listen-on port 53 { any; };
        listen-on-v6 port 53 { any; };
        directory       "/var/named";
        dump-file       "/var/named/data/cache_dump.db";
        statistics-file "/var/named/data/named_stats.txt";
        memstatistics-file "/var/named/data/named_mem_stats.txt";
        allow-query     { any; };
        recursion yes;

        dnssec-enable yes;
        dnssec-validation yes;

        /* Path to ISC DLV key */
        bindkeys-file "/etc/named.iscdlv.key";

        managed-keys-directory "/var/named/dynamic";
};
```

图 2-160

步骤 4：进入 DNS 正反区域配置文件（可以从终端进入），在文件中添加正反域名解析文件，如图 2-161 所示。

```
[root@localhost ~]# vi /etc/named.rfc1912.zones
zone "test.com" IN {
        type master;
        file "test.com";
        allow-update { none; };
};

zone "84.168.192.in-addr.arpa" IN {
        type master;
        file "test.zone";
        allow-update { none; };
};
```

图 2-161

步骤 5：准备配置正反区域解析：在文件夹下从 named 模板中复制并创建正反区域配置文件，如图 2-162 所示。

```
[root@localhost ~]# cd /var/named/

[root@localhost named]# cp named.localhost test.com
[root@localhost named]# cp named.loopback test.zone
```

图 2-162

步骤 6：配置正反域名解析文件：输入“vi test.com”命令并将文件内容修改，如图 2-163 所示。

```
[root@localhost named]# vi test.com
$TTL 1D
@       IN SOA  dns.test.com.  root. (
                                        0       ; serial
                                        1D      ; refresh
                                        1H      ; retry
                                        1W      ; expire
                                        3H )    ; minimum
        IN NS   dns.test.com.
dns     IN A    192.168.84.130
~

$TTL 1D
@       IN SOA  dns.test.com.   root. (
                                        0       ; serial
                                        1D      ; refresh
                                        1H      ; retry
                                        1W      ; expire
                                        3H )    ; minimum
        IN NS   dns.test.com.
130     IN PTR  dns.test.com.
```

正向

反向

图 2-163

步骤 7：将 test.com 和 test.zone 的拥有者改为 named，如图 2-164 所示。

```
[root@localhost named]# chown root:named test.com test.zone
[root@localhost named]# ll
总用量 40
drwxr-x---. 7 root  named 4096 3月   6 18:53 chroot
drwxrwx---. 2 named named 4096 3月   6 19:10 data
drwxrwx---. 2 named named 4096 3月   6 19:10 dynamic
-rw-r-----. 1 root  named 3289 4月  11 2017 named.ca
-rw-r-----. 1 root  named  152 12月 15 2009 named.empty
-rw-r-----. 1 root  named  152 6月  21 2007 named.localhost
-rw-r-----. 1 root  named  168 12月 15 2009 named.loopback
drwxrwx---. 2 named named 4096 1月  22 20:57 slaves
-rw-r-----. 1 root  named  171 3月   6 20:32 test.com
-rw-r-----. 1 root  named  174 3月   6 20:35 test.zone
```

图 2-164

步骤 8：输入“service named restart”命令，重启服务，如图 2-165 所示。

```
[root@localhost named]# service named restart
停止 named：.                                   [确定]
启动 named：                                    [确定]
```

图 2-165

步骤 9：输入命令“service iptables stop”，关闭防火墙。

步骤 10：验证服务是否配置成功。输入命令“nslookup dns.test.com”和“nslookup 192.168.84.130”，如图 2-166 所示。

```
[root@localhost named]# nslookup dns.test.com
Server:         192.168.84.130
Address:        192.168.84.130#53

Name:   dns.test.com
Address: 192.168.84.130
[root@localhost named]# nslookup 192.168.84.130
Server:         192.168.84.130
Address:        192.168.84.130#53

130.84.168.192.in-addr.arpa     name = dns.test.com.
```

图 2-166

步骤 11：在 named.rfc1912.zones 配置文件中将“allow-update {none; };”修改为“allow-transfer{192.168.84.120; 192.168.84.130; };”，保存文件并退出编辑状态，如图 2-167 所示。

```
[root@localhost named]# vi /etc/named.rfc1912.zones

zone "test.com" IN {
        type master;
        file "test.com";
        allow-transfer { 192.168.84.120; 192.168.84.130;  };
};
```

图 2-167

步骤 12：输入命令“service named restart”将 named 服务重启。

实验结束，关闭虚拟机。

★ **任务总结**

通过区域传输，可实现两个主机之间的区域传输。避免黑客利用虚假 IP 地址替换域名系统表中的 IP 地址。本任务实现了通过限制区域传输来提高 DNS 服务的安全性，如防止注册劫持、防止 DNS 欺骗攻击等。

★ **任务练习**

一、选择题

1．DNS 将域名映射为 IP 地址，属于（　　）。

A．正向解析　　B．反向解析

C．全面解析　　D．部分解析

2．DNS 将 IP 地址映射为域名，属于（　　）。

A．正向解析　　B．反向解析

C．全面解析　　D．部分解析

3．DNS 区域传输的两种方式是（　　）。（多选题）

A．部分区域传输　　B．完全区域传输

C．增量区域传输　　D．绝对区域传输

二、简答题

1．如何理解完全区域传输和增量区域传输？

2．为了提高 DNS 服务的安全性，除了使用配置查询方式、限制区域传输外，还能想到哪些方法？

任务 3　限制查询者

★ **任务情境**

磐云公司申请了新域名，但是公司只对 DNS 服务器进行了简单部署，只能在本地区域起缓存作用。小王是磐云公司的 IT 管理员，负责 DNS 服务器的后续安全配置工作。目前小王已经在 Linux 系统中完成了为新域名配置 DNS 的查询方式、限制区域传输的任务，现在需要进一步对 DNS 服务器进行安全配置，实现限制查询者、限制 DNS 服务器提供服务的范围，拒绝入侵者访问。

微课 19

★ **任务分析**

为了保护 DNS 服务器的安全，需要设置仅指定网段主机才能够查询 DNS 域名信息。在完成配置正反区域解析的前提下，更改 DNS 配置查询，使其只允许 192.168.1.0/24 网段的主机才可以查询，配置完成后使用 nslookup 验证任务实施结果。

★　预备知识

1．域名解析

DNS 是作为域名和 IP 地址相互映射的一个分布式数据库，能够使用户更方便地访问互联网，而不用去记住能够被机器直接读取的 IP 数串。通过域名，最终得到该域名对应的 IP 地址的过程叫作域名解析（或主机名解析）。

2．DNS 查询模式

当 DNS 客户端向 DNS 服务器查询地址后，或 DNS 服务器向另一台 DNS 服务器查询 IP 地址时，它总共有以下三种查询模式。

（1）递归查询

DNS 客户机送出查询要求后，DNS 服务器会将一个准确的查询结果回复给客户机，如果 DNS 服务器内没有需要的数据，那么它会查询其他的 DNS 服务器，并将查询结果交给客户机。

（2）循环查询

一般 DNS 服务器与 DNS 服务器之间的查询属于这种查询方式。当第一台 DNS 服务器在向第 2 台 DNS 服务器提出查询要求后，如果第 2 台 DNS 服务器内没有所需要的数据，则它会提供第 3 台 DNS 服务器的 IP 地址给第 1 台 DNS 服务器。

（3）反向查询

可以让 DNS 客户机利用 IP 地址反向查询其主机名称。

★　任务实施

为了保护 DNS 服务器的安全，设置仅指定网段主机才能够查询 DNS 域名信息。

步骤 1：在终端输入命令“vi /etc/named.conf”，进入 DNS 服务器配置文件，将 DNS 服务器中的本地地址改为 any，保存文件并退出编辑状态，如图 2-168 所示。

```
[root@localhost ~]# vi /etc/named.conf


options {
        listen-on port 53 { any; };
        listen-on-v6 port 53 { any; };
        directory       "/var/named";
        dump-file       "/var/named/data/cache_dump.db";
        statistics-file "/var/named/data/named_stats.txt";
        memstatistics-file "/var/named/data/named_mem_stats.txt";
        allow-query     { any; };
        recursion yes;

        dnssec-enable yes;
        dnssec-validation yes;

        /* Path to ISC DLV key */
        bindkeys-file "/etc/named.iscdlv.key";

        managed-keys-directory "/var/named/dynamic";
};
```

图 2-168

步骤 2：进入 DNS 正反区域配置文件（可以从终端进入），在文件中添加正反域名解析文件，如图 2-169 所示。

```
[root@localhost ~]# vi /etc/named.rfc1912.zones
zone "test.com" IN {
        type master;
        file "test.com";
        allow-update { none; };
};

zone "84.168.192.in-addr.arpa" IN {
        type master;
        file "test.zone";
        allow-update { none; };
};
```

图 2-169

步骤 3：准备配置正反区域解析。在文件夹下从 named 模板中复制并创建正反区域配置文件，如图 2-170 所示。

```
[root@localhost ~]# cd /var/named/
[root@localhost named]# cp named.localhost test.com
[root@localhost named]# cp named.loopback test.zone
```

图 2-170

步骤 4：配置正反域名解析文件。输入命令“vi test.com”，进入配置文件并修改文件内容，如图 2-171 所示。

```
[root@localhost named]# vi test.com
$TTL 1D
@       IN SOA  dns.test.com. root. (
                                        0       ; serial
                                        1D      ; refresh
                                        1H      ; retry
                                        1W      ; expire
                                        3H )    ; minimum
        IN NS   dns.test.com.
dns     IN A    192.168.84.130
~

$TTL 1D
@       IN SOA  dns.test.com.   root. (
                                        0       ; serial
                                        1D      ; refresh
                                        1H      ; retry
                                        1W      ; expire
                                        3H )    ; minimum
        IN NS   dns.test.com.
130     IN PTR  dns.test.com.
~
~
~
```

正向

反向

图 2-171

步骤 5：将 test.com 和 test.zone 的拥有者改为 named，如图 2-172 所示。

```
[root@localhost named]# chown root:named test.com test.zone
[root@localhost named]# ll
总用量 40
drwxr-x---. 7 root  named 4096 3月   6 18:53 chroot
drwxrwx---. 2 named named 4096 3月   6 19:10 data
drwxrwx---. 2 named named 4096 3月   6 19:10 dynamic
-rw-r-----. 1 root  named 3289 4月  11 2017 named.ca
-rw-r-----. 1 root  named  152 12月 15 2009 named.empty
-rw-r-----. 1 root  named  152 6月  21 2007 named.localhost
-rw-r-----. 1 root  named  168 12月 15 2009 named.loopback
drwxrwx---. 2 named named 4096 1月  22 20:57 slaves
-rw-r-----. 1 root  named  171 3月   6 20:32 test.com
-rw-r-----. 1 root  named  174 3月   6 20:35 test.zone
```

图 2-172

步骤 6：输入命令“service named restart”，重启 named 服务。

步骤 7：输入命令“nslookup dns.test.com”和“nslookup 192.168.84.130”，验证服务是否配置成功。

步骤 8：编辑 named.conf 文件，更改 DNS 配置查询，改为只允许 192.168.1.0/24 网段可以查询，如图 2-173 所示。

```
[root@localhost named]# vi /etc/named.conf
options {
        listen-on port 53 { any; };
        listen-on-v6 port 53 { any; };
        directory       "/var/named";
        dump-file       "/var/named/data/cache_dump.db";
        statistics-file "/var/named/data/named_stats.txt";
        memstatistics-file "/var/named/data/named_mem_stats.txt";
        allow-query     { 192.168.1.0/24; };
        recursion yes;

        dnssec-enable yes;
        dnssec-validation yes;
```

图 2-173

步骤 9：将 named 服务重启。使用 nslookup 命令进行解析测试，测试结果为 REFUSED（拒绝），如图 2-174 所示。

```
[root@localhost named]# service named restart
停止 named：                                          [确定]
启动 named：                                          [确定]
[root@localhost named]# nslookup 192.168.84.130
Server:         192.168.84.130
Address:        192.168.84.130#53

** server can't find 130.84.168.192.in-addr.arpa: REFUSED

[root@localhost named]# nslookup dns.test.com
Server:         192.168.84.130
Address:        192.168.84.130#53

** server can't find dns.test.com: REFUSED
```

图 2-174

步骤 10：编辑 named.conf 文件，更改 DNS 配置查询，改为只允许 192.168.84.0/24 网段主机可以查询，如图 2-175 所示。

```
[root@localhost named]# vi /etc/named.conf

options {
        listen-on port 53 { any; };
        listen-on-v6 port 53 { any; };
        directory       "/var/named";
        dump-file       "/var/named/data/cache_dump.db";
        statistics-file "/var/named/data/named_stats.txt";
        memstatistics-file "/var/named/data/named_mem_stats.txt";
        allow-query     { 192.168.84.0/24; };
        recursion yes;

        dnssec-enable yes;
        dnssec-validation yes;

        /* Path to ISC DLV key */
```

图 2-175

步骤 11：将 named 服务重启，并且使用 nslookup 命令进行解析测试，如图 2-176 所示。

```
[root@localhost named]# service named restart
停止 named:                                                [确定]
启动 named:                                                [确定]
[root@localhost named]# nslookup dns.test.com
Server:         192.168.84.130
Address:        192.168.84.130#53

Name:   dns.test.com
Address: 192.168.84.130

[root@localhost named]# nslookup 192.168.84.130
Server:         192.168.84.130
Address:        192.168.84.130#53

130.84.168.192.in-addr.arpa     name = dns.test.com.
```

图 2-176

实验结束，关闭虚拟机。

★ **任务总结**

本任务是继配置 DNS 的查询方式、限制区域传输之后又一安全性配置，通过修改 DNS 配置查询，限制查询者，实现仅指定网段主机可查询 DNS 信息，以保障 DNS 服务器不易被黑客发现并攻击。

★ **任务练习**

一、选择题

1．某 Web 服务器的 URL 为 http://www.test.com，在 test.com 区域中为其添加 DNS 记录时，主机名称为（　　）。

A．https　　B．www　　C．https.www　　D．test

2．限制查询者是 DNS 服务的一项安全配置，以下不是其作用的是（　　）。

A．实现仅指定网段可查询 DNS 信息

B．预防病毒

C．使 DNS 不易被黑客发现

D．提升 DNS 服务的安全性

3．关于 DNS 服务器的叙述，错误的是（　　）。

A．用户只能使用本网段内 DNS 服务器进行域名解析

B．主域名服务器负责维护这个区域的所有域名信息

C．辅助域名服务器作为主域名服务器的备份服务器提供域名解析服务

D．转发域名服务器负责非本地域名查询

二、简答题

1．除了限制指定网段主机可查询外，限制查询者还有哪些方法？

2．除了限制查询者外，提高 DNS 服务安全性还有什么方法？

任务 4　分离 DNS

★　任务情境

微课 20

磐云公司申请了新域名，但是公司只对 DNS 服务器进行了简单部署，只能在本地区域起缓存作用。小王是磐云公司的 IT 管理员，目前小王已完成了为新域名配置 DNS 的查询方式、限制区域传输、限制查询者的任务，为了进一步提高 DNS 服务的安全性，小王需要操控 Linux 系统，进一步对 DNS 服务器进行安全配置，即内外网分离 DNS。

★　任务分析

设置内外网分离 DNS，把 DNS 系统划分为内部和外部两部分，外部 DNS 系统位于公共服务区，负责正常对外解析工作；内部 DNS 系统则专门负责解析内部网络的主机，这样使不同的客户端解析相同的域名得到不同的 IP 地址。本任务首先需要配置正反区域解析，将内外网的相同域名解析为不同的 IP 地址，最后验证任务实施结果。

★　预备知识

DNS 分离解析

DNS 分离解析即将内外网的相同域名解析为不同的 IP 地址，好处是互联网中其他用户只能看到外部 DNS 系统中的服务器，而且只有内、外 DNS 服务器之间才交换 DNS 查询信息，从而保证了系统的安全性，而且这种技术可以有效地预防信息的泄露，现实网络中一些电商网站为了解析速度更快让用户有更好的体验效果，就会把来自不同运营商的用户解析到相对应的服务器，这样就大大提升了访问速度。

★ 任务实施

本任务实施过程中通过设置内、外网分离 DNS，使不同的客户端解析相同的域名得到不同的 IP 地址，进一步提高 DNS 服务的安全性。

步骤 1：在终端输入命令“vi/etc/named.conf”，进入 DNS 服务器配置文件，将 DNS 服务器中本地地址改为 any，保存文件并退出，如图 2-177 所示。

```
[root@localhost ~]# vi /etc/named.conf


options {
        listen-on port 53 { any; };
        listen-on-v6 port 53 { any; };
        directory       "/var/named";
        dump-file       "/var/named/data/cache_dump.db";
        statistics-file "/var/named/data/named_stats.txt";
        memstatistics-file "/var/named/data/named_mem_stats.txt";
        allow-query     { any; };
        recursion yes;

        dnssec-enable yes;
        dnssec-validation yes;

        /* Path to ISC DLV key */
        bindkeys-file "/etc/named.iscdlv.key";

        managed-keys-directory "/var/named/dynamic";
};
```

图 2-177

步骤 2：进入 DNS 正反区域配置文件（可以从终端进入），在文件中添加正反域名解析文件，如图 2-178 所示。

```
[root@localhost ~]# vi /etc/named.rfc1912.zones
zone "test.com" IN {
        type master;
        file "test.com";
        allow-update { none; };
};

zone "84.168.192.in-addr.arpa" IN {
        type master;
        file "test.zone";
        allow-update { none; };
};
```

图 2-178

步骤 3：准备配置正反区域解析。在文件夹下从 named 模板中复制并创建正反区域解析文件，如图 2-179 所示。

```
[ root@localhost ~]# cd /var/named/
[ root@localhost named]# cp named.localhost test.com
[ root@localhost named]# cp named.loopback test.zone
```

图 2-179

步骤 4：配置正反向解析文件。输入命令“vi test.com”，打开文件并修改文件内容，如图 2-180 所示。

```
[ root@localhost named]# vi test.com
$TTL 1D
@       IN SOA  dns.test.com.  root. (
                                        0       ; serial
                                        1D      ; refresh
                                        1H      ; retry
                                        1W      ; expire
                                        3H )    ; minimum
        IN NS   dns.test.com.
dns     IN A    192.168.84.130
~

$TTL 1D
@       IN SOA  dns.test.com.    root. (
                                        0       ; serial
                                        1D      ; refresh
                                        1H      ; retry
                                        1W      ; expire
                                        3H )    ; minimum
        IN NS   dns.test.com.
130     IN PTR  dns.test.com.
~
~
~
```

正向

反向

图 2-180

步骤 5：将 test.com 和 test.zone 的拥有者改为 named，如图 2-181 所示。

```
[ root@localhost named]# chown root:named test.com test.zone
[ root@localhost named]# ll
总用量 40
drwxr-x---. 7 root  named 4096 3月   6 18:53 chroot
drwxrwx---. 2 named named 4096 3月   6 19:10 data
drwxrwx---. 2 named named 4096 3月   6 19:10 dynamic
-rw-r-----. 1 root  named 3289 4月  11 2017 named.ca
-rw-r-----. 1 root  named  152 12月 15 2009 named.empty
-rw-r-----. 1 root  named  152 6月  21 2007 named.localhost
-rw-r-----. 1 root  named  168 12月 15 2009 named.loopback
drwxrwx---. 2 named named 4096 1月  22 20:57 slaves
-rw-r-----. 1 root  named  171 3月   6 20:32 test.com
-rw-r-----. 1 root  named  174 3月   6 20:35 test.zone
```

图 2-181

步骤 6：重启 named 服务，输入命令“service named restart”。

步骤 7：验证服务是否配置成功。输入命令“nslookup dns.test.com”和“nslookup 192.168.84.130”。

步骤 8：编辑 named.conf 文件，将 zone” .” IN { type hint;file” named.ca” ;};这句命令注释掉，如图 2-182 所示。

```
[root@localhost named]# vi /etc/named.conf

logging {
        channel default_debug {
                file "data/named.run";
                severity dynamic;
        };
};

/*zone "." IN {
        type hint;
        file "named.ca";
};
*/
```

图 2-182

步骤 9：编辑 named.rfc1912.zones 文件，在文件最底部添加如图 2-183 所示内容。

```
[root@localhost named]# vi /etc/named.rfc1912.zones
acl "internal" {192.168.84.130; };
acl "external" {192.168.84.120; };
view "internal"{
match-clients {"internal"; };
zone "hello.com"{
type master;
file "hello.com.internal";
};
};
view "external"{
match-clients {"external"; };
zone "hello.com"{
type master;
file "hello.com.external";
};
};
```

图 2-183

步骤 10：将 named 服务重启。使用 nslookup dns.hello.com 进行测试，测试结果的输出地址为 192.168.84.130，如图 2-184 所示。

```
[root@localhost named]# nslookup dns.hello.com
Server:         192.168.84.130
Address:        192.168.84.130#53

Name:   dns.hello.com
Address: 192.168.84.130
```

图 2-184

步骤 11：打开 Windows7 虚拟机，将网卡 DNS 改为 192.168.84.130，如图 2-185 所示。

```
C:\Users\Administrator> ipconfig /all

Windows IP 配置

   主机名  . . . . . . . . . . . . . : DESKTOP-9EFUILN
   主 DNS 后缀 . . . . . . . . . . . :
   节点类型  . . . . . . . . . . . . : 混合
   IP 路由已启用 . . . . . . . . . . : 否
   WINS 代理已启用 . . . . . . . . . : 否

以太网适配器 以太网:

   媒体状态  . . . . . . . . . . . . : 媒体已断开连接
   连接特定的 DNS 后缀 . . . . . . . :
   描述. . . . . . . . . . . . . . . : Intel(R) Ethernet Connection I219-V
   物理地址. . . . . . . . . . . . . : 54-E1-AD-0E-92-19
   DHCP 已启用 . . . . . . . . . . . : 是
   自动配置已启用. . . . . . . . . . : 是

以太网适配器 VMware Network Adapter VMnet1:

   连接特定的 DNS 后缀 . . . . . . . :
   描述. . . . . . . . . . . . . . . : VMware Virtual Ethernet Adapter for VMnet1
   物理地址. . . . . . . . . . . . . : 00-50-56-C0-00-01
   DHCP 已启用 . . . . . . . . . . . : 是
   自动配置已启用. . . . . . . . . . : 是
   本地链接 IPv6 地址. . . . . . . . : fe80::645e:460d:8c6d:eb21%13(首选)
   IPv4 地址 . . . . . . . . . . . . : 192.168.198.1(首选)
   子网掩码  . . . . . . . . . . . . : 255.255.255.0
   获得租约的时间  . . . . . . . . . : 2020年4月13日 9:31:12
   租约过期的时间  . . . . . . . . . : 2020年4月13日 10:31:12
   默认网关. . . . . . . . . . . . . :
   DHCP 服务器 . . . . . . . . . . . : 192.168.198.254
   DHCPv6 IAID . . . . . . . . . . . : 704663638
   DHCPv6 客户端 DUID  . . . . . . . : 00-01-00-01-25-A0-48-C0-54-E1-AD-0E-92-19
   DNS 服务器  . . . . . . . . . . . : fec0:0:0:ffff::1%1
                                       fec0:0:0:ffff::2%1
                                       fec0:0:0:ffff::3%1
   TCPIP 上的 NetBIOS  . . . . . . . : 已启用

以太网适配器 以太网 2:

   连接特定的 DNS 后缀 . . . . . . . :
```

图 2-185

步骤 12：在 Windows 7 命令指示符中输入“nslookup dns.hello.com”，获得的地址为 192.168.84.111，如图 2-186 所示。

```
C: \Users \test>nsloopup dns.hello .com
DNS request timed out
    Timeout was 2 seconds .
服务器： UnKonwn
Address:    192.168.84.130

名称：   dns.hello .com
Address:  192.168.84.111        服务器域名及地址

名称： www.test.com
Address:192.168.84.131
```

图 2-186

实验结束，关闭虚拟机。

★　任务总结

本任务通过安全设置 DNS 使得内、外网分离，同时可实现不同的客户端解析相同的域名得到不同的 IP 地址。这样可以达到负载均衡的效果，使得解析速度更快，并且进一步提高了 DNS 服务的安全性。

★ **任务练习**

一、选择题

1．关于 DNS 内、外网分离描述错误的是（　　）。

A．可实现不同的客户端解析相同的域名得到不同的 IP 地址

B．可以达到负载均衡的效果

C．可以使 DNS 解析速度更快

D．可以预防计算机病毒

2．在客户端除了可以用 ping 命令外，还可以使用（　　）命令来测试 DNS 是否正常工作。

A．ipconfig　　B．nslookup　　C．route　　D．netstat

3．在进行域名解析过程中，由（　　）获取的解析结果耗时最短。

A．主域名服务器　　B．辅域名服务器

C．缓存域名服务器　　D．转发域名服务器

二、简答题

1．实现 DNS 内外网分离有什么好处？

2．提高 DNS 服务的安全性，除了配置 DNS 的查询方式、限制区域传输、限制查询者的任务、DNS 内外网分离外，还有哪些方法？

任务 5　配置域名转发

★ **任务情境**

微课 21

磐云公司申请了新域名，但是公司只对 DNS 服务器进行了简单的部署，只设置了本地区域，起到缓存作用。小王是磐云公司的 IT 管理员，DNS 服务器的后续安全配置工作由小王负责，目前小王已完成了为新域名配置 DNS 的查询方式、限制区域传输、限制查询者、DNS 内外网分离的任务，为了进一步提高 DNS 服务的安全性，现在小王在 Linux 系统中对 DNS 服务器进行进一步安全配置，即域名转发，以达到访问域名时自动跳转到所指定的另一个网络地址的目的。

★ **任务分析**

设置域名转发，以达到访问域名时自动跳转到所指定的另一个网络地址，可以进一步提高 DNS 服务的安全性。首先需要配置正反区域解析，再配置 DNS 域名 test.com 及 test.zone 自动跳转至 192.168.84.130，最后验证任务实施结果。

★　预备知识

1．转发器

转发器是网络上的域名系统（DNS）服务器，用于将外部 DNS 名称的 DNS 查询转发到该网络外部的 DNS 服务器。还可以通过配置服务器以使用条件转发器根据特定域名转发查询。当网络中的其他 DNS 服务器配置为将无法在本地解析的查询转发到该 DNS 服务器时，网络上的 DNS 服务器被指定为转发器。

2．转发器的分类

按转发类型来区分，转发器可分为完全转发服务器和条件转发服务器。

完全转发服务器：将所有区域的 DNS 查询请求转发到其他 DNS 服务器上。

条件转发服务器：只能转发指定区域的 DNS 查询请求。

3．域名转发的分类

域名转发分为隐含转发和非隐含转发。隐含转发是指当前域名转发后，仍然显示当前域名，而非隐含转发是指当前域名转发后，显示被转发的地址。

★　任务实施

步骤 1：在终端输入命令“vi/etc/named.conf”，进入 DNS 服务器配置文件，将 DNS 服务器中本地地址改为 any，保存文件并退出编辑状态，如图 2-187 所示。

```
[root@localhost ~]# vi /etc/named.conf


options {
        listen-on port 53 { any; };
        listen-on-v6 port 53 { any; };
        directory       "/var/named";
        dump-file       "/var/named/data/cache_dump.db";
        statistics-file "/var/named/data/named_stats.txt";
        memstatistics-file "/var/named/data/named_mem_stats.txt";
        allow-query     { any; };
        recursion yes;

        dnssec-enable yes;
        dnssec-validation yes;

        /* Path to ISC DLV key */
        bindkeys-file "/etc/named.iscdlv.key";

        managed-keys-directory "/var/named/dynamic";
};
```

图 2-187

步骤 2：进入 DNS 正反区域配置文件（可以在终端进入），在文件中添加正反域名解析文件，如图 2-188 所示。

```
[root@localhost ~]# vi /etc/named.rfc1912.zones
zone "test.com" IN {
        type master;
        file "test.com";
        allow-update { none; };
};

zone "84.168.192.in-addr.arpa" IN {
        type master;
        file "test.zone";
        allow-update { none; };
};
```

图 2-188

步骤 3：准备配置正反区域解析：在文件夹下从 named 模板中复制并创建正反区域解析文件，如图 2-189 所示。

```
[root@localhost ~]# cd /var/named/

[root@localhost named]# cp named.localhost test.com
[root@localhost named]# cp named.loopback test.zone
```

图 2-189

步骤 4：配置正反向解析文件：输入“vi test.com”并将文件内容修改，如图 2-190 所示。

```
[root@localhost named]# vi test.com
$TTL 1D
@       IN SOA  dns.test.com. root. (
                                        0       ; serial
                                        1D      ; refresh        正向
                                        1H      ; retry
                                        1W      ; expire
                                        3H )    ; minimum
        IN NS   dns.test.com.
dns     IN A    192.168.84.130
~

$TTL 1D
@       IN SOA  dns.test.com.   root. (
                                        0       ; serial
                                        1D      ; refresh        反向
                                        1H      ; retry
                                        1W      ; expire
                                        3H )    ; minimum
        IN NS   dns.test.com.
130     IN PTR  dns.test.com.
~
~
~
```

图 2-190

步骤 5：将 test.com 和 test.zone 的拥有者改为 named，如图 2-191 所示。

```
[root@localhost named]# chown root:named test.com test.zone
[root@localhost named]# ll
总用量 40
drwxr-x---. 7 root  named 4096 3月   6 18:53 chroot
drwxrwx---. 2 named named 4096 3月   6 19:10 data
drwxrwx---. 2 named named 4096 3月   6 19:10 dynamic
-rw-r-----. 1 root  named 3289 4月  11 2017 named.ca
-rw-r-----. 1 root  named  152 12月 15 2009 named.empty
-rw-r-----. 1 root  named  152 6月  21 2007 named.localhost
-rw-r-----. 1 root  named  168 12月 15 2009 named.loopback
drwxrwx---. 2 named named 4096 1月  22 20:57 slaves
-rw-r-----. 1 root  named  171 3月   6 20:32 test.com
-rw-r-----. 1 root  named  174 3月   6 20:35 test.zone
```

图 2-191

步骤 6：输入命令：service named restart，重启 named 服务。

步骤 7：验证服务是否配置成功，输入命令 nslookup dns.test.com 和 nslookup 192.168.84.130，若输出 Address：192.168.84.130 及 name=dns.test.com，则服务配置成功。

步骤 8：编辑 named.conf 文件，在 options 中添加如下参数，保存并退出，如图 2-192 所示。

```
Recursion  yes;                      允许诋毁查询
Forwarders {192.168.84.120;};        指定转发查询请求的DNS服务器列表
Forward    only;                     仅执行转发操作
```

```
[root@localhost named]# vi /etc/named.conf

options {
        listen-on port 53 { any; };
        listen-on-v6 port 53 { any; };
        directory       "/var/named";
        dump-file       "/var/named/data/cache_dump.db";
        statistics-file "/var/named/data/named_stats.txt";
        memstatistics-file "/var/named/data/named_mem_stats.txt";
        allow-query     { any; };
        recursion yes;
        Forwarders {192.168.84.120; };
        Forward only;

        dnssec-enable yes;
        dnssec-validation yes;

        /* Path to ISC DLV key */
        bindkeys-file "/etc/named.iscdlv.key";
```

图 2-192

步骤 9：输入命令 service named restart，将 named 服务重启。

步骤 10：输入命令 service iptables stop，关闭 Linux 防火墙。

步骤 11：打开虚拟机 Windows 7，将 DNS 地址改为 192.168.84.130。

步骤 12：经过验证发现，DNS 域名转发设置成功，如图 2-193 所示。

```
> set debug
> dns .test .com
Address:  192.168.84.130

---------

Got answer:
    HEADER:
    Opcode = QUERY, id = 2, rcode = NOERROR
    Header flags: response,auth. Andwer, want recursion, recursion avail.
    Questions = 1, answers = 1, authority records = 1, additional = 0

QUESTIONS:
   Dns .test .com, type = A, class = IN
ANSWERS:
 ->dns.test.com
   Internet address = 192.168.84.130
   ttl = 86400 (1 day)
AUTHORITY RECORDS:
 -> test.com namedserver = dns.test.com
    ttl = 86400 (1 day)
```

域名转发成功

图 2-193

实验结束，关闭虚拟机。

★ 任务总结

本任务通过设置 DNS 域名转发，实现了多个域名指向一个网站或网站子目录的功能。同时也实现了访问域名时自动跳转到指定网络地址的功能。

★ 任务练习

一、选择题

1．转发器应用的场合是（　　）。

A．指定某个主机负责邮件交换

B．定义反向的 IP 地址到主机名的映射

C．记录提供特殊服务的服务器的机关数据

D．将 DNS 客户端发送的域名解析请求转发到外部 DNS 服务器

2．DNS 域名转发时，本地 DNS 服务器可称为（　　）。

A．转发器　　B．缓存服务器　　C．解析服务器　　D．转发服务器

3．DNS 域名转发时，外部（上游）DNS 服务器可称为（　　）。

A．转发器　　B．缓存服务器　　C．解析服务器　　D．转发服务器

二、简答题

1．域名跳转过程中，域名与 IP 地址是一对一的关系还是多对一的关系？

2．提高 DNS 服务效率及安全性，除了域名转发外，还有什么方法？

项目 4　Apache 服务的安全配置

➢　项目描述

磐云公司组建了公司网络，需架设 Apache 服务器，设置 Apache 安全策略及进行日常维护。

➢　项目分析

工程师小王与团队成员讨论后，决定先设置特定的用户访问 Apache 的特定网页，再设置主机访问控制。

任务 1　设置特定的用户运行 Apache 服务器

★　**任务情境**

磐云公司组建了公司网络，建设了公司网站。现需要架设 Apache 服务器为公司网站安家。小王是公司 IT 管理员，主要负责架设 Apache 服务器、设置 Apache 安全策略及日常维护的工作。他目前的任务是在 Linux 系统中对 Apache 服务器中进行设置，实现只能特定的用户运行 Apache 服务器。

微课 22

★　**任务分析**

为了公司 Apache 服务器的安全，在众多网站用户中，设置特定的用户访问 Apache 的特定网页。例如，后台管理等保密网页。首先设置特定的用户 test1 和 test2，创建测试网页文件，名为 test.html，分别将网页文件的拥有者设置为 test1 和 test2，验证结果。

★　**预备知识**

1．Apache **服务器简介**：

Apache 是世界使用排名第一的 Web 服务器软件。它几乎可以运行在所有广泛使用的计算机平台上，它快速、可靠并且可通过简单的 API 扩充，由于其跨平台和安全性 Apache 是最流行的 Web 服务器软件之一。

2．Apache **主配置文件**

Apache 服务器的配置信息全部存储在主配置文件/etc/httpd/conf/httpd.conf 中，这个文件中的内容非常多，一共有 1009 行，其中大部分是以#开头的注释行。httpd.conf 文件配置分为全局环境变量（Global Environment）、主服务器配置（Main Server Configuration）、虚拟主机（Virtual Hosts）三大块。其主要语句及语句含义见表 2-3。

表 2-3

序号	语句	含义
1	ServerTokens OS	在出现错误页的时候是否显示服务器操作系统的名称，默认显示。ServerTokens Prod 为不显示。
2	ServerRoot "/etc/httpd"	用于指定 Apache 的运行目录，Apache 服务启动之后自动将目录改变为当前目录，在后面使用到的所有相对路径都是相对这个目录的。
3	PidFile run/httpd.pid	记录 httpd 守护进程的 pid 号码，这是系统识别一个进程的方法，系统中 httpd 进程可以有多个，但这个 PID 对应的进程是其他进程的父进程。
4	Timeout 60	服务器与客户端断开的时间
5	KeepAlive Off	是否持续连接（因为每次连接都需要 TCP 三次握手，如果网站访问量比较大，可以设置为 On）。
6	Listen 80	监听的端口
7	User apache Group apache	启动 Apache 服务后转换的运行身份，在启动服务时通常以 root 身份，然后转换身份，这样增加系统安全
8	ServerAdmin root@localhost	管理员的邮箱
9	ServerName www.example.com:80	默认是不需要指定的，服务器通过名称解析过程来获得自己的名字，也可以在这里指定 IP 地址
10	DocumentRoot "/var/www/html"	网页文件存放的目录（网站主目录）

★ 任务实施

为了公司 Apache 服务器的安全，在众多网站用户中，设置特定的用户访问 Apache 的特定网页，例如，后台管理等保密网页。

步骤 1：启动 CentOS 6.8 虚拟机，进入系统桌面环境，打开终端，如图 2-194 所示。

步骤 2：创建两个用户：test1 和 test2，如图 2-195 所示。

步骤 3：在网页目录下创建一个名为 test.html 的网页文件，并向其写入单词 hello，如图 2-196 所示。

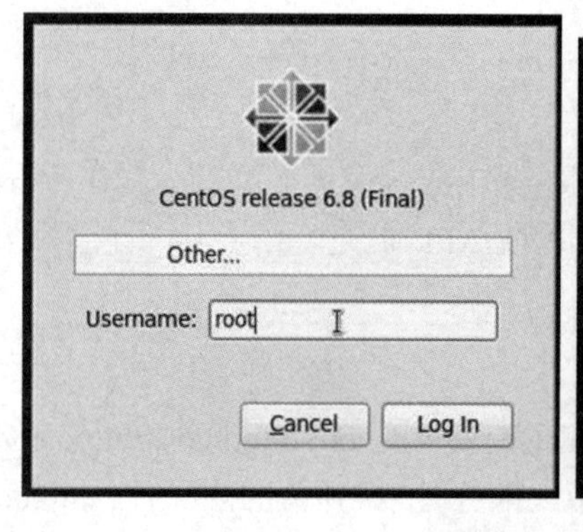

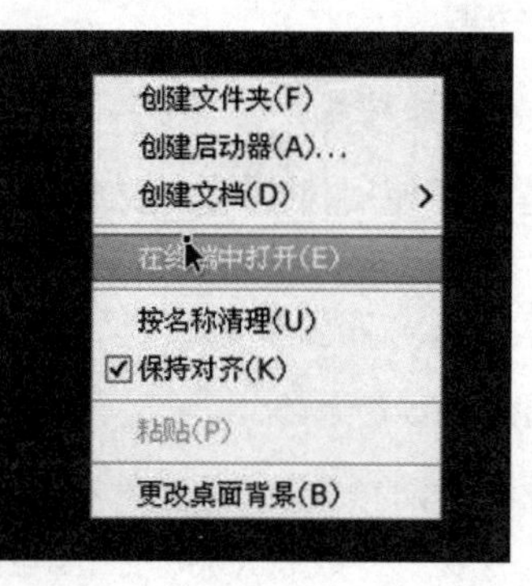

图 2-194

```
[root@localhost /]# useradd test1
[root@localhost /]# useradd test2
```

图 2-195

```
[root@localhost /]# touch /var/www/html/test/test.html
[root@localhost /]# echo hello > /var/www/html/test/test.html
```

图 2-196

步骤 4：将 test.html 的所有者改为 test1，权限为读取写入执行，如图 2-197 所示。

```
[root@localhost /]# chown test1:test1 /var/www/html/test/test.html
[root@localhost /]# chmod 770 /var/www/html/test/test.html
```

图 2-197

步骤 5：对 Apache 服务文件进行配置，将 User apache 改为 User test1，把 Group apache 改成 Group test1，保存并退出，如图 2-198 所示。

```
#
# If you wish httpd to run as a different user or group, you must run
# httpd as root initially and it will switch.
#
# User/Group: The name (or #number) of the user/group to run httpd as.
#  . On SCO (ODT 3) use "User nouser" and "Group nogroup".
#  . On HPUX you may not be able to use shared memory as nobody, and the
#    suggested workaround is to create a user www and use that user.
#  NOTE that some kernels refuse to setgid(Group) or semctl(IPC_SET)
#  when the value of (unsigned)Group is above 60000;
#  don't use Group #-1 on these systems!
#
User test1
Group test1
```

图 2-198

步骤 6：重启 Httpd 服务，如图 2-199 所示。

```
[root@localhost /]# service httpd restart
停止 httpd:                                                [确定]
正在启动 httpd: httpd: Could not reliably determine the server's fully qualified
 domain name, using localhost.localdomain for ServerName
                                                           [确定]
```

图 2-199

步骤 7：查看当前服务使用情况，如图 2-200 所示。

```
[root@localhost /]# ps -ef | grep httpd        查看httpd进程信息
root      2569     1  0 11:41 ?        00:00:00 /usr/sbin/httpd
test1     2572  2569  0 11:41 ?        00:00:00 /usr/sbin/httpd
test1     2573  2569  0 11:41 ?        00:00:00 /usr/sbin/httpd
test1     2574  2569  0 11:41 ?        00:00:00 /usr/sbin/httpd
test1     2575  2569  0 11:41 ?        00:00:00 /usr/sbin/httpd
test1     2576  2569  0 11:41 ?        00:00:00 /usr/sbin/httpd
test1     2577  2569  0 11:41 ?        00:00:00 /usr/sbin/httpd
test1     2578  2569  0 11:41 ?        00:00:00 /usr/sbin/httpd
test1     2579  2569  0 11:41 ?        00:00:00 /usr/sbin/httpd
root      2581  2518  0 11:41 pts/0    00:00:00 grep httpd
```

图 2-200

步骤 8：打开浏览器访问 localhost/test/test.html 发现 User 为 test1 时允许访问，如图 2-201

所示。

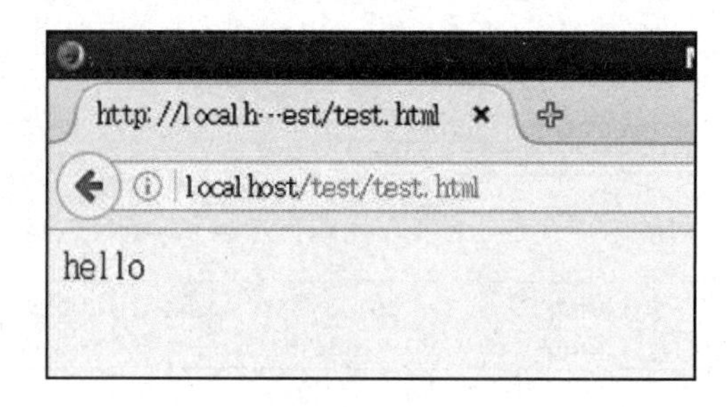

图 2-201

步骤 9：使用 test2 用户，再次对 Apache 服务文件进行配置，将 User apache 改为 User test2，把 Group apache 改成 Group test2 保存并对退出，如图 2-202 所示。

```
# If you wish httpd to run as a different user or group, you must run
# httpd as root initially and it will switch.
#
# User/Group: The name (or #number) of the user/group to run httpd as.
#  . On SCO (ODT 3) use "User nouser" and "Group nogroup".
#  . On HPUX you may not be able to use shared memory as nobody, and the
#    suggested workaround is to create a user www and use that user.
#  NOTE that some kernels refuse to setgid(Group) or semctl(IPC_SET)
#  when the value of (unsigned)Group is above 60000;
#  don't use Group #-1 on these systems!
#
User test2
Group test2
```

图 2-202

步骤 10：重启 Httpd 服务。

步骤 11：查看当前服务使用，ps -ef | grep httpd。

步骤 12：打开浏览器访问 localhost/test/test.html 发现 USER 为 test2 时拒绝访问。

实验结束，关闭虚拟机。

★ 任务总结

本任务通过在 Apache 服务器中进行设置，实现使特定的用户运行 Apache 服务器。为了安全的考虑，可以通过改变端口，进而使用普通用户的权限来启动服务器，服务器本身以 root 权限打开 80 端口后，再改变为普通用户身份进行运行，这样就减少了危险性。

★ 任务练习

一、选择题

1．Apache 服务器默认的接听连接端口号是（　　）。

A．1024　　B．800　　C．80（http）　　D．8

2．下列不是 Apache 服务器相关模块的是（　　）。

A．SSO 模块　　B．并发限制模块

C．日志监控模块　　D．缓存模块

3．如果以 Apache 为 www 服务器，（　　）是最重要的配置文件。

A．access.conf　　B．srm.cong　　C．httpd.conf　　D．mime.types

二、简答题

1．如何通过改变端口的方式使用普通用户的权限来启动服务器？
2．除了使用特定的用户运行 Apache 服务器外，还有哪些 Apache 的安全策略？

任务 2　Apache 的安全策略——设置主机访问控制

★　任务情境

磐云公司组建了公司网络，建设了公司网站。现需要架设 Apache 服务器为公司网站安家。小王是公司 IT 管理员，他的日常工作是架设 Apache 服务器，设置 Apache 安全策略及日常维护等。为了保证 Apache 服务器的安全，小王现在的任务是在 Linux 系统的 Apache 服务器中设置主机访问控制，使得仅允许部分主机可以进行访问。

微课 23

★　任务分析

为了保证 Apache 服务器的安全，需要设置主机访问控制，仅允许部分主机可以进行访问。首先需配置身份认证，在 html 目录下创建文件夹 test，在 test 中创建子文件夹 test_file，然后在 Apache 服务配置界面，将 AllowOverride None 改为 AllowOverride All，最后通过配置使得仅允许部分主机可以进行访问。

★　预备知识

1．访问控制（Access Control）

访问控制指系统对用户身份及其所属的预先定义的策略组限制其使用数据资源能力的手段。通常用于系统管理员控制用户对服务器、目录、文件等网络资源的访问。访问控制是系统保密性、完整性、可用性和合法使用性的重要基础，是网络安全防范和资源保护的关键策略之一，也是主体依据某些控制策略、权限对客体本身或其资源进行的不同授权访问。

2．Apache 服务器的安全特性

采用选择性访问控制和强制性访问控制的安全策略，从 Apache 或 Web 的角度来讲，选择性访问控制 DAC 是基于用户名和密码的，强制性访问控制 MAC 则是依据发出请求的客户端的 IP 地址或所在的域号来进行界定的。对于 DAC 方式，如输入错误，用户还有机会更正，重新输入正确的密码，如果用户通过不了 MAC 关卡，那么用户将被禁止进一步的操作，除非服务器作出安全策略调整，否则用户的任何努力都将无济于事。

3．Apache 的安全模块

Apache 的一个优势便是其灵活的模块结构，其设计思想也是围绕模块概念而展开的。安全模块是 Apache Server 中极其重要的组成部分。这些安全模块负责提供 Apache Server 的访问控制和认证、授权等一系列至关重要的安全服务。mod_access 模块能够根据访问者的 IP 地址（或域名、主机名等）来控制对 Apache 服务器的访问，称之为基于主机的访问控制。

★ **任务实施**

步骤 1：启动 CentOS 6.8 虚拟机，连接终端，进入 Apache 服务配置界面，如图 2-203 所示。

图 2-203

步骤 2：找到 AccessFileName .htaccess，将"Flies ~" ^\.ht"" 改为"Flies ~" ^\.htaccess"，保存并退出，如图 2-204 所示。

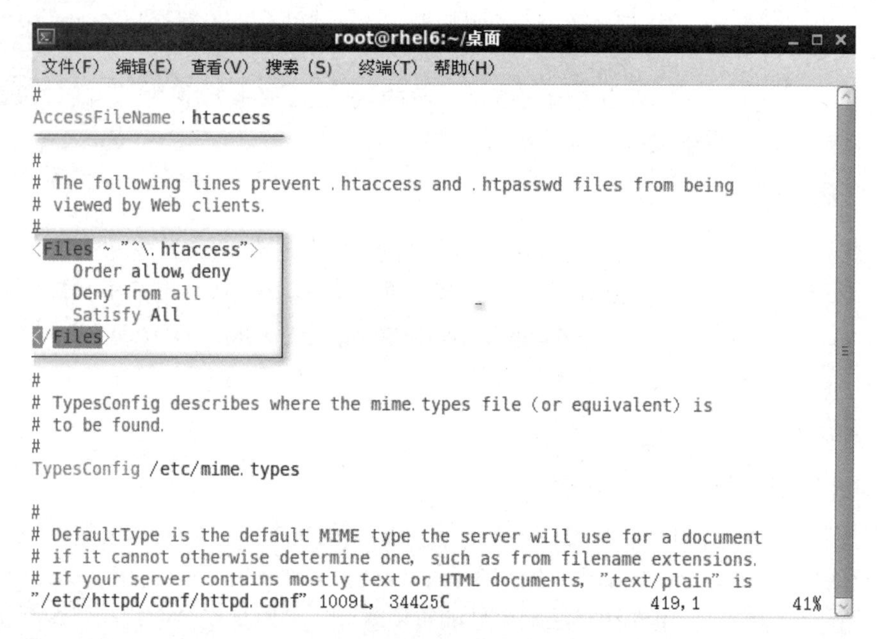

图 2-204

步骤 3：进入 html 文件夹内，创建文件夹 test，在 test 于文件夹中创建文件 test_file，如图 2-205 所示。

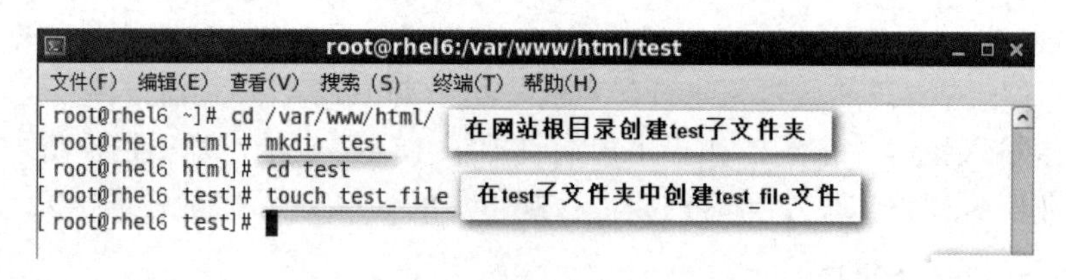

图 2-205

步骤 4：进入 Apache 服务配置界面，找到 AllowOverride None，将 None 改为 All，保存并退出，如图 2-206 所示。

步骤 5：重启 Apache 服务。

步骤 6：在 test 文件夹中创建“.htaccess”文件并在里面写入“Options -Indexes”，如图 2-207 所示。

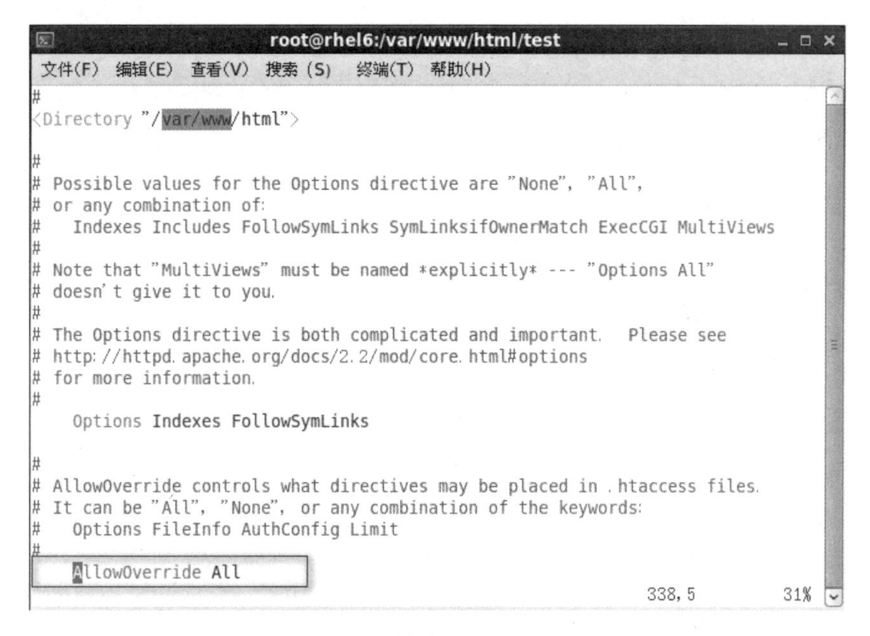

图 2-206

图 2-207

步骤 7：在终端输入“ifconfig”查看本地地址，如图 2-208 所示。

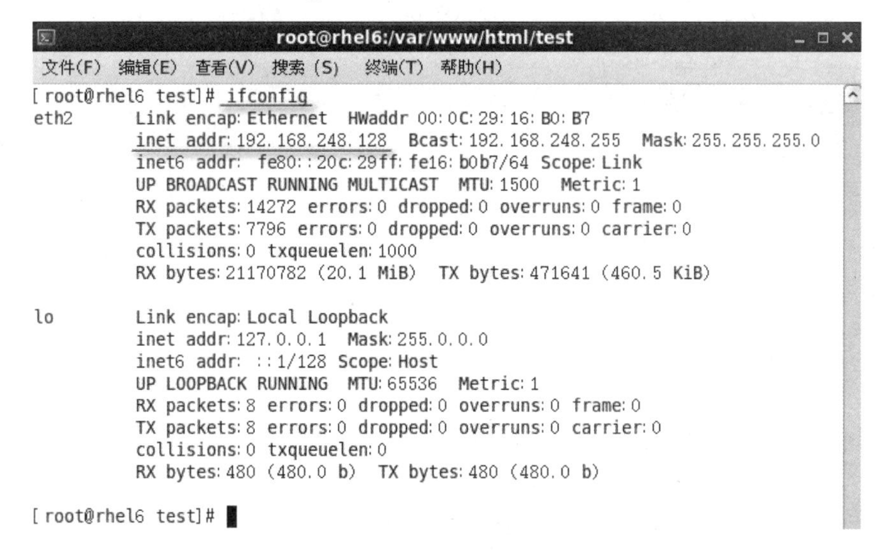

图 2-208

步骤 8：打开图形化界面，在浏览器中输入地址 192.168.248.128/test 或者 localhost/test。因为权限设置问题，网页页面显示错误代码 403，如图 2-209 所示。

图 2-209

步骤 9：进入 Apache 服务配置界面，找到 AllowOverride All，将 All 改为 None，保存并退出，如图 2-210 所示。

步骤 10：重启 Apache 服务。

步骤 11：打开图形化界面，在浏览器中输入地址 192.168.248.128/test 或者 localhost/test，访问成功，如图 2-211 所示。

实验结束，关闭虚拟机。

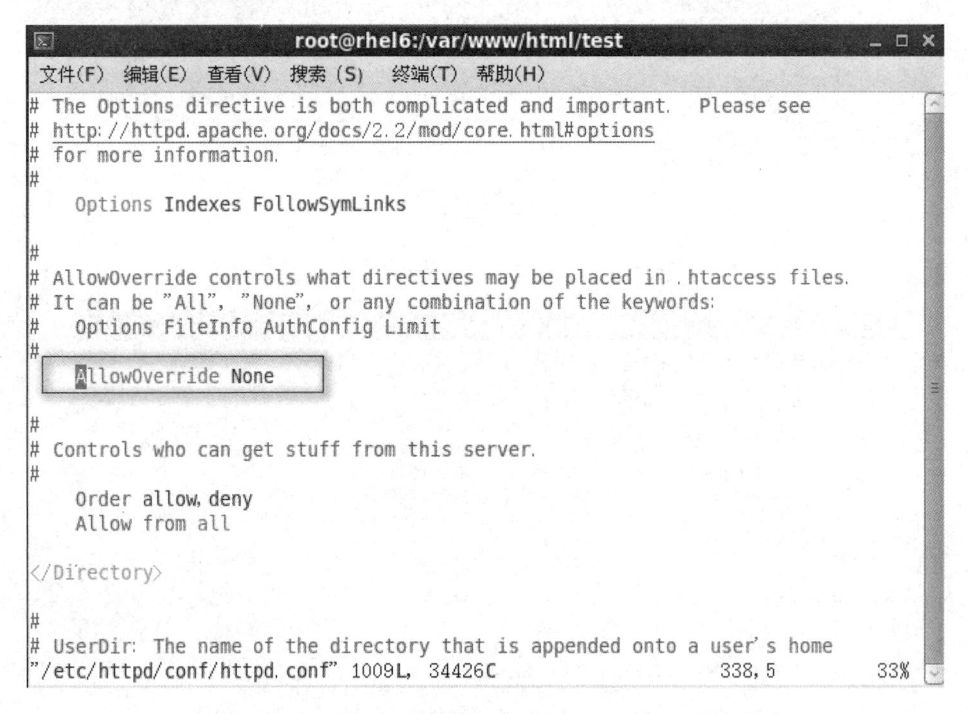

图 2-210

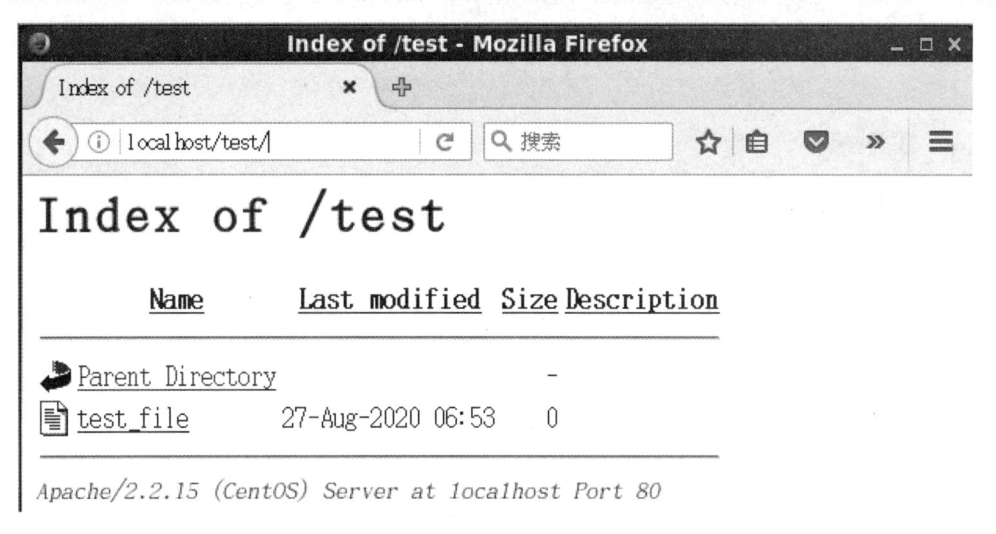

图 2-211

★　任务总结

所有的 Apache 安全特性都要经过周密地计划和认真地配置才能实现，本任务通过修改配置文件/etc/httpd/conf/httpd.conf，达到主机访问控制的目的，可保证 Apache 的安全性。

★　任务练习

一、选择题

1．基于用户名和密码的访问控制策略是（　　）。

A．强制性访问控制策略　　B．选择性访问控制策略

C．一般性访问控制策略　　D．绝对访问控制策略

2．基于发出请求的客户端的 IP 地址或所在的域号来进行界定的访问控制策略是（　　）。

A．强制性访问控制策略　　B．选择性访问控制策略

C．一般性访问控制策略　　D．绝对访问控制策略

3．下列（　　）不是主机访问控制的目的。

A．系统管理员控制用户对服务器访问

B．系统管理员控制用户对目录的访问

C．系统管理员控制用户对文件等网络资源的访问

D．用来预防病毒

二、简答题

1．一般情况下，Apache 是由 Root 用户来安装和运行的，如果 Apache Server 进程具有 Root 用户权限，会存在什么问题？

2．除了对主机访问进行控制外，Apache 安全策略还有哪些？

任务 3　使用 HTTP 用户认证

★　任务情境

微课 24

磐云公司组建了公司网络，建设了公司网站。现需要架设 Apache 服务器为公司网站安家。小王是公司 IT 管理员，他的日常工作是架设 Apache 服务器，设置 Apache 安全策略及日常维护等。他现在的任务是在 Linux 系统 Apache 服务器中设置 Http 用户认证，为访问 Apache 的用户设置账号和密码，保证 Apache 服务的安全。

★　任务分析

为访问 Apache 的用户设置账号和密码，保证 Apache 服务的安全，首先需要配置的是 http.conf 文件，设置 Http 用户认证，再添加 HTTP 认证用户 user1 和 user2，并为其创建相应的密码文件，为了便于对多个用户统一管理，将用户写入 Http 用户认证用户组文件，最后验证任务实施结果。

★　预备知识

1．什么是用户认证

当一个客户端向 HTTP 服务器进行数据请求时，如果客户端未被认证，则 HTTP 服务器将通过基本认证过程对客户端的用户名及密码进行验证，以决定用户是否合法。客户端在接收到 HTTP 服务器的身份认证要求后，会提示用户输入用户名及密码，然后将用户名及密码以 Base64 加密，加密后的密文将附加于请求信息中，如当用户名为 anjuta，密码为 123456 时，客户端将用户名和密码用“：”合并，并将合并后的字符串用 Base64 加密为密文，并于每次请求数据时，将密文附加于请求头（Request Header）中。HTTP 服务器在每次收到请求包后，根据协议取得客户端附加的用户信息（Base64 加密的用户名和密码），解开请求包，对用户名及密码进行验证，如果用户名及密码正确，则根据客户端请求，返回客户端所需要的数据；否则，返回错误代码或重新要求客户端提供用户名及密码。

2．Basic 认证的过程

（1）客户端访问一个受 Http 基本认证保护的资源。

（2）服务器返回 401 状态，要求客户端提供用户名和密码进行认证。（验证失败时，响应头会加上 WWW-Authenticate: Basic realm="请求域"。）

```
401 Unauthorized
WWW-Authenticate: Basic realm="WallyWorld"
```

（3）客户端将输入的用户名、密码用 Base64 进行编码后，采用非加密的明文方式传送给服务器。

```
Authorization: Basic xxxxxxxxxx.
```

（4）服务器将 Authorization 头中的用户名、密码解码并取出后进行验证，如果认证成功，则返回相应的资源。如果认证失败，则仍返回 401 状态，要求重新进行认证。

3．Apache 服务器如何实现用户认证功能

（1）将用户认证的数据使用文本文件存储：Apache 启动认证功能后，就可以在需要限

制访问的目录下建立一个名为.htaccess 的文件，指定认证的配置命令。当用户第一次访问该目录的文件时，浏览器会显示一个对话框，要求输入用户名和密码，进行用户身份的确认。若是合法用户，则显示所访问的页面内容，此后访问该目录的每个页面，浏览器自动显示用户名和密码，不用再输入了，直到关闭浏览器为止。

（2）将用户认证的数据采用数据库存储：目前，Apache、PHP、MySQL 三者是 Linux 下构建 Web 网站的最佳搭档，这三个软件都是免费软件。将三者结合起来，通过 HTTP 协议，利用 PHP 和 MySQL，实现 Apache 的用户认证功能。只有在 PHP 以 Apache 的模块方式来运行的时候才能进行用户认证。为此，在编译 Apache 时需要加入 PHP 模块一起编译。假设 PHP 作为 Apache 的模块，则默认的编译、安装 Apache 目录是/usr/local/apache，编译、安装 MySQL 目录是/usr/local/mysql。

★　**任务实施**

步骤 1：进入 conf 文件夹中，并且对 http.conf 文件进行配置，找到“AllowOverride All”再添加如下内容，如图 2-212 所示。

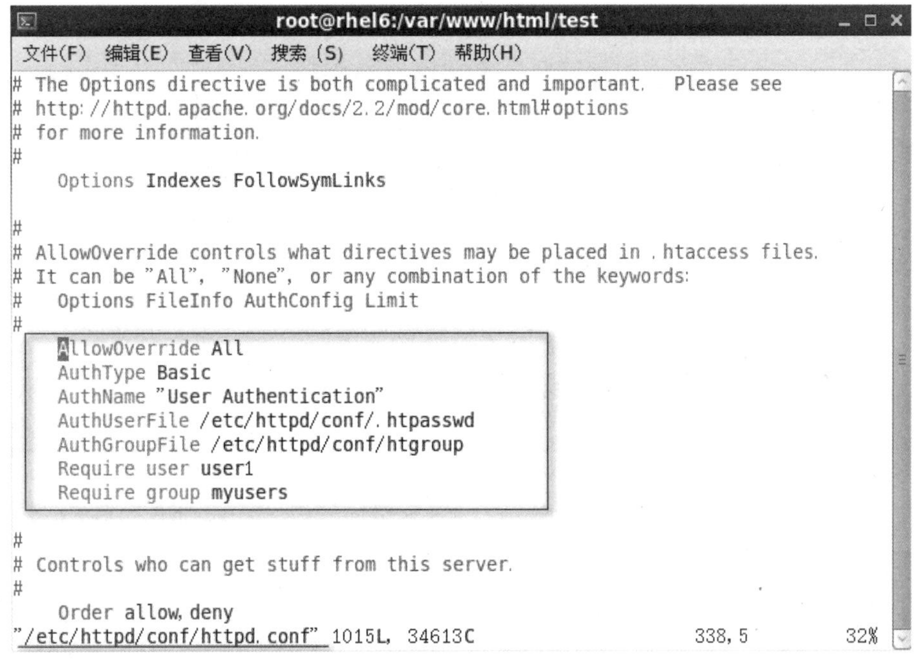

图 2-212

步骤 2：添加 HTTP 认证用户 user1 和 user2 并且创建文件.htpasswd，查看.htpasswd 文件内容，如图 2-213 所示。

步骤 3：创建 HTTP 用户认证用户组文件，并在文件中写入用户，就可以实现多个用户访问一个资源的目的，如图 2-214 所示。

步骤 4：重启 Apache 服务。

步骤 5：输入“ifconfig”查看本地地址。

步骤 6：打开浏览器，输入服务器地址 192.168.248.128，或者在服务器中输入 localhost，进行用户认证测试，如图 2-215 所示。

图 2-213

图 2-214

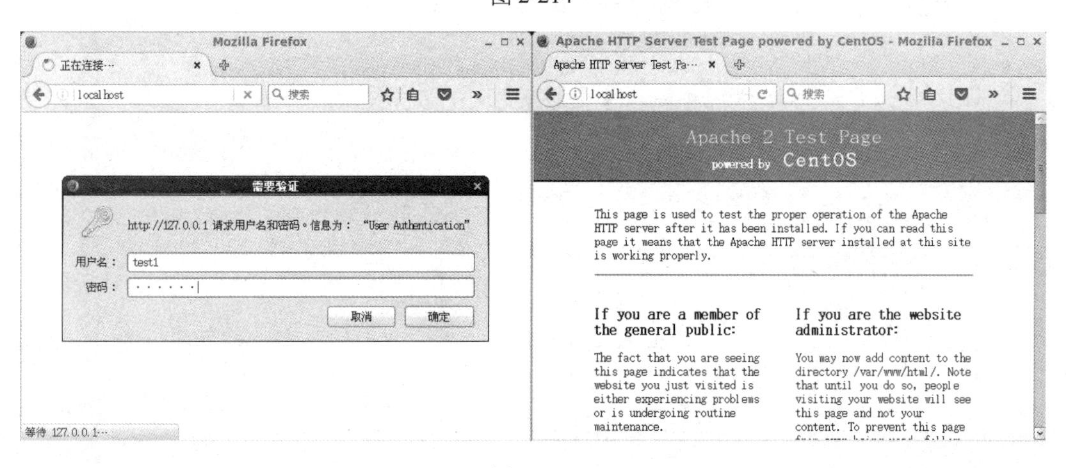

图 2-215

实验结束，关闭虚拟机。

★ 任务总结

在 HTTP 中用户认证的方法相当简单，因为 HTTP 是无状态的协议。本任务通过修改 Apache 服务的配置文件，实现了 HTTP 用户认证，使得仅有部分主机可以进行访问，确保 Apache 的安全。

★ 任务练习

一、选择题

1. 存放 Http 用户认证的用户名和密码的文件是（　　）。

A. http.conf　　　　B. Apache.conf

C．.htpasswd　　　　　　　　　　D．password.ini

2．关于用户认证的说法不正确的是（　　）。

A．用户认证的目的是增加安全性

B．用户认证可以避免计算机病毒的攻击

C．基于“用户名/口令”是 Apache 的一种身份认证方式

D．用户认证的缺点是输入用户名/密码影响用户的体验

3．关于用户认证数据的存储正确的是（　　）。

A．以文本文件的形式存储

B．采用数据库的方式存储

C．以文本文件存储时会建立一个文件.htaccess 用来指定认证的配置命令

D．以文本文件存储认证数据是最安全的方式

二、简答题

1．使用 htpasswd 创建用户和以文本形式管理组相对简单，但用户增多时，服务器负载增加，应如何解决这个问题？

2．同时使用用户和主机限制时可提高 Aapche 服务的安全性，除此以外，还有哪些安全策略？

任务 4　设置虚拟目录和目录权限

★　任务情境

磐云公司组建了公司网络，建设了公司网站，现需要架设 Apache 服务器为公司网站安家。小王是公司 IT 管理员，他的日常工作是架设 Apache 服务器，设置 Apache 安全策略及日常维护，他现在的任务是在 Linux 系统 Apache 服务器中添加虚拟目录并且设置目录权限。

微课 25

★　任务分析

把 Web 应用放在其他目录下，要使 Apache 仍然能够访问它，需要用到 Apache 的虚拟目录功能。首先需要更改 Http 配置文件，然后添加虚拟目录节点，创建虚拟目录，最后在浏览器中通过 IP 地址访问 Linux 目录。

★　预备知识

一、虚拟主机、虚拟机与虚拟目录

虚拟主机是在网络服务器上划分出一定的磁盘空间供用户放置站点、应用组件等，提供必要的站点功能与数据存放、传输功能等。

虚拟机是在一台电脑上再虚拟出一台或多台电脑。

每个 Internet 服务可以从多个目录中发布。通过以通用命名约定（UNC）名、用户名及

用于访问权限的密码指定目录，可将每个目录定位在本地驱动器或网络上。虚拟服务器可拥有一个宿主目录和任意数量的其他发布目录，其他发布目录称为虚拟目录。指定客户 URL 地址，服务将整个发布目录集提交给客户作为一个目录树。宿主目录是“虚拟”目录树的根。虚拟目录的实际子目录对于客户也是可用的。只有 http://www.服务支持虚拟服务器，而 FTP 和 gopher 服务则只能有一个宿主目录。

二、创建虚拟目录的目的

网站内容越来越多，可是磁盘空间却是有限的，在服务器上添加新的硬盘并将新的硬盘作为原有网站的一部分使用时，就要使用虚拟目录。虚拟目录可以在不影响现有网站的情况下，实现服务器磁盘空间的扩展。此外，虚拟目录可以与原有网站不在同一个文件夹、不在同一个磁盘驱动器，甚至不在同一台计算机上，但用户在访问网站时，却感觉不到任何区别，方便了对网站资源进行灵活管理。

★ 任务实施

本任务中，把 Web 应用放在其他目录下，要使 Apache 仍然能够访问它，需要用到 Apache 的虚拟目录功能。

步骤 1：启动虚拟机，通过终端进入 Apache 配置界面，如图 2-216 所示。

图 2-216

步骤 2：找到 Alias /icons ” /var/www/icons ”，将该指令替换成“ Alias /linux “/var/www/linux”。并将 Directory 中的路径改为“/var/www/linux”后保存并退出，如图 2-217 所示。

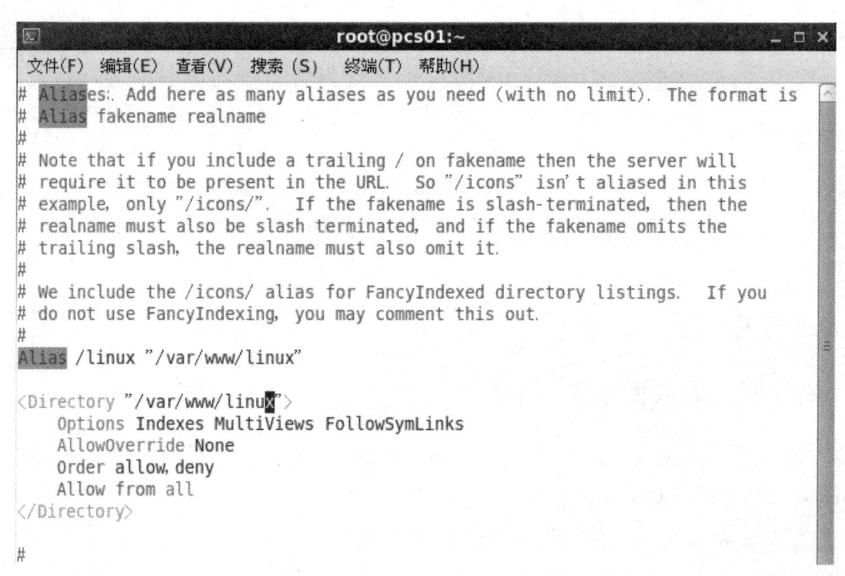

图 2-217

步骤 3：进入/var/www 目录，在终端输入“mkdir linux"，创建 linux 子目录，并在 linux 子目录下创建一个文件 test_file，如图 2-218 所示。

步骤 4：重启 Apache 服务。

步骤 5：查看本地服务器地址，在终端输入“ifconfig”。

步骤 6：在浏览器输入地址“http://192.168.248.128/linux”或“http://localhost/linux”进行测试，访问成功，如图 2-219 所示。

```
[root@pcs01 ~]# cd /var/www/
[root@pcs01 www]# mkdir linux
[root@pcs01 www]# touch linux/test_file
```

图 2-218

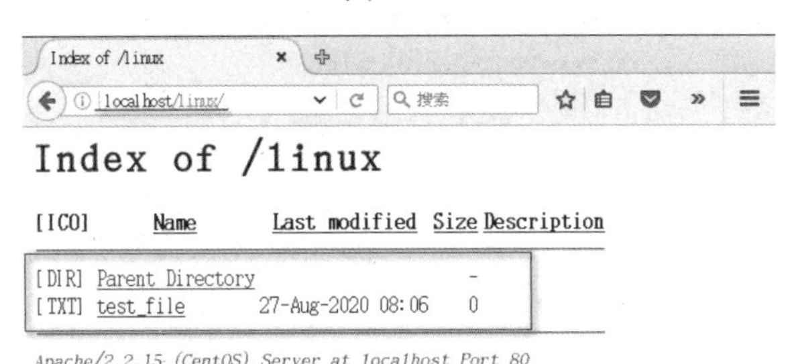

图 2-219

实验结束，关闭虚拟机。

★　任务总结

把 Web 应用放在 Apache 默认的目录下，Apache 会自动管理它。如果想把 Web 应用放在其他目录下时 Apache 仍然能够访问它，则需要用到 Apache 的虚拟目录功能，本任务实现了在 Apache 服务器中添加虚拟目录并且设置目录权限。

★　任务练习

一、选择题

1．有关虚拟目录的说法不正确的是（　　）。

A．虚拟目录和物理目录是不同的

B．Linux 创建虚拟目录的命令和创建物理目录的命令不同

C．Linux 创建虚拟目录的命令和创建物理目录的命令相同

D．虚拟目录可以解决服务器磁盘空间不够的问题

2．有关虚拟主机的说法正确的是（　　）。

A．虚拟主机就是虚拟机

B．一台电脑上只能虚拟出一台虚拟机

C．虚拟主机可以分布在网络服务器上

D．以上说法都不对

二、简答题

1．虚拟目录能否和真实的磁盘目录相同？
2．简述虚拟主机和虚拟目录的区别。

项目 5 Iptables 防火墙的安全配置

➢ 项目描述

磐云公司计划对流入和流出服务器的数据包进行精细控制，要求部署 iptables，以保障公司网络的安全访问。

➢ 项目分析

工程师小王与团队成员讨论后，认为使用 iptables 防火墙可提高服务器的安全性，首先要理解 iptables 的工作原理，再掌握 iptables 的配置方法，然后根据具体的需求来配置 iptables 防火墙策略。

任务 1 架设 Linux 单机防火墙

★ **任务情境**

磐云公司为了加强公司内部 Web 服务器、Samba 服务器等安全性，需要部署 iptables 防火墙对流入和流出服务器的数据包进行精细地控制，小王是磐云公司的 IT 管理员，需要对 Linux 防火墙进行配置，实现如下功能：放行所有来自本地环回接口的数据包、仅开放本机的 Web 服务和 Samba 服务，使用户能正常访问网站和文件服务器。其他未经允许的服务及地址被拒绝访问。

微课 26

★ **任务分析**

这是个典型的 Linux 单机防火墙设置需求，仅涉及 filter 表的 INPUT 规则链和 OUTPUT 规则链设置。首先清空所有规则，然后将这条规则链的默认策略设置为 DROP。（如果数据包与这两条规则链中的所有规则都不匹配，就直接丢弃该数据包。）另外，Samba 服务的端口为 TCP 139 和 TCP 445，Web 服务的端口为 TCP 80。

★ **预备知识**

一、防火墙的概念

防火墙是指设置在不同网络（如可信任的企业内部网和不可信任的公共网）或网络安全域之间的一系列部件的组合。它是不同网络或网络安全域之间信息的唯一出入口，通过监测、限制、更改跨越防火墙的数据流，尽可能地对外部屏蔽网络内部的信息、结构和运行状况，有选择地接受外部访问，对内部强化设备监管、控制，对服务器与外部网络的访问，在被保护网络和外部网络之间架起一道屏障，以防止发生不可预测的、潜在的破坏性侵入。

二、防火墙的分类

防火墙根据其实现方式可分为硬件防火墙和软件防火墙。按 OSI 七层网络模型可分为网络层防火墙和应用层防火墙。按防火墙技术可分为包过滤型防火墙、应用层代理网关防火墙、状态特征检测防火墙。

三、网络层防火墙和应用层防火墙的优缺点

网络层防火墙：对数据包进行选择，选择的依据是系统内设置的过滤逻辑，被称为访问控制列表 ACL，通过检查数据流中每人数据的源地址、目的地址、所用端口号和协议状态等因素，或他们的组合来确定是否允许该数据包通过。优点是处理速度快且易于维护；缺点是无法检查应用层数据，如病毒等。

应用层防火墙：将所有跨越防火墙的网络通信链路分为两段，内外网用户的访问都是通过代理服务器上的“链接”来实现。优点是在应用层对数据进行检查，比较安全；缺点是增加防火墙的负载。

因此现实环境中所使用的防火墙一般都是二者结合体：先检查网络数据，通过之后再送到应用层去检查。

四、iptables 的技术实现

如图 2-220 所示，iptables 在网络流中有四个表，分别是：nat、filter、raw 和 mangle。此外，还有五条链，分别是：INPUT、OUTPUT、FORWARD、PREROUTING 以及 POSTROUTING。

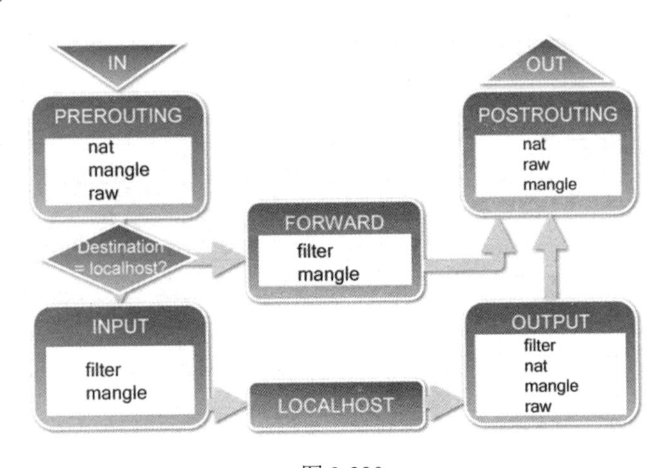

图 2-220

一个数据包进入网卡时，它首先进入 PREROUTING 链，内核根据数据包目的 IP 判断是否需要转发。如果数据包就是进入本机的，它就会沿着图向下移动，到达 INPUT 链。数据包到了 INPUT 链后，任何进程都会收到它。本机上运行的程序可以发送数据包，这些数

据包会经过 OUTPUT 链，然后到达 POSTROUTING 链输出。如果数据包是要转发出去的，且内核允许转发，数据包就会如图 2-218 所示向右移动，经过 FORWARD 链，然后到达 POSTROUTING 链输出。

iptables 具有 filter、nat、mangle、raw 四种内建表，其中和数据包过滤有关的是 filter 表。filter 表也是 iptables 的默认表，当没有自定义表时，系统就默认使用 filter 表，它具有以下三种内建链：

INPUT 链——处理来自外部的数据。

OUTPUT 链——处理向外发送的数据。

FORWARD 链——将数据转发到本机的其他网卡设备上。

对于一般 Linux 主机，filter 表主要使用 INPUT 规则链和 OUTPUT 规则链，而 FORWARD 规则链适用于当 Linux 扮演路由器的角色的情况。

Rules 包括一个条件和一个目标（target）如果满足条件，就执行目标（target）中的规则或者特定值。如果不满足条件，就判断下一条 Rules。

目标值有以下几种：

ACCEPT——允许防火墙接收数据包

DROP——防火墙丢弃数据包

REJECT——拒绝接受数据包

五、防火墙白名单机制

白名单是设置能通过的数据流，白名单以外的数据流都不能通过。黑名单是设置不能通过的数据流，黑名单以外的数据流都能通过。从信息安全的角度来看，白名单比黑名单限制的数据流要更多一些，因此会更安全一些。

默认 filter 中的三个规则链（INPUT、OUTPUT、FORWARD）默认策略为 ACCEPT（黑名单机制）。在配置单机防火墙时，一般设置默认策略为 DROP（白名单机制）。

六、iptables 命令的管理控制选项（见表 2-4）

表 2-4

参数	作用
-A	在指定链的末尾添加（append）一条新的规则
-D	删除（delete）指定链中的某一条规则，可以按规则序号和内容删除
-I	在指定链中插入（insert）一条新的规则，默认在第一行添加
-R	修改、替换（replace）指定链中的某一条规则，可以按规则序号和内容替换
-L	列出（list）指定链中所有的规则进行查看
-E	重命名用户定义的链，不改变链本身
-F	清空（flush）
-N	新建（new-chain）一条用户自定义的规则链
-X	删除指定表中用户自定义的规则链（delete-chain）
-P	设置指定链的默认策略（policy）
-Z	将所有表的所有链的字节和数据包计数器清零
-n	使用数字形式（numeric）显示输出结果

续表

参数	作用
-v	查看规则表详细信息（verbose）的内容
-V	查看版本（version）
-h	获取帮助（help）

七、常用的 iptables 命令

1. 查看防火墙的状态

iptables -L -n -v --line-numbers

2. 启动/停止/重启防火墙

service iptables start|stop|restart

3. 删除一条规则

iptables -D INPUT 3　//删除 INPUT 规则链中序号为 3 的语句

4. 插入一条规则

iptables -I INPUT 2 -s 202.54.1.2 -j DROP　//在 INPUT 规则链第 2 行增加一条规则（源地址为 202.54.1.2 的数据包都丢弃）

5. 保存防火墙规则

service iptables save

★ 任务实施

步骤 1：查看并清理防火墙所有配置

在终端输入命令“iptables -L -n -v ”查看防火墙所有配置，然后使用命令“iptables -F”清理防火墙所有配置，如图 2-221 所示。

```
[root@rhel6 桌面]# iptables -L -n -v
Chain INPUT (policy ACCEPT 7 packets, 2076 bytes)
 pkts bytes target     prot opt in     out     source               destination

Chain FORWARD (policy ACCEPT 0 packets, 0 bytes)
 pkts bytes target     prot opt in     out     source               destination

Chain OUTPUT (policy ACCEPT 9 packets, 1080 bytes)
 pkts bytes target     prot opt in     out     source               destination
[root@rhel6 桌面]# iptables -F
[root@rhel6 桌面]#
```

图 2-221

可以看到，INPUT、OUTPUT、FORWARD 三条规则链的默认动作为 ACCEPT，也就是默认允许一切，这是黑名单机制。因此，出于安全考虑，使用白名单机制。

步骤 2：设置 INPUT 和 OUTPUT 规则链的默认策略，输入如下命令：

```
#iptables -P INPUT DROP       //设置INPUT规则链默认策略为DROP
#iptables -P OUTPUT DROP      //设置OUTPUT规则链默认策略为DROP
```

步骤 3：放行所有来自本地环回接口的数据包，如图 2-222 所示。输入如下命令：

```
iptables -A INPUT -i lo -j ACCEPT        //允许进入lo接口的数据包
iptables -A OUTPUT -o lo -j ACCEPT       //允许离开lo接口的数据包
```

```
root@rhel6:~
文件(F) 编辑(E) 查看(V) 搜索(S) 终端(T) 帮助(H)
[root@rhel6 ~]# iptables -A INPUT -i lo -j ACCEPT
[root@rhel6 ~]# iptables -A OUTPUT -o lo -j ACCEPT
[root@rhel6 ~]# iptables -L -n -v
Chain INPUT (policy DROP 0 packets, 0 bytes)
 pkts bytes target     prot opt in     out     source               destination

    0     0 ACCEPT     all  --  lo     *       0.0.0.0/0            0.0.0.0/0


Chain FORWARD (policy ACCEPT 0 packets, 0 bytes)
 pkts bytes target     prot opt in     out     source               destination


Chain OUTPUT (policy DROP 0 packets, 0 bytes)
 pkts bytes target     prot opt in     out     source               destination

    0     0 ACCEPT     all  --  *      lo      0.0.0.0/0            0.0.0.0/0

[root@rhel6 ~]#
```

图 2-222

步骤 4：仅开放本机的 Web 服务和 Samba 服务，使用户能正常访问网站和文件服务器，如图 2-223 所示。

```
root@rhel6:~
文件(F) 编辑(E) 查看(V) 搜索(S) 终端(T) 帮助(H)
[root@rhel6 ~]# iptables -A INPUT -p tcp --dport 80 -j ACCEPT
[root@rhel6 ~]# iptables -A OUTPUT -p tcp --sport 80 -j ACCEPT
[root@rhel6 ~]# iptables -A INPUT -p tcp --dport 445 -j ACCEPT
[root@rhel6 ~]# iptables -A OUTPUT -p tcp --sport 445 -j ACCEPT
[root@rhel6 ~]# iptables -A INPUT -p tcp --dport 139 -j ACCEPT
[root@rhel6 ~]# iptables -A OUTPUT -p tcp --sport 139 -j ACCEPT
[root@rhel6 ~]# iptables -L -n -v
Chain INPUT (policy DROP 0 packets, 0 bytes)
 pkts bytes target     prot opt in     out     source               destination

    0     0 ACCEPT     all  --  lo     *       0.0.0.0/0            0.0.0.0/0

    0     0 ACCEPT     tcp  --  *      *       0.0.0.0/0            0.0.0.0/0
          tcp dpt:80
    0     0 ACCEPT     tcp  --  *      *       0.0.0.0/0            0.0.0.0/0
          tcp dpt:445
    0     0 ACCEPT     tcp  --  *      *       0.0.0.0/0            0.0.0.0/0
          tcp dpt:139
```

图 2-223

步骤 5：使用命令“service iptables save”对防火墙配置进行保存。然后重启防火墙，使其规则生效，如图 2-224 所示。

```
[root@rhel6 ~]# service iptables save
iptables：将防火墙规则保存到 /etc/sysconfig/iptables：     [确定]
[root@rhel6 ~]# service iptables restart
iptables：将链设置为政策 ACCEPT：filter                    [确定]
iptables：清除防火墙规则：                                 [确定]
iptables：正在卸载模块：                                   [确定]
iptables：应用防火墙规则：                                 [确定]
[root@rhel6 ~]#
```

图 2-224

实验结束，关闭虚拟机。

★ 任务总结

通过本任务的学习，理解了防火墙白名单机制的原理，掌握了用于保护本机安全的filter表中的INPUT链和OUTPUT链的规则设置方法。

★ 任务练习

一、选择题

1. 在CentOS 6.8系统中，iptables命令的（　　）选项可用来设置指定规则链的缺省策略。

　　A. -A　　　　B. -D　　　　C. -P　　　　D. -X

2. 管理iptables规则时，以下（　　）选项可以用于清空规则。

　　A. -L　　　　B. -D　　　　C. -F　　　　D. -X

3. 在CentOS 6.8系统中设置iptables规则时，以下（　　）可用于匹配192.168.0.20/24～192.168.0.50/24范围内的源IP地址。

　　A. -s 192.168.0.20:50

　　B. -s 192.168.0.20-50/24

　　C. -m iprange --src-range 192.168.0.20-50/24

　　D. -m iprange --src-range 192.168.0.20-192.168.0.50

二、简答题

1. 网络层防火墙能否检查应用层数据，如病毒？

2. 有些特洛伊木马会扫描端口31337到31340（黑客语言中的elite端口）的服务。因此阻塞这些端口能有效地减少感染的概率，如何使用命令实现减少不安全端口的连接？

任务2　使用Iptables防火墙加固Web服务器

★ 任务情境

小王是公司IT管理员，负责公司服务器管理工作。公司有一台Web服务器，为了提升其安全性，仅允许外界访问其ssh服务和HTTP服务。

微课27

★ 任务分析

iptables是Linux中对网络数据包进行处理的一个功能组件，相当于防火墙，可以对经过的数据包进行处理。例如：数据包过滤、数据包转发等。

本任务要求仅允许外界访问其ssh服务和HTTP服务，结合前面所学iptables基础知识，考虑在INPUT和OUTPUT规则链上配置策略。

输入以下命令要求允许远程主机来访问服务器的 ssh 服务

```
#iptables -A INPUT -i eth0 -p tcp --dport 22 -m state --state ESTABLISHED
-j ACCEPT
```

同时允许发送本地主机的 ssh 响应

```
iptables -A OUTPUT -o eth0 -p tcp --sport 22 -m state --state ESTABLISHED
-j ACCEPT
```

- **-m state:** 启用状态匹配模块（state matching module）
- **--state:** 状态匹配模块的参数。当 ssh 客户端第一个数据包到达服务器时，状态字段为 NEW；建立连接后数据包的状态字段都是 ESTABLISHED。
- **--sport 22:** sshd 监听 22 端口，同时也通过该端口和客户端建立连接、传送数据。因此对于 ssh 服务器而言，源端口就是 22。
- **--dport 22:** ssh 客户端程序可以从本机的随机端口与 ssh 服务器的 22 端口建立连接。因此对于 ssh 客户端而言，目的端口就是 22。

★ **预备知识**

一、iptables 的表链结构

filter 表是默认表，实现防火墙数据过滤功能。Filter 表包含三个链：INPUT、FORWARD、OUTPUT。INPUT 链匹配到达防火墙本地的数据包，OUTPUT 链匹配 Linux 防火墙自身访问外界的数据包，FORWARD 规则链匹配经 Linux 主机转发的数据包。对于一台单网卡的 Linux 服务器的数据安全访问，主要考虑 INPUT 和 OUTPUT 规则链。

二、iptables 扩展模块 state

在 iptables 下有个扩展模块，在 NetFilter 结构里，该模块保存在 xt_state.ko 文件中，这里称为 state 模块。在 state 中封包的 4 种链接状态分别为：NEW，ESTABLISHED，RELATED，INVALID。

1. NEW

在使用 UDP、TCP、ICMP 等协议时，发出的第一个包的状态就是“NEW”

2. ESTABLISHED

在使用 TCP、UDP、ICMP 等协议时，假设主机发出的第一个包成功穿越防火墙，那么接下来主机发出和接收到的包的状态都是“ESTABLISHED”。可以把 NEW 状态包后面包的状态理解为 ESTABLISHED，表示连接已建立。

3. RELATED

比如 FTP 服务，FTP 服务端会建立两个进程，一个命令进程，一个数据进程。命令进程负责服务端与客户端之间的命令传输（可以把这个传输过程理解成 state 中所谓的一个“连接”，暂称为“命令连接”）。数据进程负责服务端与客户端之间的数据传输（把这个过程暂称为“数据连接”）。但是具体传输哪些数据，是由命令控制的，所以“数据连接”中的报文与“命令连接”是有“关系”的。那么，“数据连接”中的报文可能就是 RELATED 状态，因为这些报文与“命令连接”中的报文有关系。

4．INVALID

状态为 INVALID 的包就是状态不明的包，也就是不属于前面 3 种状态的包，这类包一般会被视为恶意包而被丢弃。

★ **任务实施**

步骤 1：输入命令 iptables -F 清空防火墙现有的规则，如图 2-225 所示。

图 2-225

步骤 2：允许远程主机连接本地的 ssh 服务，如图 2-226 所示。

```
root@rhel6:~
[root@rhel6 ~]# iptables -A INPUT -p tcp --dport 22 -m state --state NEW,ESTABLISHED -j ACCEPT
[root@rhel6 ~]# iptables -A OUTPUT -p tcp --sport 22 -m state --state ESTABLISHED -j ACCEPT
[root@rhel6 ~]# iptables -L
Chain INPUT (policy ACCEPT)
target     prot opt source               destination
ACCEPT     tcp  --  anywhere             anywhere            tcp dpt:ssh state NEW,ESTABLISHED

Chain FORWARD (policy ACCEPT)
target     prot opt source               destination

Chain OUTPUT (policy ACCEPT)
target     prot opt source               destination
ACCEPT     tcp  --  anywhere             anywhere            tcp spt:ssh state ESTABLISHED
[root@rhel6 ~]#
```

图 2-226

步骤 3：允许远程主机连接本地的 HTTP 服务，如图 2-227 所示。

```
root@rhel6:~
[root@rhel6 ~]# iptables -A INPUT -p tcp --dport 80 -m state --state NEW,ESTABLISHED -j ACCEPT
[root@rhel6 ~]# iptables -A OUTPUT -p tcp --sport 80 -m state --state ESTABLISHED -j ACCEPT
[root@rhel6 ~]# iptables -L
Chain INPUT (policy ACCEPT)
target     prot opt source               destination
ACCEPT     tcp  --  anywhere             anywhere            tcp dpt:ssh state NEW,ESTABLISHED
ACCEPT     tcp  --  anywhere             anywhere            tcp dpt:http state NEW,ESTABLISHED

Chain FORWARD (policy ACCEPT)
target     prot opt source               destination

Chain OUTPUT (policy ACCEPT)
target     prot opt source               destination
ACCEPT     tcp  --  anywhere             anywhere            tcp spt:ssh state ESTABLISHED
ACCEPT     tcp  --  anywhere             anywhere            tcp spt:ssh state ESTABLISHED
ACCEPT     tcp  --  anywhere             anywhere            tcp spt:http state ESTABLISHED
[root@rhel6 ~]#
```

图 2-227

步骤 4：配置默认规则链策略，如图 2-228 所示。

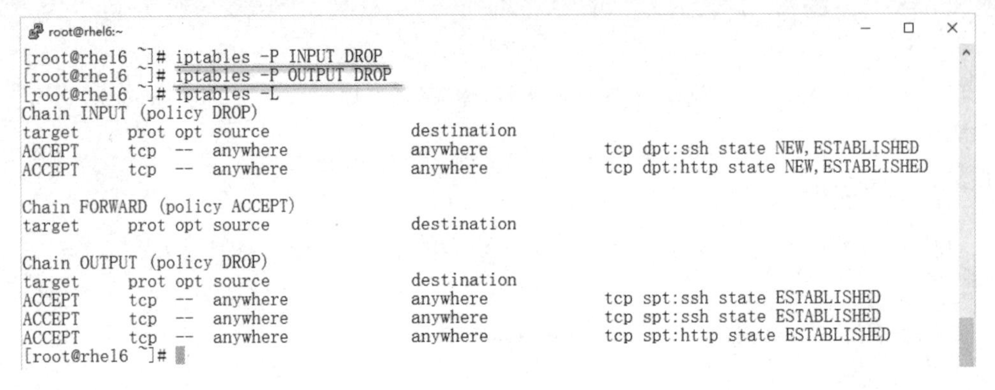

```
[root@rhel6 ~]# iptables -P INPUT DROP
[root@rhel6 ~]# iptables -P OUTPUT DROP
[root@rhel6 ~]# iptables -L
Chain INPUT (policy DROP)
target     prot opt source               destination
ACCEPT     tcp  --  anywhere             anywhere            tcp dpt:ssh state NEW,ESTABLISHED
ACCEPT     tcp  --  anywhere             anywhere            tcp dpt:http state NEW,ESTABLISHED

Chain FORWARD (policy ACCEPT)
target     prot opt source               destination

Chain OUTPUT (policy DROP)
target     prot opt source               destination
ACCEPT     tcp  --  anywhere             anywhere            tcp spt:ssh state ESTABLISHED
ACCEPT     tcp  --  anywhere             anywhere            tcp spt:ssh state ESTABLISHED
ACCEPT     tcp  --  anywhere             anywhere            tcp spt:http state ESTABLISHED
[root@rhel6 ~]#
```

图 2-228

步骤 5：测试防火墙配置，如图 2-229 所示。

可借助端口扫描工具（如 nmap）来扫描目标主机的开放端口情况。

```
c:\>nmap -n 192.168.254.148

Starting Nmap 6.47 ( http://nmap.org ) at 2020-04-13 22:07 中国标准时间
Nmap scan report for 192.168.254.148
Host is up (0.00051s latency).
Not shown: 998 filtered ports
PORT   STATE SERVICE
22/tcp open  ssh
80/tcp open  http
MAC Address: 00:0C:29:16:B0:B7 (VMware)

Nmap done: 1 IP address (1 host up) scanned in 5.09 seconds

c:\>
```

图 2-229

步骤 6：保存防火墙配置，如图 2-230 所示。

```
[root@rhel6 ~]# service iptables save
iptables：将防火墙规则保存到 /etc/sysconfig/iptables：       [确定]
[root@rhel6 ~]#
```

图 2-230

实验结束，关闭虚拟机。

★ 任务总结

通过本任务的学习，可以利用 iptables 防火墙的白名单机制对 Linux 服务器进行有效的安全访问控制。

★ 任务练习

一、选择题

1. 在 CentOS 6.8 系统中，Netfilter 防火墙体系包括（　　）个工作表。

   A. 2　　B. 3　　C. 4　　D. 5

2. 在 CentOS 6.8 系统中，依次执行了下列 iptables 规则设置语句，则根据该策略配置，从 IP 地址为 192.168.4.4 的客户机中 ping 防火墙主机的数据包将会被（　　）。

```
iptables -F INPUT
iptables -A INPUT -p icmp -j REJECT
iptables -I INPUT -p icmp -s 192.168.4.0/24 -j LOG
iptables -I INPUT -p icmp -s 192.168.4.0/24 -j DROP
iptables -P INPUT ACCEPT
```

A. ACCEPT　　B. DROP

C. REJECT　　D. LOG 之后 DROP

3. 公司有一台对外提供 WWW 服务的主机，为了防止外部对它的攻击，现在想要设置防火墙，使它只接受外部的 WWW 访问，其余的外部连接一律拒绝，可能的设置步骤包括：

（1）iptables -A INPUT -p tcp -j DROP

（2）iptables -A INPUT -p tcp --dport 80 -j ACCEPT

（3）iptables -F

（4）iptables -P INPUT DROP

请在下列选项中找出正确的设置步骤组合（　　）。

A.（3）-（2）-（4）　　B.（3）-（1）-（2）

C.（3）-（2）-（1）　　D.（1）-（2）-（4）

二、简单题

1. iptables 有几张表，每张表的作用是什么？以及每张表有几个规则链？

2. 写出实现以下功能的 iptables 命令：禁止来自 10.0.0.188 IP 地址访问 80 端口的请求。

学习单元 3

Linux 主机安全综合实训

☆ 单元概要

本单元从等级保护的角度出发，以《信息安全技术 网络安全等级保护基本要求》为指导框架，从“主机安全”这个层面进行描述，通过参照等级保护基本要求第三级的要求，分析操作系统安全防护需求，提出安全防护思路，并以 CentOS Linux 为例阐述系统安全防护的具体方法。

通过本单元的学习能够使学生掌握基于等保思想实现 Linux 操作系统的安全加固。

☆ 单元情境

小王是公司 IT 管理员，负责公司服务器的管理工作。出于信息系统安全建设的需要和等级保护制度的施行，小王需要熟悉等级保护的知识并按照等级保护的要求对公司服务器进行安全加固。

项目　基于等保标准实现 Linux 主机安全防护

➢　项目描述

磐云公司内网有若干台 Linux 服务器，已安装 CentOS Linux 6.8 操作系统。小王是公司 IT 管理员，负责公司服务器的日常管理工作，由于公司近期要对 Linux 服务器进行等保测评，小王需要尽快熟悉等级保护的知识，并按照等级保护的要求对公司服务器进行安全加固。

➢　项目分析

工程师小王与团队成员共同讨论，认为基于等保标准实现 Linux 的安全防护应该先对《信息安全技术 网络安全等级保护基本要求》有个基本认识，然后结合等保要求中有关主机安全的细则进行安全防护等方面的配置，从而完成本项目。

任务 1　认识《信息安全技术 网络安全等级保护基本要求》

★　任务情境

小王所在单位近期收到上级单位发来的通知文件，要求按照等级保护 2.0 标准中的三级安全通用要求，尽快落实本单位信息系统的等保工作。

★　任务分析

小王需要查阅资料并熟悉有关等级保护的基础知识，在与团队成员共同讨论后，决定先从了解等级保护的相关条例和安全通用需求着手。

★　预备知识

等保基本知识

1．什么是等保

等保，即网络安全等级保护，它是指对国家秘密信息、法人和其他组织及公民的专有信息以及公开信息和存储、传输、处理这些信息的信息系统分等级实行安全保护，对信息系统中使用的信息安全产品实行按等级管理，对信息系统中发生的信息安全事件分等级响应、处置。

2．等级保护工作具体内容

信息安全等级保护工作包括定级、备案、安全建设和整改、信息安全等级测评、信息安全检查五个阶段。

3．等级保护的五个等级

国家信息安全等级保护坚持自主定级、自主保护的原则。信息系统的安全保护等级应当根据信息系统在国家安全、经济建设、社会生活中的重要程度，信息系统遭到破坏后对国家安全、社会秩序、公共利益以及公民、法人和其他组织的合法权益的危害程度等因素确定。

信息系统的安全保护等级分为以下五级，一至五级等级逐级增高，如图 3-1 所示。

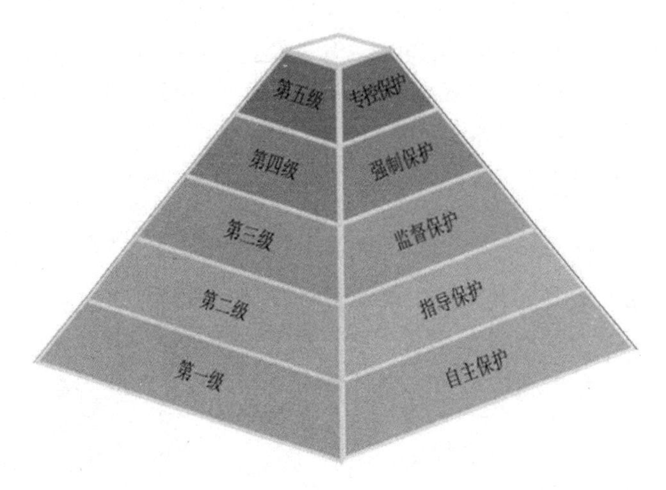

图 3-1

第一级，信息系统受到破坏后，会对公民、法人和其他组织的合法权益造成损害，但不损害国家安全、社会秩序和公共利益。第一级信息系统运营、使用单位应当依据国家有关管理规范和技术标准进行保护。

第二级，信息系统受到破坏后，会对公民、法人和其他组织的合法权益产生严重损害，或者对社会秩序和公共利益造成损害，但不损害国家安全。国家信息安全监管部门对该级信息系统安全等级保护工作进行指导。

第三级，信息系统受到破坏后，会对社会秩序和公共利益造成严重损害，或者对国家安全造成损害。国家信息安全监管部门对该级信息系统安全等级保护工作进行监督、检查。

第四级，信息系统受到破坏后，会对社会秩序和公共利益造成特别严重损害，或者对国家安全造成严重损害。国家信息安全监管部门对该级信息系统安全等级保护工作进行强制监督、检查。

第五级，信息系统受到破坏后，会对国家安全造成特别严重损害。国家信息安全监管部门对该级信息系统安全等级保护工作进行专门监督、检查。

4．等级保护制度

2007 年我国信息安全等级保护制度正式实施，2007 年和 2008 年颁布实施的《信息安全等级保护管理办法》和《信息安全技术 信息系统安全等级保护基本要求》，被称为等保 1.0。通过十余年时间的发展与实践，成为我国非涉密信息系统网络安全建设的重要标准。

《信息安全技术 信息系统安全等级保护基本要求》(GB/T 22239—2008）在我国推行信息安全等级保护制度的过程中起到了非常重要的作用，被广泛用于各行业或领域，指导用户开展信息系统安全等级保护的建设整改、等级测评等工作。随着信息技术的发展，已有十余年历史的《GB/T 22239—2008》在时效性、易用性、可操作性上需要进一步完善。

2017 年 6 月 1 日，《中华人民共和国网络安全法》正式施行，等级保护工作正式入法，等级保护制度已成为新时期国家网络安全的基本国策和基本制度。网络安全法第 21 条明确提出国家实行网络安全等级保护制度，为了配合国家落实网络安全等级保护制度和适应新技术、新应用，需要修订《GB/T 22239—2008》。2019 年 12 月 1 日《信息安全技术 网络安全等级保护基本要求》（GB/T 22239—2019）正式实施，即等保 2.0，以保障信息系统在新技术、新设施、新应用为代表的新经济、新环境下的平稳运行与数据安全。等保 2.0 在 1.0 版本的基础上进行了优化，同时对云计算、物联网、移动互联网、工业控制、大数据新技术提出了新的安全扩展要求。使用新技术的信息系统需要同时满足“通用要求+扩展要求”，且针对新的安全形势提出了新的安全要求，标准覆盖度更加全面，安全防护能力有很大提升。

通用要求方面，等保 2.0 标准的核心是优化。删除了过时的测评项，对测评项进行合理改写，增加了对新型网络攻击行为防护和个人信息保护等新要求，调整了标准结构，将安全管理中心从管理层面提升至技术层面。

《信息安全技术 网络安全等级保护基本要求》《GB/T 22239—2019》规定了第一级到第四级等级保护对象的安全要求，每个级别的安全要求均由安全通用要求和安全扩展要求构成。

安全通用要求细分为技术要求和管理要求，两者合计 10 大类，如图 3-2 所示。其中技术要求包括“安全物理环境”“安全通信网络”“安全区域边界”“安全计算环境”和“安全管理中心”；管理要求包括“安全管理制度”“安全管理机构”“安全管理人员”“安全建设管理”和“安全运维管理”。

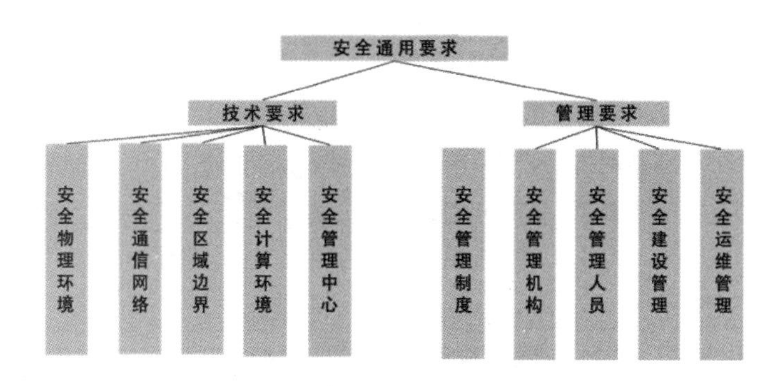

图 3-2

★　任务实施

一、技术要求

技术要求分类体现了从外部到内部的纵深防御思想。对等级保护对象的安全防护应考虑从通信网络到区域边界再到计算环境的从外到内的整体防护，同时考虑对其所处的物理环境的安全防护。对级别较高的等级保护对象还需要考虑对分布在整个系统中的安全功能或安全组件的集中技术管理手段。

1．安全物理环境

安全通用要求中的安全物理环境部分是针对物理机房提出的安全控制要求，主要对象为物理环境、物理设备和物理设施等。涉及的安全控制点包括物理位置的选择、物理访问控制、防盗窃和防破坏、防雷击、防火、防水和防潮、防静电、温湿度控制、电力供应和电磁防护。

图 3-3 给出了安全物理环境控制点/要求项的逐级变化。其中数字表示每个控制点下各个级别的要求项数量，级别越高，要求项越多。后续表中的数字均为此含义。

安全物理环境控制点/要求项的逐级变化

序号	控制点	一级	二级	三级	四级
1	物理位置的选择	0	2	2	2
2	物理访问控制	1	1	1	2
3	防盗窃和防破坏	1	2	3	3
4	防雷击	1	1	2	2
5	防火	1	2	3	3
6	防水和防潮	1	2	3	3
7	防静电	0	1	2	2
8	温湿度控制	1	1	1	1
9	电力供应	1	2	3	4
10	电磁防护	0	1	2	2

图 3-3

承载高级别系统的机房相对承载低级别系统的机房强化了物理访问控制、电力供应和电磁防护等方面的要求。例如，四级相比三级增设了“重要区域应配置第二道电子门禁系统”“应提供应急供电设施”和“应对关键区域实施电磁屏蔽”等要求。

2．安全通信网络

安全通用要求中的安全通信网络部分是针对通信网络提出的安全控制要求，主要对象为广域网、城域网和局域网等。涉及的安全控制点包括网络架构、通信传输和可信验证。

图 3-4 给出了安全通信网络控制点/要求项的逐级变化。

安全通信网络控制点/要求项的逐级变化

序号	控制点	一级	二级	三级	四级
1	网络架构	0	2	5	6
2	通信传输	1	1	2	4
3	可信验证	1	1	1	1

图 3-4

高级别系统的通信网络相对低级别系统的通信网络强化了优先带宽分配、设备接入认证、通信设备认证等方面的要求。例如，四级相比三级增设了“应可按照业务服务的重要程度分配带宽，优先保障重要业务”“应采用可信验证机制对接入网络中的设备进行可信验证，保证接入网络的设备真实可信”和“应在通信前基于密码技术对通信双方进行验证或认证”等要求。

3．安全区域边界

安全通用要求中的安全区域边界部分是针对网络边界提出的安全控制要求。主要对象为系统边界和区域边界等。涉及的安全控制点包括边界防护、访问控制、入侵防范、恶意代码防范、安全审计和可信验证。

图 3-5 给出了安全区域边界控制点/要求项的逐级变化。

安全区域边界控制点/要求项的逐级变化

序号	控制点	一级	二级	三级	四级
1	边界防护	1	1	4	6
2	访问控制	3	4	5	5
3	入侵防范	0	1	4	4
4	恶意代码防范	0	1	2	2
5	安全审计	0	3	4	3
6	可信验证	1	1	1	1

图 3-5

高级别系统的网络边界相对低级别系统的网络边界强化了高强度隔离和非法接入阻断等方面的要求。例如，四级相比三级增设了“应在网络边界通过通信协议转换或通信协议隔离等方式进行数据交换”“应能够在发现非授权设备私自联到内部网络的行为或内部用户非授权联到外部网络的行为时，对其进行有效阻断”等要求。

4．安全计算环境

安全通用要求中的安全计算环境部分是针对边界内部提出的安全控制要求，主要对象为边界内部的所有对象，包括网络设备、安全设备、服务器设备、终端设备、应用系统、数据对象和其他设备等。涉及的安全控制点包括身份鉴别、访问控制、安全审计、入侵防范、恶意代码防范、可信验证、数据完整性、数据保密性、数据备份与恢复、剩余信息保护和个人信息保护。

图 3-6 给出了安全计算环境控制点/要求项的逐级变化。

安全计算环境控制点/要求项的逐级变化

序号	控制点	一级	二级	三级	四级
1	身份鉴别	2	3	4	4
2	访问控制	3	4	7	7
3	安全审计	0	3	4	4
4	入侵防范	2	5	6	6
5	恶意代码防范	1	1	1	1
6	可信验证	1	1	1	1
7	数据完整性	1	1	2	3
8	数据保密性	0	0	2	2
9	数据备份与恢复	1	2	3	4
10	剩余信息保护	0	1	2	2
11	个人信息保护	0	2	2	2

图 3-6

高级别系统的计算环境相对低级别系统的计算环境强化了身份鉴别、访问控制和程序完整性等方面的要求。例如，四级相比三级增设了“应采用口令、密码技术、生物技术等两种或两种以上组合的鉴别技术对用户进行身份鉴别，且其中一种鉴别技术至少应使用密码技术来实现”“应对主体、客体设置安全标记，并依据安全标记和强制访问控制规则确定主体对客体的访问”“应采用主动免疫可信验证机制及时识别入侵和病毒行为，并将其有效阻断”等要求。

5．安全管理中心

安全通用要求中的安全管理中心部分是针对整个系统提出的安全管理方面的技术控制要求，通过技术手段实现集中管理。涉及的安全控制点包括系统管理、审计管理、安全管理和集中管控。

图 3-7 给出了安全管理中心控制点/要求项的逐级变化。

安全管理中心控制点/要求项的逐级变化

序号	控制点	一级	二级	三级	四级
1	系统管理	2	2	2	2
2	审计管理	2	2	2	2
3	安全管理	0	2	2	2
4	集中管控	0	0	6	7

图 3-7

高级别系统的安全管理相对低级别系统的安全管理强化了采用技术手段进行集中管控等方面的要求。例如，三级相比二级增设了“应划分出特定的管理区域，对分布在网络中的安全设备或安全组件进行管控”“应对网络链路、安全设备、网络设备和服务器等的运行状况进行集中监测”“应对分散在各个设备上的审计数据进行收集汇总和集中分析，并保证审计记录的留存时间符合法律法规要求”“应对安全策略、恶意代码、补丁升级等安全相关事项进行集中管理”等要求。

二、管理要求

管理要求分类体现了从要素到活动的综合管理思想。安全管理需要的“机构”“制度”和“人员”三要素缺一不可，同时还应对系统建设整改过程和运行维护过程中的重要活动实施控制和管理。对级别较高的等级保护对象需要构建完备的安全管理体系。

1．安全管理制度

安全通用要求中的安全管理制度部分是针对整个管理制度体系提出的安全控制要求，涉及的安全控制点包括安全策略、管理制度、制定和发布及评审和修订。

图 3-8 给出了安全管理制度控制点/要求项的逐级变化。

2．安全管理机构

安全通用要求中的安全管理机构部分是针对整个管理组织架构提出的安全控制要求，涉及的安全控制点包括岗位设置、人员配备、授权和审批、沟通和合作及审核和检查。

图 3-9 给出了安全管理机构控制点/要求项的逐级变化。

安全管理制度控制点/要求项的逐级变化

序号	控制点	一级	二级	三级	四级
1	安全策略	0	1	1	1
2	管理制度	1	2	3	3
3	制定和发布	0	2	2	2
4	评审和修订	0	1	1	1

图 3-8

安全管理机构控制点/要求项的逐级变化

序号	控制点	一级	二级	三级	四级
1	岗位设置	1	2	3	3
2	人员配备	1	1	2	3
3	授权和审批	1	2	3	3
4	沟通和合作	0	3	3	3
5	审核和检查	0	1	3	3

图 3-9

3．安全管理人员

安全通用要求中的安全管理人员部分是针对人员管理模式提出的安全控制要求，涉及的安全控制点包括人员录用、人员离岗、安全意识教育和培训及外部人员访问管理。

图 3-10 给出了安全管理人员控制点/要求项的逐级变化。

安全管理人员控制点/要求项的逐级变化

序号	控制点	一级	二级	三级	四级
1	人员录用	1	2	3	4
2	人员离岗	1	1	2	2
3	安全意识教育和培训	1	1	3	3
4	外部人员访问管理	1	3	4	5

图 3-10

4．安全建设管理

安全通用要求中的安全建设管理部分是针对安全建设过程提出的安全控制要求，涉及的安全控制点包括定级和备案、安全方案设计、安全产品采购和使用、自行软件开发、外包软件开发、工程实施、测试验收、系统交付、等级测评和服务供应商管理。

图 3-11 给出了安全建设管理控制点/要求项的逐级变化。

安全建设管理控制点/要求项的逐级变化

序号	控制点	一级	二级	三级	四级
1	定级和备案	1	4	4	4
2	安全方案设计	1	3	3	3
3	安全产品采购和使用	1	2	3	4
4	自行软件开发	0	2	7	7
5	外包软件开发	0	2	3	3
6	工程实施	1	2	3	3
7	测试验收	1	2	2	2
8	系统交付	2	3	3	3
9	等级测评	0	3	3	3
10	服务供应商管理	2	2	3	3

图 3-11

5．安全运维管理

安全通用要求中的安全运维管理部分是针对安全运维过程提出的安全控制要求，涉及的安全控制点包括环境管理、资产管理、介质管理、设备维护管理、漏洞和风险管理、网络和系统安全管理、恶意代码防范管理、配置管理、密码管理、变更管理、备份与恢复管理、安全事件处置、应急预案管理和外包运维管理。

图 3-12 给出了安全运维管理控制点/要求项的逐级变化。

安全运维管理控制点/要求项的逐级变化

序号	控制点	一级	二级	三级	四级
1	环境管理	2	3	3	4
2	资产管理	0	1	3	3
3	介质管理	1	2	2	2
4	设备维护管理	1	2	4	4
5	漏洞和风险管理	1	1	2	2
6	网络和系统安全管理	2	5	10	10
7	恶意代码防范管理	2	3	2	2
8	配置管理	0	1	2	2
9	密码管理	0	2	2	3
10	变更管理	0	1	3	3
11	备份与恢复管理	2	3	3	3
12	安全事件处置	2	3	4	5
13	应急预案管理	0	2	4	5
14	外包运维管理	0	2	4	4

图 3-12

★ 任务总结

通过本任务的学习，我们对于等级保护有了初步的认识，并了解到等级保护 2.0 标准中关于三级安全通用要求的描述。

★ 任务练习

一、选择题

1．根据《信息安全等级保护管理办法》，（　　）负责信息安全保护工作的监督、检查和指导。

A．公安机关　　B．国家保密工作部门

C．国家密码管理部门　　D．信息安全测评中心

2．以下关于等级保护的地位和作用的说法中不正确的是（　　）。

A．是国家信息安全的基本制度、基本国策

B．是开展信息安全工作的基本方法

C．是提高国家综合竞争力的主要手段

D．是促进信息化、维护国家安全的根本保障

3．下列说法中不正确的是（　　）。

A．定级/备案是信息安全等级保护的首要环节

B．等级测评是评价安全保护现状的关键

C．建设整改是等级保护工作落实的关键

D．监督检查是使信息系统保护能力不断提高的保障

二、简答题

1. 信息安全等级保护的定义是什么？信息安全等级保护的五个标准步骤是什么？信息安全等级保护五个等级是怎样定义的？

2.《GB/T 22239—2019》中安全通用要求细分为技术要求和管理要求，列出技术要求和管理要求的具体内容。

任务 2　基于等保思想实现 Linux 系统安全防护

★　任务情境

Linux 是一个多用户、多任务的操作系统，其开源的特性以及良好的稳定性与安全性，使得 Linux 操作系统被企业广泛用于部署 IT 业务。在传统的 IT 构架中，设计者往往过多关注底层的网络互通和上层的应用实现，而对中间层包括主机、操作系统、中间件等考虑较少。在安全事件中，多数恰恰是因为主机层防护措施的薄弱，使得病毒、黑客有了可乘之机。而操作系统的瘫痪或失控，其影响将直接传递到上层的应用和数据。作为 IT 安全链中的关键环节，该利用什么标准对主机进行安全加固呢？

★　任务分析

《信息安全技术 网络安全等级保护基本要求》2.0 版本于 2019 年 12 月 1 日开始实施。等级保护 2.0 的三级通用要求主机安全部分更名为设备和计算安全，要求其控制点由 7 项变为 6 项，要求项由 32 项变为 26 项。通过合并及整合相对旧标准略有缩减。

以下从身份鉴别、访问控制、安全审计、入侵防范、恶意代码防范、资源控制六大控制点进行具体的要求分析。

针对重要信息系统在设备和计算安全防护层面的各种需求，《信息安全技术 网络安全等级保护基本要求》从六个方面予以考虑。

（1）身份鉴别：通过身份鉴别模块，对系统用户进行有效性验证，通过鉴别才能进入系统。

（2）访问控制：通过对系统用户进行权限划分，按照最小化授权原则访问系统资源，实现用户对重要文件和目录的读/写控制。

（3）安全审计：通过监控系统运行情况、跟踪系统用户行为，提供事后追溯分析依据。

（4）入侵防范：通过主机层入侵检测和防御机制，抵御内部非法访问与攻击。

（5）恶意代码防范：通过主机层恶意代码检测处理，避免文件、数据被恶意修改或资源被非法利用。

（6）资源控制：根据服务优先级分配系统资源，限制单个用户的多重会话，设置系统的超时退出，防止资源被滥用或非法使用。

★ 预备知识

主机安全的六类要求

1. 身份鉴别

主机身份鉴别机制，是指在操作系统中确认操作者身份的过程，确定该操作用户身份的访问权及授权数据的使用权，进而使操作系统的访问策略能够有效、可靠地执行，防止攻击者假冒合法用户获得资源的访问权限，保证系统和数据的安全，以及授权访问者的合法利益。

2. 访问控制

访问控制机制是检测和防止系统未授权访问，并对保护资源所采取的各种措施。是在文件系统中广泛应用的安全防护方法，一般在操作系统的控制下，按照事先确定的规则决定是否允许主体访问客体。访问控制机制贯穿于系统全过程。

3. 安全审计

主机安全审计是通过在主机服务器、用户终端、数据库或其他审计对象中安装客户端的方式来进行审计，可达到审计安全漏洞、审计合法和非法或入侵操作、监控操作行为和内容、监控用户非法行为等目的。

4. 入侵防范

主机入侵防范机制是指对服务器资源和行为的保护，能够及时发现并报告系统中未授权或异常现象，它是一种用于检测违反安全策略行为的技术。

5. 恶意代码防范

恶意代码问题，不仅使企业和用户遭受巨大的经济损失，而且也可能使国家的安全面临着严重威胁。为了确保系统的安全与畅通，已有多种恶意代码的防范技术，如恶意代码分析技术、误用检测技术、权限控制技术和完整性技术等。

6. 资源控制

资源控制机制是指通过实时监控及设置操作系统自身的性能指标，并结合多种多样的报警方式，如邮件、短信、语音拨号和桌面报警等多种方式，确保管理员可以随时随地掌握系统的运行情况，以保证信息系统中企业数据的安全性。

★ 任务实施

本任务以《信息安全技术 网络安全等级保护基本要求》为指导框架，从“主机安全”这个层面进行描述，通过参照等级保护基本要求第三级的要求，以 CentOS Linux 6.8 为例，分析操作系统安全防护需求并阐述安全防护的具体方法。

一、身份鉴别

身份鉴别主要通过密码复杂度、口令锁定策略等来实现。用户的身份鉴别信息首先应具有不易被冒用的特点，同时口令应有复杂度要求，最后在管理上要求定期更换；口令锁定策略要求系统具有鉴别失败处理功能，当短时间内多次输入错误用户名、密码，要求采取措施锁定相关用户。

（1）通过 passwd 命令设置密码：passwd username **（密码）。

（2）编辑文件/etc/pam.d/system-auth，设定密码复杂度：password requisite pam_cracklib.so try_first_pass retry=3 dcredit=-1 lcredit=-1 ucredit=-1 ocredit=-1 minlen=8，要求包含至少 1 个数字，1 个小写字母，1 个大写字母，1 个特殊字符，最短长度 8 位。

（3）编辑文件/etc/login.defs，设定最长密码使用期限：PASS_ MAX_DAYS 120（密码最长使用天数不超过 120 天）。

（4）编辑文件/etc/pam.d/system-auth，在首行编辑条目如下： auth required pam_tally2.so deny=5 onerr=fail no_magic_root unlock_ time=180 even_deny_root root_unlock_time=180，当用户（含 root）连续输错密码 5 次时，锁定 180 秒。

二、访问控制

配置用户的角色，授予用户所需的最小权限，启用访问控制功能，控制用户对资源的访问。

1．删除或停用多余的、过期的账户

Linux 是多用户操作系统，存在很多种不一样的角色系统账号，若是部分用户或用户组不需要时，应当立即删除或锁定他们，否则黑客很有可能利用这些账号对服务器实施攻击。具体保留哪些账号，可以依据服务器的用途来决定。在确认某些账户可以锁定的情况下，可以使用 passwd -l [user]锁定，并通过 passwd -u [user]解锁。

2．授予用户所需的最小权限

应用 su、sudo 命令授予用户所需的最小权限。su 命令的作用是对用户进行切换。当管理员登录到系统之后，使用 su 命令切换到超级用户角色来执行一些需要超级权限的命令。但是由于超级用户的权限过大，同时，需要管理人员知道超级用户密码，因此 su 命令具有很严重的管理风险。sudo 命令允许系统赋予普通用户一些超级权限，并且不需要普通用户切换到超级用户。因此，在管理上应当细化权限分配机制，使用 sudo 命令为每一位管理员赋予其特定的管理权限。

3．ssh 登录安全

（1）修改 ssh 服务默认端口。

修改 ssh 的默认端口 22，如改成 30022 这样的较大端口，会大幅提高安全系数，降低 ssh 破解登录的可能性。实现方法： 找到 ssh 服务配置文件路径,一般是在/etc/ssh 这个目录下面 sshd_config 这个文件，在“# Port 22”这一行下面添加一行，内容为 port 30022， 然后重启 ssh 服务生效。

（2）设置登录超时。

用户在线 5 分钟无操作则超时断开连接，在/etc/profile 中添加：

```
export TMOUT=300
readonly TMOUT
```

（3）禁止 root 用户直接远程登录。

修改/etc/ssh/sshd_config 文件内容，将 PermitRootLogin 语句值改为 no,然后重启 ssh 服务生效。

（4）限制登录失败次数并锁定

在/etc/pam.d/login 后添加：

auth required pam_tally2.so deny=6 unlock_time=300 even_deny_root root_unlock_time=300

说明：上述语句的作用是用户登录失败 5 次锁定 300 秒，包括 root 用户（实际根据需要是否包括 root）。

三、安全审计

输入以下命令启用 auditd 服务，启用日志服务：

```
# service auditd start
# service rsyslog start
```

根据具体的业务需要，在/etc/audit/auditd.conf、/etc/ audit/ audit.rules 文件里配置审计内容：重要用户行为、系统资源的异常使用和重要系统命令的使用。

审计记录：日期和时间、类型、主体；标识、客体标识、事件的结果等。

最后根据需要对审计记录进行保护，配置日志访问权限。

四、入侵防范

系统安装的组件和应用程序遵循最小化安装原则，禁用不必要的服务和端口，实时检测入侵行为并报警。

（1）定期查看文件/var/log/secure：more /var/log/secure | grep refused，确保不具有非法连接主机的记录。

（2）定期查看是否启用不必要的端口：netstat –an。

（3）定期查看危险的网络服务是否已关闭：service --status-all | grep runing，重点关注echo、shell、login、finnger 等。

（4）防止一般网络攻击。网络攻击不是几行设置就能避免的，以下都只是些简单的将可能性降到最低，增大攻击的难度但并不能完全阻止。

① 禁 ping

阻止 ping 可以有效防止 ICMP 洪水攻击。为此，可以在/etc/rc.d/rc.local 文件中增加如下一行：

```
# echo 1 > /proc/sys/net/ipv4/icmp_echo_ignore_all
```

或使用 iptables 禁 ping，前提是已启用了 iptables 防火墙。

```
# iptables -A INPUT -p icmp --icmp-type 0 -s 0/0 -j DROP
# service iptables save
```

② 防止 IP 欺骗

编辑/etc/host.conf 文件并增加如下几行来防止 IP 欺骗攻击：

```
order hosts,bind                        #名称解析顺序
multi on                                #允许主机拥有多个IP地址
nospoof on                              #禁止IP地址欺骗
```

③ 防止 DoS 攻击

对系统所有的用户设置资源限制可以防止 DoS 类型攻击，如最大进程数和内存使用数量等。

可以在/etc/security/limits.conf 中添加如下几行：

```
*       hard        core        0
*       soft        nproc       1024
*       hard        nproc       2048
*       soft        nofile      1024
*       hard        nofile      2048
```

第一列表示用户，* 表示所有用户（不包括 root），core 0 表示禁止创建内核文件，nproc 是操作系统级别对每个用户创建的进程数的限制，nofile 是每个进程可以打开的文件数的限制。soft 是一个警告值，而 hard 则是一个真正意义的阀值，超过就会报错。如：soft 设为 1024，hard 设为 2048 ，则当你使用数在 1~1024 时可以随便使用，1024~2048 时会出现警告信息，大于 2048 时，就会报错。nproc 2048 表示把最多的进程数限制到 2048；nofile 2048 表示把一个用户同时打开的最大文件数限制为 2048；然后必须编辑/etc/pam.d/login 文件检查下面一行是否存在：

```
session    required    /lib/security/pam_limits.so
```

说明：limits.conf 参数的值需要根据具体情况调整。

五、恶意代码防范

系统应安装网络版防病毒软件，并及时更新软件和病毒库。

六、资源控制

设定终端接入方式、网络地址范围，设置登录终端超时锁定，监控服务器资源使用情况，限制单个用户对系统资源的使用额度。

（1）编辑文件/etc/hosts.allow，增加可信终端网段：sshd:192.168.1．*:allow，允许 192.168.1.0 的整个网段访问 ssh 服务进程；编辑文件/ etc/hosts.deny，拒绝一切远程访问：ssh:all。（用 iptables 命令也可实现上述功能）

（2）编辑文件/etc/profile，设置登录超时时间：TMOUT=600，export TMOUT，全局 600 秒超时。

（3）利用 top 命令，查看当前资源利用率。

（4）查看文件/etc/security/limits.conf，根据实际要求设置资源限制。

★　任务总结

本任务参照等级保护主机安全第三级的要求，通过修改 CentOS Linux 操作系统的默认配置，启用相关安全选项，禁用不必要服务，增加外界安全设备等措施，实现安全加固，提高操作系统安全性，为上层应用安全和数据安全提供基础保障。

★　任务练习

一、选择题

1．某人在操作系统中的账户名为 LEO，他离职一年后，其账户虽然已经被禁用，但是依然保留在系统中，类似于 LEO 的账户属于以下哪种类型？（　　）

A．过期账户　　B．多余账户
C．共享账户　　D．以上都不是

2．以下不属于 Linux 安全加固的内容是（　　）。
A．配置 iptables　　B．配置 Tcpwapper
C．启用 Selinux　　D．修改 root 的 UID

3．（　　）工具主要用于检测网络中主机的漏洞和弱点，并能给出针对性的安全建议。
A．nmap　　B．nessus
C．ettercap　　D．wireshark

4．以下做法不利于 Linux 系统安全的是（　　）。
A．对用户进行磁盘配额　　B．关闭不必要的服务
C．关闭防火墙　　D．设置进入单用户模式需要密码

5．以下做法不利于 Linux 用户安全的是（　　）。
A．修改 ssh 远程登陆默认端口　　B．禁止 root 用户直接远程登录
C．限制登录密码错误次数　　D．设置简单的用户密码

6．以下做法中有利于 Linux 网络安全的是（　　）。
A．关闭 iptables 防火墙　　B．关闭 selinux
C．允许其他机器 ping　　D．限制 IP 登录

二、简答题

1．《信息完全技术 网络安全等级保护基本要求》中主机安全有哪六项要求？
2．采取哪些措施可以有效地控制攻击事件和恶意代码？